バイオエピステモロジー

米本昌平

書籍工房早山

え～、はじめまして米本先生に紹介マンガを依頼されました
イラストレーターの江良と申します…

・・・・
ブワッ
とは言ったものの・・・

いや～っやっぱ無理！哲学書の冒頭がマンガとか絶対おこられる！
スンマセンにげますっ

いきなり逃げんじゃないの！ドーンと行きなさい！
米本先生
グイグイ
おおおお、押しなさんな
いやいやアウェー感スゴイって

い～んだよ！マンガの方が分かり易いんだから！
そーゆーのこの本のでは気にしない！

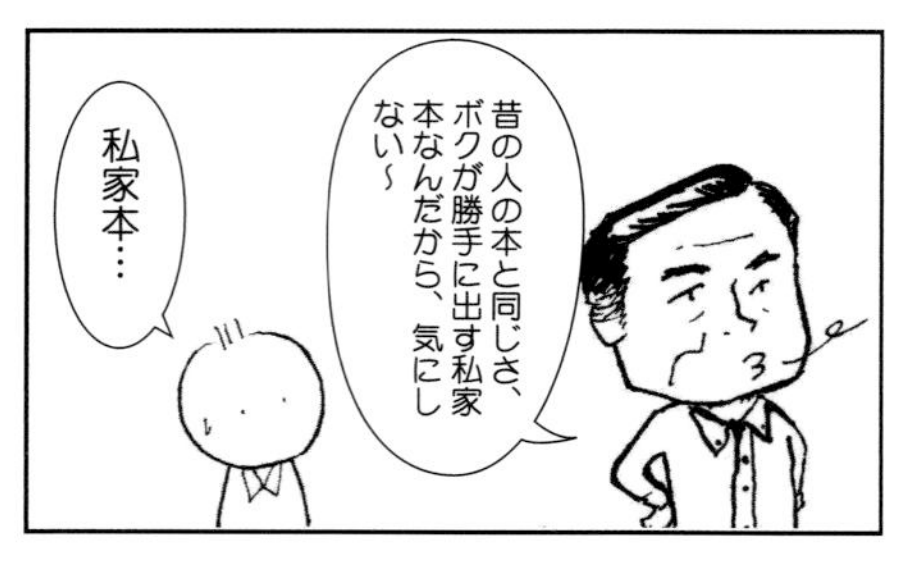
昔の人の本と同じさ、ボクが勝手に出す私家本なんだから、気にしない～
私家本…

え～、では遠慮なく…
先生って生気論者なんスカ？

いいぞ～いきなり核心突いてきたな～江良さんその調子！
グハハハハよくぞみぬいたね
おおっと！まさか否定しないとはっ
ビッ

生気論者って公言しちゃっていいんすか迫害されませんか?
ハンス・ドリーシュ
1867年～1941年
ボクは悪名高き生気論者ドリーシュの世界でただ一人の研究者なの、そんなの気にしない
大体、ドリーシュ、ほぼまともな事しか言ってないよ
私の本をよめばわかる
生気論
ウ～ム
いや～、やっぱり生気論は熱力学第二法則に異を唱えちゃってるからなぁ…

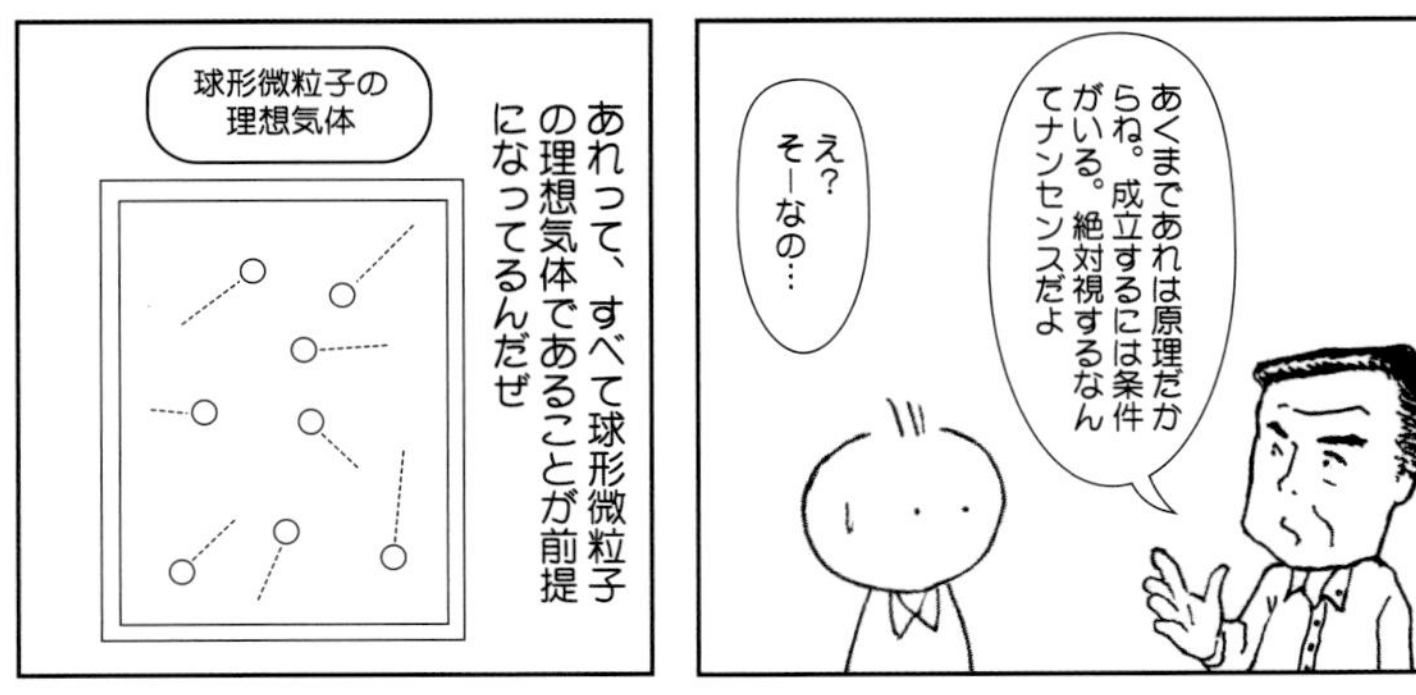
そもそもボクにはその第二法則を絶対視する態度の方が謎だよ。
あくまであれは原理だからね。成立するには条件がいる。絶対視するなんてナンセンスだよ
え? そーなの…
あれって、すべて球形微粒子の理想気体であることが前提になってるんだぜ
球形微粒子の理想気体

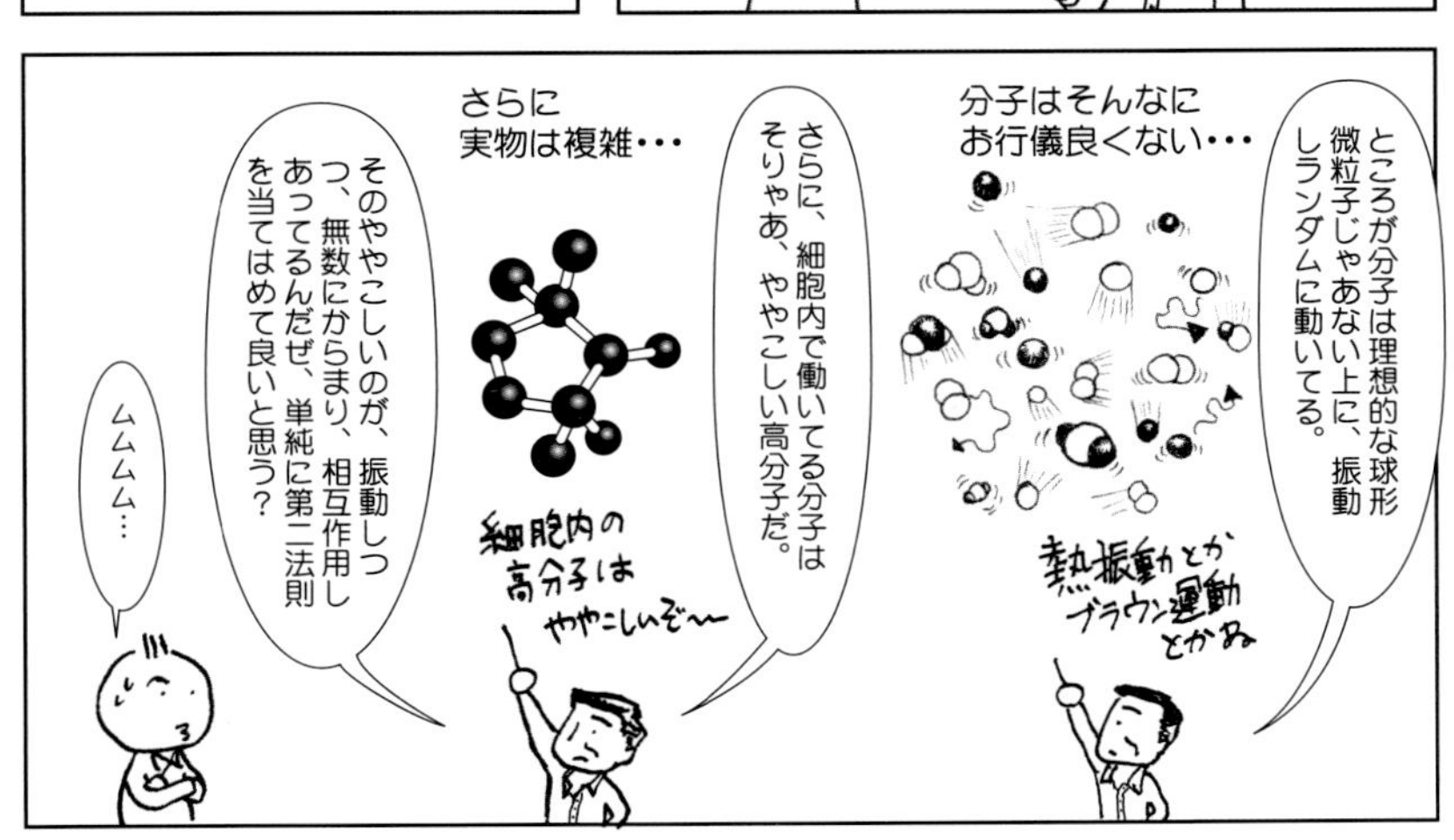
ところが分子は理想的な球形微粒子じゃあない上に、振動しランダムに動いてる。
分子はそんなにお行儀良くない・・・
熱振動とかブラウン運動とかね
さらに、細胞内で働いてる分子はそりゃあ、ややこしい高分子だ。
さらに実物は複雑・・・
細胞内の高分子はややこしいぞ～
そのややこしいのが、振動しつつ、無数にからまり、相互作用しあってるんだぜ、単純に第二法則を当てはめて良いと思う?
ムムムム…

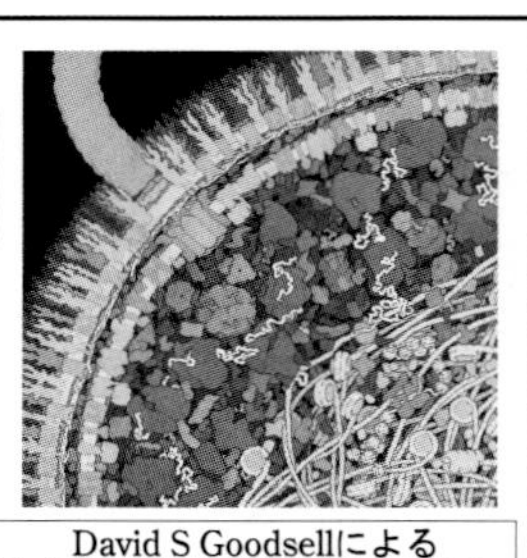

David S Goodsellによる
CGイメージ。口絵はカラーです。

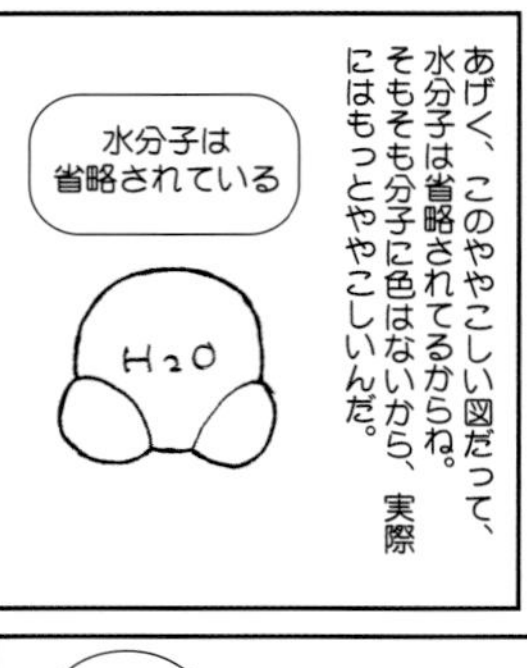

あげく、このややこしい図だって、水分子は省略されてるからね。そもそも分子に色はないから、実際にはもっとややこしいんだ。

う～ん、こんな事になってたんですね…第二法則を単純に当てはめるのはマズイってのは飲み込めてきました。

謎

でも、それより驚いたのは、細胞の中の事とかって、思ったより全然わかってないって事です。

そうね、分子のレベルの事象って観測手段がほぼ皆無だからね。

それらが複雑な相互作用をしてる細胞内現象については、お手上げと言っていいだろうね。

一番重要そうなことなのに、なんでまた観測手段がないんですか？

？

もともと現在主流の生化学って細胞をライブで見ようって気が無いんだよ

生化学は、観察するためにまず殺しちゃう。で、分子にまでバラしてから考える学問だからね

生化学の
基本的な手法

まず殺して…

さらにすりつぶしてから
分析…

生命を見ようというのに、殺してバラバラにする時点で相当問題があると思うけど…

で、バラして得られた分子の化学反応で理解するんだけど、ここでも分子振動は静止状態にある。

またも
分子振動は無視

分子が振動してないってことは絶対零度ってことだよ。なんかおかしいだろ？

おまけに、さっきの図もそうだけど、生化学では水の存在は事実上無視してる。

ここでも
水分子は無視

H2O

水は細胞の7割を占めていて、重要な働きをしてるのはあきらかなのに、だ

いま、ちょっと聞いただけでも
・ライブで見る気なし
・分子運動は無視
・水の存在も無視
なんか大事そうなもの軒並み無視してますけど、大丈夫なんスカ
イヤイヤ
そりゃ、大丈夫なわけないわなぁ
しかもだ、よりによって、その無視した次元に展開するのが生命現象だとしたら…
ど〜する? 教科書かき直しだよ?

え、そうなの! そこ聞きたいっす!
お〜 なんかスゴそう
ニヤハハ
おっとと、冒頭で急いでしゃべりすぎたな。それほど簡単に話せる内容でもないから、本文でおいおいね。

チェッおあずけか。
にしても、どうして生物学なのに、生命から目を背けるような事になっちゃったんですか?
おっ、良い質問だね

生命をどう捉えるか、という自然哲学の議論が盛んな時代にはもっといろんな見方があった
現在のような生化学の圧勝状態はここ五十年くらいの傾向かな

しかし、事態は変わりつつある
百年かけて凝り固まった色眼鏡をはずし、生命の実体に触れうる岐路にボクらはいると思うよ
おお〜 おもしろく なってきた!

この本ではこうした凝り固まりがどこから来たのかを検証し、
その凝り固まりのために見えなくなっている、細胞内の未踏の領域へのロードマップを提示します

それでは米本先生の描く、古くて新しい未来をご覧下さい!
ささ、ど〜ぞ 刺激的ッスよ

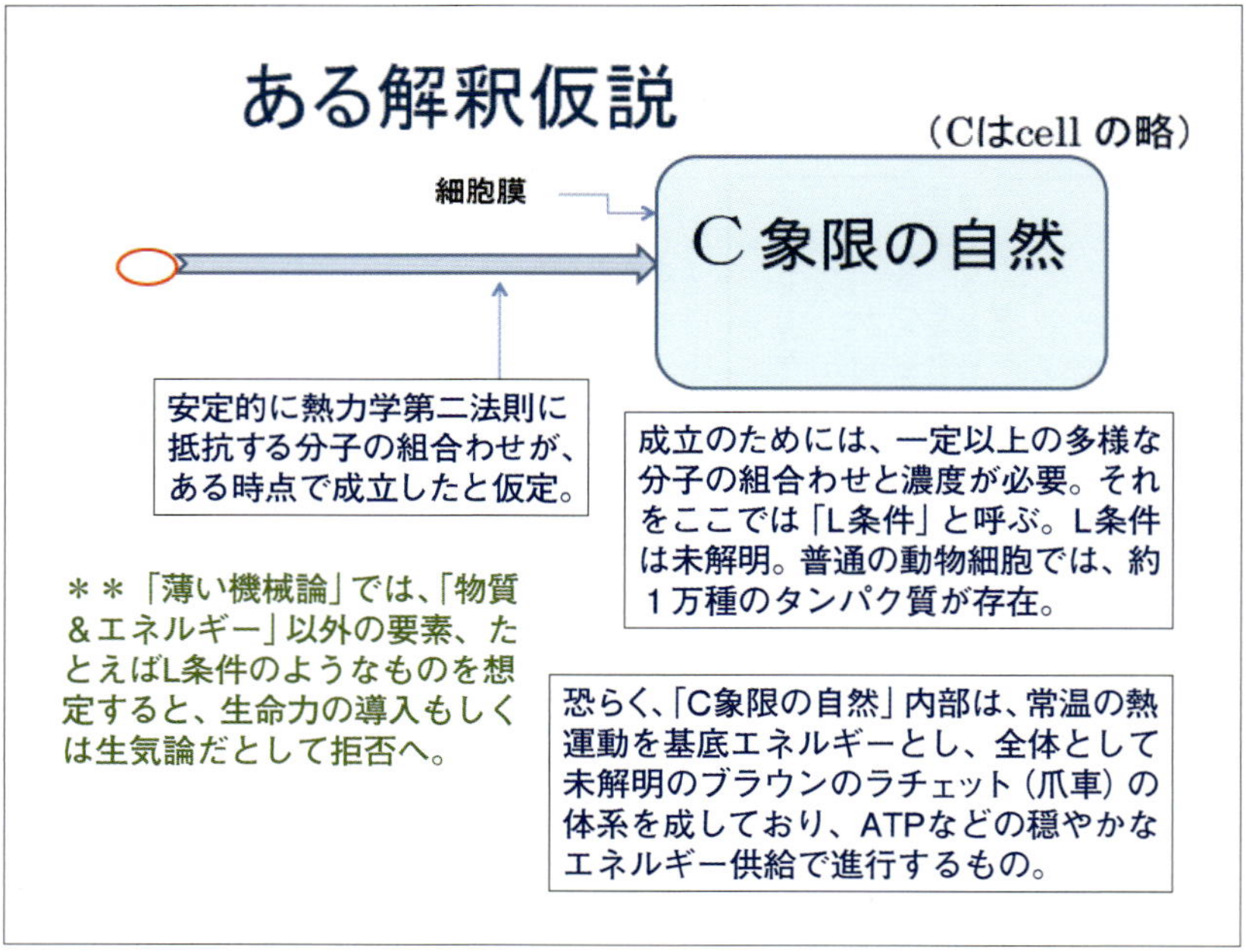

ある解釈仮説

（Cはcell の略）

細胞膜

C 象限の自然

安定的に熱力学第二法則に
抵抗する分子の組合わせが、
ある時点で成立したと仮定。

成立のためには、一定以上の多様な
分子の組合わせと濃度が必要。それ
をここでは「L条件」と呼ぶ。L条件
は未解明。普通の動物細胞では、約
１万種のタンパク質が存在。

＊＊「薄い機械論」では、「物質
＆エネルギー」以外の要素、た
とえばL条件のようなものを想
定すると、生命力の導入もしく
は生気論だとして拒否へ。

恐らく、「C象限の自然」内部は、常温の熱
運動を基底エネルギーとし、全体として
未解明のブラウンのラチェット（爪車）の
体系を成しており、ATPなどの穏やかな
エネルギー供給で進行するもの。

第６－１図　（本文226頁）

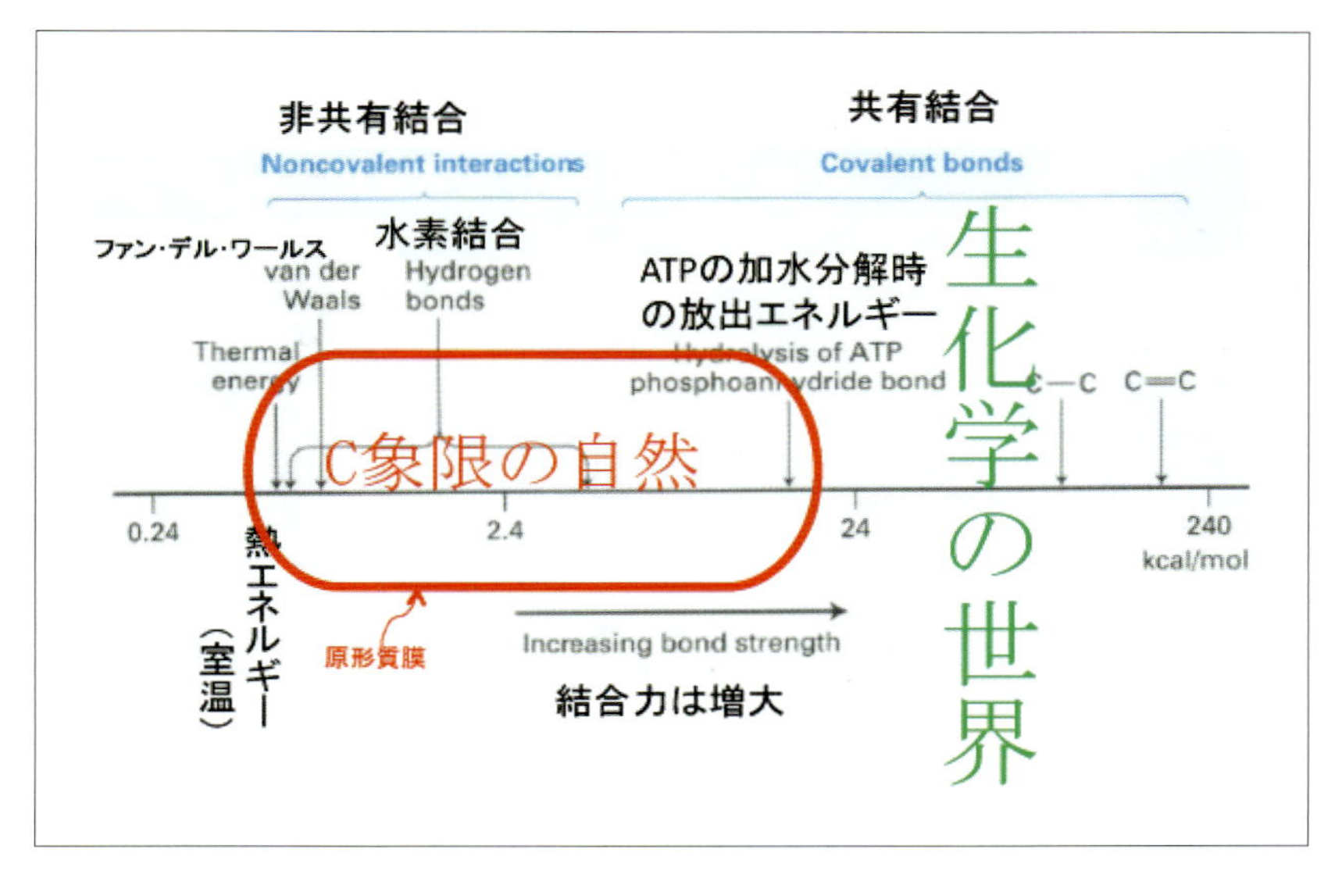

第7−1図　C象限の自然とそのエネルギー水準（本文294頁）

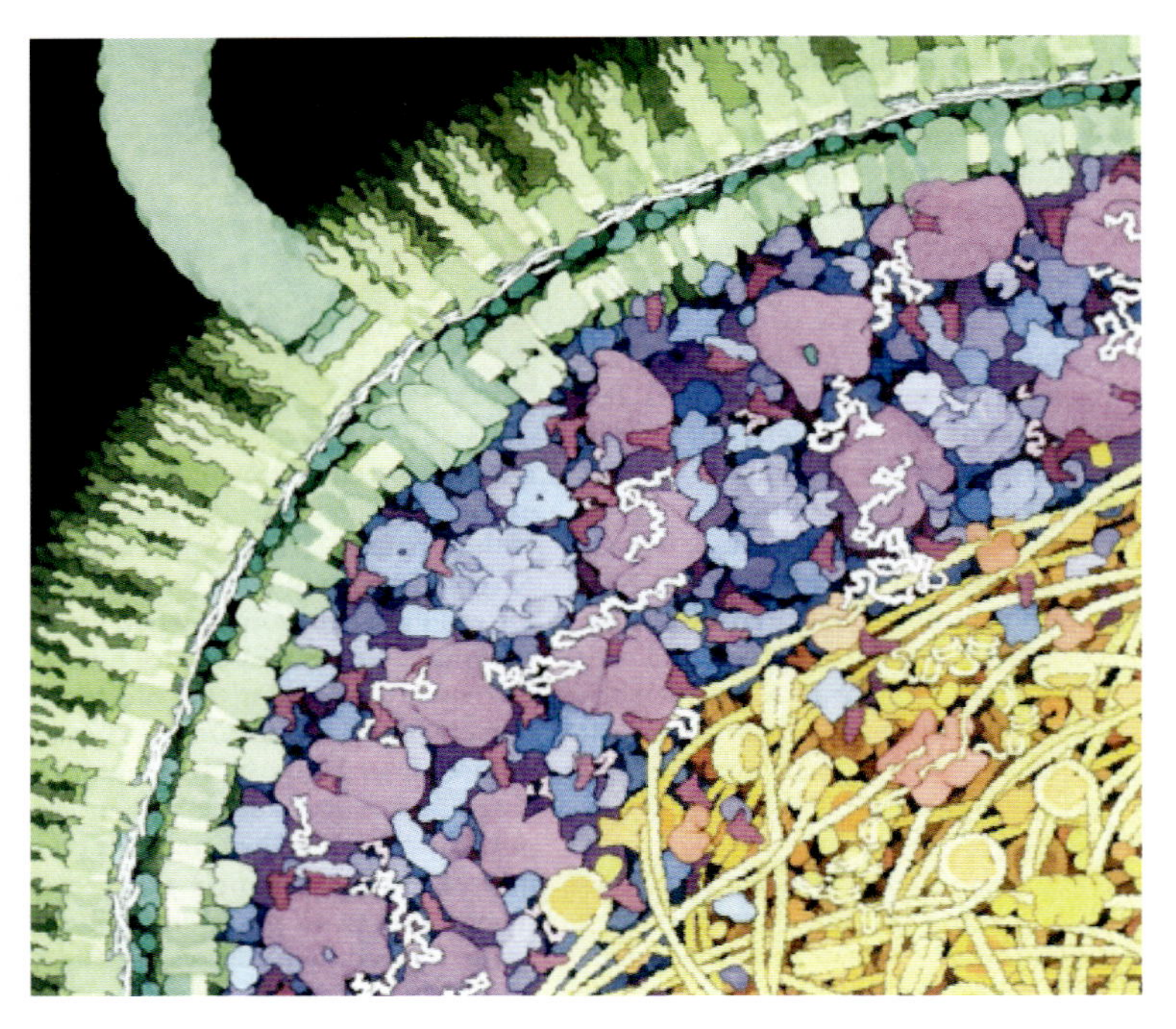

第５-２図　大腸菌内の分子構造（本文212頁）

バイオエピステモロジー

目次

第一章　なぜいま、バイオエピステモロジーか　9

第二章　十九世紀ドイツ生物学——力学的解釈の貫徹　37

第三章　現代自然哲学の特異点としてのハンス・ドリーシュ　85

装幀　加藤光太郎
挿絵　江良弘光
組版　岩谷　徹

第一章　なぜいま、バイオエピステモロジーか

バイオエピステモロジーと合成生物学

まず、二〇一〇年七月号『科学』（岩波書店）にある拙文、「合成生物学の生命観」を引用することから始めよう。

それは、クレイグ・ベンターが主宰する研究グループが、『サイエンス』（電子版二〇一〇年五月二〇日号）に、研究成果を発表したのがきっかけになって起こった論争に関するものである。ベンター自身は、一九九七年に民間資金だけでヒトゲノムの全解読を行なうと宣言し、当時、進行中であった国際共同研究の「ヒトゲノム計画」に挑戦状をつきつけた人間として、専門家の間では有名である。ただしここでは、以下のような開発の論理の上に立つ研究ベンチャーの代表として登場している。

人工培地で自生する生物のうち、最少ゲノムの微生物がマイコプラズマである。この全ゲノムを

解読した後、人間からみて不要とみえる遺伝子を切り捨て、これに有用な遺伝子を付加することが、もっとも合理的な生物の工業的利用法であると考える。今回はその一歩として、マイコプラズマのゲノムすべてを人工的に合成することに成功し、それを別系統のマイコプラズマに導入したところ、そのマイコプラズマが自己増殖を開始した、これがベンター論文の要旨である。最少ゲノムの微生物のものとはいえ、五八万三千塩基対のＤＮＡを完全合成するためには、非常に高度なＤＮＡの作成技術とその管理技術が不可欠であり、ベンター・グループはそのための技術を着実に開発してきている。

欧米では、この論文を人造生物への第一歩であると考えるグループが現われ、社会的な議論が必要、と主張し始めたのである。雑誌『科学』はこれを機に合成生物学（synthetic biology）に関する特集を組んだのだが、その一つがこの巻頭評論である。

……不思議なことにいつ頃からか、日本の社会から、科学批判の視点が消失してしまった。欧米社会で口火を切ったのは、バイオテクノロジーの利用に批判的なカナダのＮＧＯ（非政府組織）なのだが、日本にはこの種の集団が存在しない。そのため結果的に、社会として取り組むべき課題の全体像が、描き出されないままにある。

だが、いま問題にしたいのはこのことではない。合成生物学が前提にしている生命観の方である。実はベンターの研究計画は、一連の［合成生物という名の］試みの中では独自性が高く、手堅く段階を一歩一歩踏んできているものである。彼は、ヒトゲノム解読の第一人者というイメージが強いのだが、彼の考えでは、進化の産物である生物は不合理な機能をいっぱい抱え込んでいる。この視点に立つと、生物の生育に必要な最小限の機能を見つけ出した上で、これに人間が望む機能を付け加えてゆくことが、もっとも合理的な生物の利用法であることになる。そこで、自律的に生育する最小の生物であるマイコプラズマのゲノムを解読して人工合成し、これを生物に再び導入して、ようやく今回の論文にまで到達した。これまでに三六億円の巨費と、二十人の研究者が十年以上従事している。ベンターは、生命の複雑さとその改善が困難であることを知りぬいており、その実用化は遥か先になることを隠さない。

これに比べて、マサチューセッツ工科大学のグループが進めている「バイオブリックス」と名づけられたプロジェクトが拠って立つ生命観は、あきれるほど単純である。生命を電子機械と見立て、生命の構成分子をデバイス部品と同一視し、遺伝的な生体回路をデザインする、キットを確立し充実させることで、生命を工学的に理解しようというのである。徹底して楽天的な生命機械論に立っている。この構想が、真に生命現象を写し取っているとは思えないが、ここまで確信犯的に研究を進めれば、予想外の突破口が開かれる可能性もゼロではない。

ここには、生命観という使い古された言葉よりは、研究者が生命に対して現実にどのような認識をもっているのか、いわばバイオエピステモロジーとでも呼ぶべき、哲学的なフロンティアが横たわっているのである。

（『科学』二〇一〇年七月号、六六七頁、字句を一部修正）

本書は、そのバイオエピステモロジーについての論考である。

新奇な言葉を言い立てるのは、せいぜい、ひとつ混乱を増やすだけの悪い趣味である。にもかかわらず、それを行なうのは、引用文にある「細胞内の自然をどう見立てるか」という問いは、現在の生命論、生命観、「生命の哲学」などではすくい取れないもの、と考えるからである。

言葉の不在は問題そのものの不在である。「細胞内の自然をどう見立てるか」という問いが存在しないのは、現在の生命科学が、そのような問いは存在しないとする体制になっているからである。これに対してバイオエピステモロジーは、「細胞内の自然をどう見立てるか」という問いを中心課題に置く。そして、この問題で現在の生命科学は「巨大な認識の裂け目」の上に立っており、にもかかわらずこの大断層をその視野に入れない体制を形成している、と本書は考える。それは、生命科学が負う歴史的な刻印と言ってよい。

時間をさかのぼって点検すると、「細胞内の自然をどう見立てるか」という問い立てが、生命科学の視野から脱落するのは二十世紀後半、分子生物学の成立とほぼ期を一にしてことがわかる。そこで本書は、現在の生命科学を支える沈黙の思想の一段古層を走る、科学的認識論の裂け目に照準を合わせて論を起こすことにする。

やや唐突であるが、ユクスキュル（Jakob von Üxküll: 1864~1944）の科学論から始めようと思う。

科学という環世界（Umwelt）

人間は、「世界を解釈したい」という欲望の奴隷である。もう少し穏便に言えば、われわれは、ユクスキュルの言う「環世界 Umwelt」（日高敏隆の特別な訳語）を、より完全なものにしようと

第1-1図

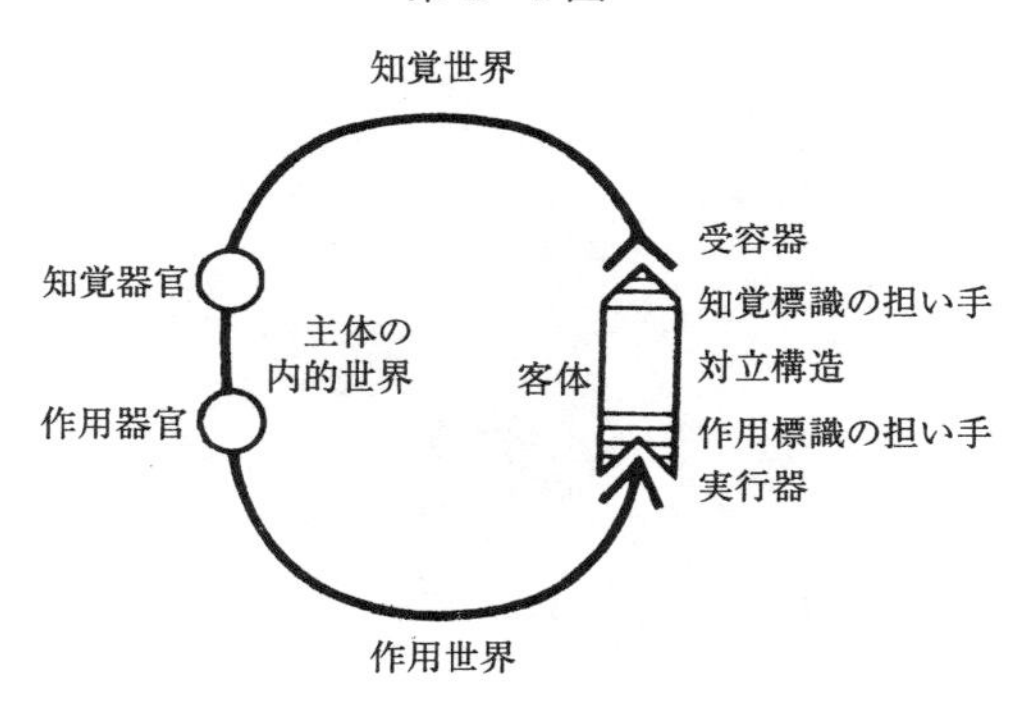

修正を加え続ける特殊な動物である。

ユクスキュルの言う「環世界」とは、生物の存在形態を一つかみにした概念である。生物とは、感覚器官を介して外部の環境の情報を手に入れ、こうして獲得される外部世界に対して反応するものであり、認識と反応が一体となった「認識→作用」という機能存在である。ここでは「環境」は単純化され、きわめて小さく描かれている。「環世界」概念においては、生物は単に外部世界から影響を受けるだけでなく、これへの働きかけも同等に行なう機能「環」であり、それゆえ生物には「主体」という表現が充てられる。今日、このような言葉遣いに「擬人的だ」と目くじらをたてないが、ユクスキュルの時代は、生物に対してこのような表現は禁句であり、非科学的なものと見られた。当然、ユクスキュルも、科学の本流からは無視されるのを覚悟の上で使用している。環世界については、大きな本ではないので『生物から見た世界』(ユクスキュル/クリサート、日高敏隆・羽田節子訳、岩波書店。原著は一九三四年刊)をぜひ読んでほしい。

そのユクスキュルは、『生物から見た世界』の最終章で、科学者の環世界に言及している。

図2は、いちばん簡単に表せる天文学者の環世界である。地球からできるだけ遠くはなれた高い塔の上に、巨大な光学的補助具によって、その目を宇宙のもっとも遠い星まで見通せるように変えてしまった一人の人間が座っている。彼の環世界では、太陽と惑星が荘重な足どりでまわっている。その環世界空間を通りぬけるのには、足の速い光でさえ何百万年もかかる。しかし、この環世界全体は、人間主体の能力に応じて切りとられた、自然のほんの小さな一こまにすぎない。(『生物からみた世界』岩波文庫、一五五頁。)

第1-2図

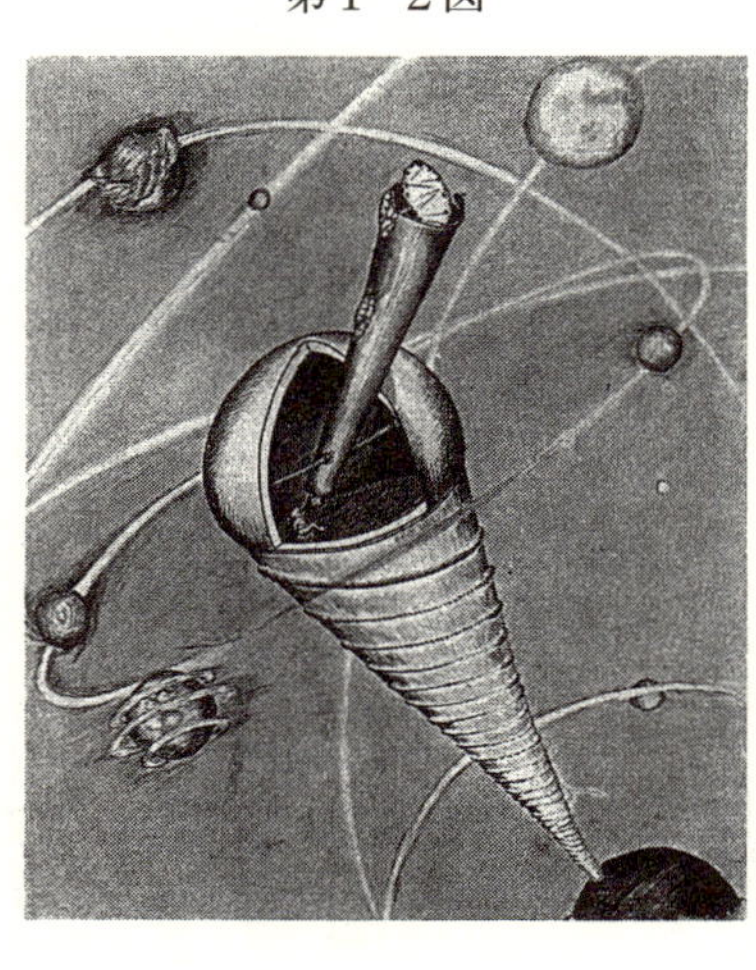

ユクスキュルの議論のなかでは、生物種としての環世界も、一個体としての環世界も、同じものである。これは、生物に関する解釈の図式なのだから当然ではある。だが相手が人間となると、事

情は少し異なってくる。先の引用文で、ユクスキュルは、天文学者個人の目に入る世界の光景を論じているが、これと人間としての世界認識との関係は、わかりにくい。この点、本書は、「環世界」を、人間が共有した形になっている科学的な世界認識の意味で用いる。普通なら、世界観と表現するところではあるが、この言葉を用いると、われわれにとって唯一絶対的な世界像という意味あいが出てしまい、科学的世界像はそれぞれの時代にとって暫定的なもの、という面が薄れてしまうからである。

環世界を、個人に対してではなく、「ある集団やある時代の人間が共有する――二十世紀の哲学用語を用いれば共同主観的な、そしてときには人々の行動を惹起させる――、彼らにとって強い意味をもった世界認識」という意味で用いようと思う。さてこれでやっと、現在の生命科学が抱える「認識の裂け目」を、議論するための準備が整った。

ところで本書では、原則として二十世紀前半までを生物学、二十世紀後半以降を生命科学と表現することにする。

ではなぜ、自然科学的世界像と言わないで、自然科学的・環世界と言うのか。それは何をおいても、科学に対して、発展する歴史と見てしまう感覚を、完璧に拭いさりたいからである。本書にとって「環世界」概念が圧倒的に良いわけは、個々の環世界の間に上下がなく、その前提に絶対的真理というものが想定されてはいないからである。

こうして環世界が認識のひとつの形態であることをしっかり確保すると、その先に、歴史的時間差をじゅうぶん大きくとれば、科学的環世界は互いに独立した異質のもの、という視点を手に入れることができる。この角度から議論をして見えてくる地平こそ、本書が論じようとする問題の核心である。科学の歴史を、知識が蓄積されてきた過程と見なすことは、年譜作成以上の意味はない。今日、このことはとくにトマス・クーン（Thomas Kuhn：1922〜1996）の名著、『科学革命の構造 *The Structure of Scientific Revolutions*』（一九六二）が現われて以降、科学史研究においては、全くの常識になっている。にもかかわらず、生物学史研究では、その入り口に立つと、「おまえは機械論者か、生気論者か？」と誰何される。少なくとも二十世紀後半のある時期まで、この形の監視の目は強力であった。

機械論の勝利という都市伝説

先回りして述べておくと、本書は、ギリシャ時代以来、生物学では「機械論vs生気論」という生命観の対立があり、科学が発達するにつれて生気論の誤りが示され、機械論が勝利を収めるようになったとする、いまも教科書に採用されている歴史観は採らない。これは二十世紀のある時点で生み出された都市伝説と考えるからである。次章で述べるように、科学者の間で生命観というものがとくに重要視され、これが「機械論vs生気論」という二項対立の形に定着するのは、十九世紀中葉のことである。そしてそれは、生命現象を物理・化学で説明し尽くせると主張する機械論（後に述べるように、E・ヘッケルの思想が代表例）が、前面におし出された結果、鮮明になった対立図式であったのである。

十九世紀を通して「機械論vs生気論」という形で生命が議論されたが、その過程で生気論の始祖としてアリストテレスに言及するような例は皆無と言ってよい。十九世紀後半に登場した「機械論vs生気論」という解釈図式に、そもそもそういう視点はなかった。この時期に定着したこの二項対立図式を前提に生物学の歴史をさかのぼり、誰が生気論者であるかを同定してみせたのは、ハンス・ドリーシュ（Hans Driesch: 1867～1941）であった。二十世紀の初めにドリーシュが新生気論の立場を明確にすると、出版社がその歴史を書くよう勧めた。これに応じて書き下ろしたのが、『生気論の歴史 *Geschichite des Vitalismus*』（1905）である。ここで初めて、ドリーシュは自身の基準をあてはめて歴史上、誰が生気論者であるかを判定し、列記してみせたのである。ここでの人物査定が以後、生命論や生物学の歴史の議論のなかに広く受容されていくのであり、これは隠れた名著と言ってよい。今日、ドリーシュは非科学的人物の代表とされているが、彼の知的産物を非科学の典型とする見解を広めたのは、主として一九三〇年以降に哲学的活動を行なった論理実証主義であった。そして第二次大戦後は、論理実証主義系の科学哲学が大きな影響力をもったため、ドリーシュを非科学的人物と見なす態度が科学的素養となったのである。むろん本書においても「機械論vs生気論」という問題を取りあげはするが、生気論非難という文脈からではなく、半世紀単位でゆっくり変質していく、生命現象に対する科学的な「見立て」の問題として扱うことになる。

もうひとつつけ加えておくと、本書は、一九五三年のＤＮＡ二重らせん構造の発見と、これに続く分子生物学の成果について、現在の生命科学は自然哲学の面で誤読していると思う。バイオエピステモロジーは、生命現象についての科学認識一般を研究対象とする立場であり、当然、現行の生命科学が拠って立つ自然哲学をも検証の対象とする。ともかく本書では、「自然哲学

Naturphilosophie」という概念がたいへん重要な意味をもつ。ただしこの言葉は、とりあえず研究の基層をなす自然観と受けとっておいてほしい。

本書に対してはただちに、「生気論復活の企て」という非難が浴びせられるはずである。本書の意図は、現在の生命科学の基本にある反生気論イデオロギーは、いまや無用どころか有害であるという見解を現在の人間に届けることであり、むしろこの種の非難は、問題のありかを明確にするという意味で、望むところである。なかでも、「分子生物学は機械論の勝利であり、これによって生気論は完全に駆逐された」という、フランシス・クリック（Francis Crick: 1916~2004）が採った見解を継承する立場とは、正面衝突する。ただしここでは、「分子生物学は生気論の息の根を止め、これは機械論の勝利である」とする立場を「分子生物学的啓蒙主義」と名づけて、ひとつの生命観として認知する。そしてこの立場が本書とぶつかるのは、現在の生命科学が「薄い機械論」（これについては後述）に立つものであるから、と考えている。

生化学の圧勝と、分子還元論批判の消滅

さて環世界に論を戻すと、この概念を採用する第二の理由は、第一とも重なるのだが、環世界の間での同等性・同格性が当然視されているからである。ユクスキュルにとって、ダニの環世界も、イヌの環世界も、もちろん人間の環世界も、生物の環世界という意味では全く同等・同格である。そして、これを科学に向けて用いることによって、現在の科学的環世界を徹頭徹尾相対化し、地味な印象しかない過去の生物学に対して、レヴィ・ストロースが未開社会に向けたのと同様の、文化

人類学的な眼差しを向ける視点を手に入れることができる。それは過去に対する無知と傲慢を慎重に取り除くことでもある。

生命科学はいま、非常な隆盛を極めている。だが一方で、研究者たちは「勝者の嘆き」の中にある。そして、ここでの勝者とは、生化学である。今日、生命科学では生化学の圧勝状態が異常に長く続いている。では、輝ける分子生物学はどこへ行ったかと言えば、事実上、生化学に呑み込まれてしまった。

次のような事態は、いまではごく当たり前の光景となっている。ある研究者が激烈な研究競争の中で、鍵となる重要な分子を首尾よく抽出し、その機能を解明できたとしよう。しかし、その人間も次の日には、また別の分子をめぐって研究競争に巻き込まれていく。研究者は、その先いま以上に生命の本質的理解に肉薄できる見通しなど、まったくないまま、次の重要分子に的を絞らなくてはいけない状況にある。まるで無間地獄である。こうして、現在の生命科学では、生化学的な成果だけが突出して積みあがっていく。研究者をこの光景へとかりたてているのは、この競争に関与し続けなければ研究の第一線からは脱落するという恐怖である。心ある研究者はみな、玉ねぎの皮をむくのに似た徒労感と、認識論の次元での閉塞感にさいなまれることになる。

生化学の圧勝という現実は圧倒的で、その効果は周辺の領域に広く浸透している。生命科学の全領域はむろんのこと、たとえば、生命科学を批判的に分析すべきはずの科学史や科学哲学までが、実質的には生化学圧勝という事態の付属物になっている。ほんらい、科学哲学には、生命科学が提示する説明に対して繰り返し疑いの目を向け、その真理性を鍛える役回りがあるはずである。だがいまは、そのエネルギーを枯渇させてしまっている。現在の生命科学は、系統的懐疑の砥石にかけられてはおらず、科学ほんらいの自己反省の精神はどこかに置き去りにされてしまっている。

そして、環世界概念を採用する第三の理由は、この概念の大胆な形態にある。もう一度、ユクスキュルの説明図（第1-1図）を見てほしい。この図式においては、生物が外界を認識するためのチャンネルは極めて限られている。生物はこうして限られた手段を介して得られる情報を駆使して、外界に応答する存在である。生物にとって外部とは、これに対する反応も含めた双方向の関与の腕から形成される、統一された対象である。生物は、ごく限られた知覚器官と作用器官を使って対象世界に反応し続ける、円環的な機能存在である。

この見方を科学という活動に重ね合わせ、科学的環世界を考えるとどうなるか。科学的な認識活動とは、許された観測手段の感度とスケールを極力上げようと努力してはいるが、それでもなお、たいへん粗密のあるデータしか獲得できない立場にある。にもかかわらず、これを編集して、あたかも継ぎ目のない世界像を描き、科学外の人間に提供する作業でもある。科学者集団が描き上げる世界像は、一次的な成果をチューニングし、これを前後・上下に拡張し、空隙を塗りつぶして作成される風景画だと言ってよい。科学的環世界の概念によって、観測手段とそれが描き出す世界像とをひとつ視野に収めることで、その双方ともが構造的に小さくない欠陥を抱えており、にもかかわらず、もしくはそれゆえに、科学は科学的説明の過程に、この欠陥を隠ぺいしようとする機能を、不可避的にもってしまうものであることが見えてくる。

歴史的な他者の眼差しを迎え入れる

この科学的環世界の概念を現在の生命科学に重ねてみると、生化学の圧勝という事態は、生命現象を個々の分子の振る舞いに対応させる考え方に立った研究計画以外は、科学として認知されることはたいへん難しいことを、意味している。実際、現在の生命科学系の研究室は、超遠心機・冷凍庫・ゲル電気泳動装置・アミノ酸分析器など、生化学の実験装置を装填するのが当たり前になっている。この光景は、現代の生命科学が、研究対象の生物をいったん殺し、分子にまで解体する手法を採るものであることを大前提にしていることを暗示している。いま、研究者の間でごく普通にこういう会話がなされている。A「材料は何を使っておられます?」B「ドロソフィア(ショウジョウバエのこと)です」C「私はマウスです」これらの実験動物は、研究の過程ですべて殺される運命にある。こうして現在の生命科学は、史上類がないほど、生化学的解明という研究形態にその手法を収斂させてきている。

生命科学の存在が大きくなればなるほど、同時代の知性によって繰り返し批判的な眼にさらされ、検証の砥石にかけられるべきである。批判が常にあることと、学問の健全性が保持されることとは等値なのであり、本質的批判にさらされない学問は必ず堕落する。だが、生命に関する認識論の領域で、いま分子還元論に批判的な研究はほぼ皆無の状態にある。

批判的な眼差しを回復するにはどうしたらよいのか。本質的な批判を行なうためには、現行の生命科学全体をひとつの視野に収まるほどじゅうぶんな距離をこれに対してとり、その中で弱点かもしれない箇所に、高解像度の望遠鏡を向けて精査することである。これが科学としての健全さを保つほぼ唯一の方法である。だが、生化学の勝ちっぷりがあまりに圧倒的で、同時代の地平に望遠鏡を置く余地がないのなら、現在を離脱するよりない。歴史的時間をさかのぼって批判的な眼差しが可能な距離を手に入れることである。言い換えれば、現在の研究者の眼前に歴史的な他者を迎え入れ、いまの生命科学が拠って立つ自然観を問う仕掛けを、力づくでも用意するのである。

少々、アクロバティックな手法であるが、生化学の圧勝という事態を説得力ある形で描き出す手段が、手持ちの用具箱に見当たらないのなら、そうするよりない。ただしその作業は、現在の生命科学にとって穏便な過去を調達してくることではない。その種の過去は「殺菌された過去」でしかない。現在のすべてをひとつの視野で捉えるために十分な距離をとる作業は、実は現在の研究の枠組みとして当然のものと思われてきている自然観を引き剥がし、凝視することを強制するものである。

ではどれほど時間をさかのぼればよいのか。ひとつの目安は、現在の覇者である生化学を、化学的な生理学研究から独立の領域にする試みが提案された、二十世紀初頭である。生化学(Biochemie)という言葉は一九〇三年に、ドイツの化学者ノイバーク(Carl Neuberg)によって提唱された。だがそもそも本書がとりあげる、科学的生命観が新しい形で「機械論vs生気論」として議論が戦かわされるようになるのが、二十世紀初頭のドイツ生物学である。そこで、現在を批判的に検証するための参照軸を、百年前のドイツ生物学とねらい定め、そこに向けて通信路を開くことにする。それはあたかも、古地図のなかに忘れられた名峰を見いだし、廃道を辿ってその頂に至り、かつて先人たちが目にしていたに違いない眺望を、ふたたび手に入れることである。それは、膨張しきった現在の街並みを見るのに似て、予想外のぶざまな風景が飛び込んでくるであろう。しかしまた、その不興を埋めあわせて余りある、現在の生命科学の哲学的弱点をとらえることでもあるのだ。

国交回復

こうして百年前のドイツ生物学者を、現在の生命科学の眼前に招き入れるようとするとき、環世界の同格性はがぜん重要性を帯びることになる。一世紀という時間差は、現在との脈絡すべてを遮断してしまう時間的な遠さであり、それだけで彼らは完全な異邦人である。百年前の科学的環世界は、当座は現代人の眼にはひどく陳腐なものとしか映らず、逆に、招き入れられる異邦人である生物学者は激しい誤解と偏見にさらされる。後で述べるように、そもそも百年前と現在とでは、生物学における「理論」の意味がまるで違っているのだ。そんな荒々しい扱われ方をされてなお、百年前の生物学者が屹立した他者であるためには、こちら側が環世界の同格性を強く心に留めていなくては、第一次接近の段階で失敗する。

われわれは、科学の歴史は一方向に流れる時間にそって記述されるもの、と思いこみ過ぎている。なかでも生物学史研究は、いまもなお蓄積的発展史観にたつ人間がほとんどである。それは単に生物学史研究が「遅れている」からだけではない。現在の生命科学自体が、生命観と進化論の二つの問題に関して、啓蒙主義から完全には脱却できない精神構造の下にあるからである。そしてそれが本書の主題のひとつである。

本書は、生物学の歴史を百年前で切断し、これを現在と直接出合わせることをひとつの手法として採用する。この企ては、通信途絶の状態にあったもうひとつの知的世界——この場合は百年前のドイツ生物学だが——との間での「国交回復 rapprochment」を行なうのに似ている。国交回復とは、断絶していた国家の間で、互いの政府を正統なものとして承認し、大使などの外交使節を交換することである。百年前のドイツ生物学と現在の生命科学との出会いを、国交回復という概念を充てることで、それは二つの科学的環世界の間での「異文化対話」の場へと変換される。そうであれば、そのための前提条件は、異文化に対して心から尊重する姿勢であり、それさえあれば、異質な価値に関する想像力も生まれ、相互通信のための作法も生みだされることになる。

現在の生命科学は、この異文化対話に臨むことで強い違和を感じ、居心地の悪さを味わうことになる。バイオエピステテモロジーの観点からすると、強い違和を感じれば感じるほど有益で生産的な場であることになる。その違和感によって、現在の生命科学が拠って立つ自然哲学が激しくゆさぶられ、不可視であったものが認知可能になるからである。こうして開かれるであろう新しい知的地平に、本書は賭けることになる。

歴史の流れを切断して二つの科学的環世界を繋ぎ合せ、そこに対話が生まれることを期待する、こんな企てはこれまでに試みられたことはない。とくに生物学の歴史では、過去は遅れたものという眼差ししか向けられてこなかった。それに対してここでは、双方が対等の眼の高さに立ち、相手が何者であるかを知ろうとする姿勢を、あらかじめ前提にしている。そんなことが進行するには、両者の間に何らかの共感がなくてはならないのだが、この場合はそう楽観してもよいいくつかの理由がある。

歴史のあらゆる時代、同じ生物学者だからという理由で対話可能と仮定することはできるが、それが生産的なものに移行できるか否かは、相手次第である。その点、百年まえのドイツ生物学は、現在の生命科学と対話可能な範囲内に確実にある。実はドイツ生物学は、この時期を境にその基本哲学を少しずつ変え始めるのだ。それを一言で言うと、研究対象である生物的自然を自然哲学(Naturphilosophie)の文脈と直結させて語る、十九世紀生物学の態度が少しずつ変質し、実験という自然への人為的・計画的介入とその結果を注視する姿勢へ、全体が移行し始めるのである。つまり、ここで採用する百年という時間差は、十九世紀生物学が、生命現象を因果論的説明で埋め尽くそうと欲求した思想状況から、実験データのみを偏愛し、生命現象に関する自然哲学的文脈を巧妙に絨毯の下に隠してしまう、現在の生命科学の形態へと移行する、スペクトラムを形成している。そして本書は、この両端に位置する科学的環世界を、強引に対面させようというのである。つまりこの百年という時間差は、生物学を成立させている広義の自然哲学の形が、ゆっくりと、かつ完全に入れ替わった二つの時代の、始まりと終わりに相当する。だからこそ、この企てによって現在の生命科学は激しい系統的批判にさらされることになるのである。

冥界対話という姿見

いま、異文化対話とは言ったが、この場合、対話の相手は冥界にいる。異文化対話においてとりわけ重要なことは、他者に対する敬意と異なった価値観の尊重であるが、こまやかな神経が必要なこの場においての、そのような配慮ができるのは、生者であるわれわれの側だけである。歴史研究とは、生者が死者を選別し記述する、極端に非対称な関係の作業である。死者に反論の機会はない。だから、生者が傲慢になる誘惑に満ちている。

科学史研究のなかで、生物学史研究は、現在の高みから過去を見下すことにいささかの疼痛も感じないまま、過去の諸著作に対して生者の側の偏見をおしつけて読みとばす、不遜と無神経を繰り返し行なってきた。物理学史では過去に対するこの種の尊大な態度は、はるか以前に克服されてきた。しかし生命科学における歴史研究が、いまなお啓蒙色が抜けない理由は、おもに二つある。そのひとつは、長い間、生物学は物理学より格下とみなされ、生命現象はいずれ物理・化学的に説明されるはずだと考えることが、普通であったからでもある。二十世紀中期に分子生物学が成立して以降は、とりあえず分子生物学の成果を広めることが、科学的素養と考えられるようになり、分子生物学的啓蒙に立つことで、物理科学に対する劣等感を克服できたこともある。そして、啓蒙主義的態度から脱却できないもうひとつの理由は、のちに述べるように、現在の生命科学が立脚する自然哲学のなかにある。

異文化対話に話を戻すと、対話の場に過去の生物学者を迎え入れるには、まずもって歴史という名で彼らを一方的に著述の対象とするこれまでの関係を清算し、対等で自由な知者としての地位を回復することである。そもそも生物的自然の核心はなお未解明であるという点では、百年前の生物学も現在の生命科学も対等なのだ。生物学史の研究者は、機械論の勝利史観に立って、たとえば、過去の主張のなかに「生命力」を摘発する「歴史警察」のような目を向けるべきではない。

しかも対話の場に招くのは、現在を批判する他者としてである。われわれは、彼らが死者であるゆえに片務的に丁重に遇する義務があるのに加えて、現在に対する根源的批判者を尊重すること、これが生者の側に課せられた最低限の作法である。そう行動しなければ、科学的環世界の同格性を認めたことにはならないのだ。

こうして用意された歴史の切断面を、現在の立ち姿を照らし出す「姿見」として機能するよう磨きあげることである。姿見としての過去は、現在にとって従順でここちよい歴史ではない。磨きあげられた鏡の中に映し出される生命科学は、自身が築きあげたはずの安全地帯に留まることを許さない。生者vs死者という非対称な関係から、主客は逆転し、現在の生命科学の姿かたちはぶざまなものとして映し出される。過去は荒ぶる他者となり、現在にとっての脅威となる。現在は死者によって生体解剖されるのだ。

「自然認識の亀裂」の隠蔽

ここでいま一度、ユクスキュルの天文学者の図を思い出してほしい。科学研究とは、日常的な環世界を拡張し続ける活動であり、人間の環世界を改変し続けることである。つまり日々の環世界には属さない、直接見ることはできない自然の領域に向けて観測装置を開発し、知覚範囲を拡げるプロジェクトを続けることである。科学的環世界とは、これらの観測データが編集され更新されていくものであるが、その特徴は道具による知覚機能の拡大である。ここにあるのは、観測装置への極端な依存、つまり「道具主義 instrumentalism」である。

物理科学の特徴は、実験データを集積しそこから理論化・数学化を行なうことであるのに対して、いまの生命科学のなかで、物理学で言う理論に並置できるのは自然選択説ぐらいしかない。これ以外は、道具装置に強く依存するものであることを喝破したのは、A・ローゼンバーグの『道具主義的生物学、もしくは科学の不統一 *Instrumental biology or the disunity of science*』(U.of Chicago Press, 1994) という本である。現在の生命科学が、かくも徹底して観測手段に依拠したものであり、それに応じた分節化が極端に進んでしまったことは、十九世紀生物学とは大きく異なる特性のひとつである(十九世紀生物学については第二章を参照)。ただしローゼンバークの議論は、観測装置の導入とそれへの依存、それに由来する専門領域の増殖と細分化に応じた、科学的概念の変質を論じることに力点がある。これと比べるとユクスキュルの環世界概念の方が、科学研究の、道具による認識の拡張という面をより直感的に表わしており、分断された個々の専門領域が上げてくるデータの間に潜む粗密や、小さくはない空隙を隠蔽するものであることが、うまく表現できる。繰り返すが、観測技術の開発は、対象とする自然のなかに弱点を見つけ、そこにねらいをつけて利用可能な技術を動員し、こうして収集可能になったデータを集める企てである。実際、現在の生命科学の研究論文は、測定可能になるよう調整された試料を標的に、小数の項目について網羅的にデータ収集を行ない、その結果を考察したものが大半である。

ところで、これらの論文の重要性の度合いは、生物的自然に対する解釈上の重みに比例する。ここで生物的自然に対する解釈とは、論文内容を吟味し評価する不特定多数の同僚研究者によって形成されるものである。直感的に表わせば、膨大な論文の間を充たす形で存在し機能するものである。こうして、直接見えない領域の生命現象に関して、比較的少数の種類の観測データ(たとえばゲノム配列や、たんぱく質の解読パターン）が大量に蓄積される。それがある程度集積すると、専門誌で総説論文が書かれるようになる。しばしば「膨大なデータ」と表現されるものは、その実態は観測手法に依拠した生データとその分析結果が大半であり、つまりは極端に凹凸や粗密のあるデータの集塊である。研究者世界の内部では、さらにこれらを展望する総説論文や専門のレビュー誌（代表例は『*Nature*』傘下のレビュー誌群）において、自然哲学の面では禁欲的な、データ解釈にのみに沿った総括が積み重ねられる。ただし、研究者世界の外部への科学的成果を伝達する科学評論誌（代表例は『*Scientific American*』）になると、自然の解釈を目的としてさまざまな推論の上に、図像的表現に工夫が重ねられ、ほんらい不可視であるはずの生物的自然が、あたかも継ぎ目のない微視的世界の風景として描かれ、科学の外部に向かって提供される。たとえばここではよく、数個の機能的分子が虚空に浮かんでいる図が描かれる。

つまり実際の研究活動と、それに関する当面の結論が科学の外部に伝達されることとの間には、一般の人間にとって理解可能な図へ翻訳するという編集作業が必然的に介在する。少数種の、しかし膨大な量の原データの集塊の上に、一様で継ぎ目のない自然認識が編み出され、それが一方向的に社会に向かって提供される。これが科学的環世界の構成作業である。そこには「科学的事実の編成」という過程が必然的に組み込まれるのであり、結果的にこの過程が、「自然認識の裂け目」を隠蔽する機能を持つことになる。そして、研究を行なっている当人が外部の社会に向かって提供する報告内容に関して、その構造的「粉飾」を見抜くのは科学哲学者の責務なのだ。そして、この隠蔽機能の重大な帰結のひとつは、現在の生命科学が全体として「法医学的証拠」の集積セクターとなっている事実である。これについては第六章で詳論する。

自然科学からの自然哲学の排除

意外なことだが、生物学において道具主義が明確に指摘されたのは、二十世紀末になってからである。むろんそれ以前にも、このような考え方はいくつか表明されてきていた。なかでも重要なのが、ラトゥールとウールガル（Bruno Latour & Steve Woolgar）による、『実験室生活 *Laboratory life*』（Princeton U.Press, 1979）という研究である。ラトゥールらは、科学研究として実際に繰り広げられているさまを、社会学的現象として分析することを決心した。こういう目的の研究に協力することを同意したソーク生物学研究所に、一九七五年十月から七七年八月まで実際に入り込んで、研究室における研究者の実際の行動を観察し、記録したのである。ラトゥールの問題意識は明確であり、科学研究という人間の活動を文化人類学者の目で見つめ直し、分析することにあった。

こうして生命科学を代表する研究室の実像を、第三者の目で観察した結果、ラトゥールはこう結論づける。科学者は、研究材料の加工、観測装置によるデータの生産、その結果の調整と「事実」の抽出、論文の作成、という一連の作業工程に従事するものであり、これを介して「科学的事実を構成 construction of a fact」する、と表現した。ラトゥールは、実験室に住まう科学者は、学術論文に書かれることを真理と奉じる信念共同体を構成する者たちであることも指摘した。こうして、ラトゥールによって切り出された見解は、その後、科学の社会的構成主義（social constructionism）と呼ばれるようになり、科学社会学（科学の社会学的研究）の一大潮流を成すことになった。ただし当の科学者たちは、科学に対するこの挑発的な描写に、異議を唱えることはしなかった。

ラトゥールが指摘した現在の生命科学の現実の形態を、百年前のドイツ生物学と対比させるとどうなるか。両者の間では、これが正嫡の二つの科学なのかと疑うほど、両者の研究の目的と認識論的構造は変わってしまっている。一世紀前の生物学は「生命現象をどう説明できるか」を主題にしているのに対して、現在の生命科学は、「生命現象のある機能を担っているのはどんな分子か」一点に関心を絞り込んでいるのだ。

百年前のドイツ生物学の学術書を開けばすぐわかることだが、そこでは、生命現象を物理・化学でどう説明できるかに関して、まず研究者が自身の見解を披露し、その自然観に立脚して、最新の研究成果を組み立てて生物的自然を解釈してみせる、という論の構成になっている。生物学における実験も物理学の実験と同様、共通の自然認識の上に組み立てられるものであり、実験結果はそれに沿って評価され解釈されるものの位置にある。当時、科学者が共有し議論の対象ともする認識体系は、「自然哲学 Naturphilosophie」と呼ばれていた。たとえば、E・マッハ（Ernst Mach: 1838～1919）が主宰し、L・ボルツマン（Ludwig Boltzmann: 1844～1906）がその後任の教授に就いた（一九〇三年に就任）、ウィーン大学哲学科の講座名は「自然哲学」であった。

しかしその後、自然科学のなかで、自然哲学の重みは低下していった。第二次世界大戦以降になると、とくに生物学においてこの次元の考察は「形而上学的思弁」と攻撃対象となった。同時に自然科学の研究論文から、自然哲学的考察は厳密に排除されるようになり、今日、その排除機能は完璧になっている。しかし考えてみると、生命に関する科学的認識論が問題として消えてしまうはずがない。ではいま、かつて自然哲学と言われた部分はどうなっているのか。結論を言うと、そのタイプの議論は決着済みであるとする信念が共有され、こういう確固とした価値判断の上に現在の生命科学が展開されている、と解釈するのがもっとも妥当である。

言い換えれば、この百年間で劇的に変わったのが生命科学の視程である。二十世紀初頭のドイツ生物学は、自然哲学とは完全に連続し、同じ視野のなかにあった。対して、現在の生命科学は、生命現象すべてを、分子の機能に翻訳して語る態度に、極端に収斂している。科学的関心が分子とその機能だけに絞り込まれているのだ。生命現象に向けた問題の組立てとその解釈を、個別分子に焦点を固定させたままにあると言ってよい。現在、生命科学のほぼ全研究室は、この目的を効率的に遂行するよう設備と人員を整えた体勢になっている。実際、生命科学系の研究室は、先にも触れたが、超遠心機・冷凍庫・ゲル電気泳動装置・アミノ酸分析器など、生化学の実験装置を装填しているのが普通である。この事態から言えるのは、自然哲学は行方不明になったのではなく、現在の生命科学という巨大な体制として実体化しているのであり、生命科学系研究所のビル群として「物象化」しているのである。本書はこれらの事態をもって「生化学の圧勝」と呼ぶのである。

確かにこの光景をもって「機械論の勝利」と判定することも誤りではない。いちおう本書もそう診断をした上で、異文化対話にもたらされる「違和」作用によって、現在にとってのその意味を深堀しようというのである。

方法論としての原典翻訳

その異文化対話を成立させるための方法のひとつが原典翻訳である。少し唐突であるが、百年前のドイツ生物学と同時代人であるL・ウィトゲンシュタイン（Ludwig Wittgenstein: 1889～1951）の言葉を引用する。

四・一一一　哲学は自然科学ではない。（「哲学」という語は、自然科学と同レベルのものを意味するのではなく、自然科学の上にある、あるいは下にあるものを意味するのでなければならない。）

四・一一二　哲学の目的は思考の論理的明晰化である。哲学は学説ではなく、活動である。哲学の仕事の本質は解明することにある。哲学の成果は「哲学的命題」ではない、諸命題の明確化である。思考はそのままでは、いわば不透明でぼやけている。哲学はそれを明晰にし、限界をはっきりさせねばならない。（ウィトゲンシュタイン　野矢茂樹訳『論理哲学論考』、岩波書店、五一頁）

まさにウィトゲンシュタインがここで言う「哲学」が、本書で言う「自然哲学」に相当する。そしてバイオエピステモロジーとは、ウィトゲンシュタイン型の哲学活動を、生物学や生命科学において行なおうとするものである。ただし、現在は例外的な時代にある。求めるウィトゲンシュタイン型の哲学活動は、生命科学の研究体制そのものと化しており、視界からは一時的に消えている。

目の前にそびえ立つ生命科学の研究所群のコンクリートの下から、それらを支えている哲学を、われわれの議論の場にかり出してくるのは無理というものである。それに、自然哲学の排除が完璧に機能するようになって久しい、現在の生命科学の諸論文から、その「上もしくは下」にある思考を読みとるのは、原理的にも不可能である。

生命科学の「上もしくは下」にある思考を現在の資料から抽出しようとすれば、それは論文本文では直接語られないのであるから、その序文や脚注のわずかな注記、あるいは総説論文の行間や科学雑誌の評論、研究者個人へのインタビューなどから、研究基盤を成していると思われる言葉を探し出してこなくてはならない。それを検出するためのひとつの手法が「方法論としての原典翻訳」である。

生物学の歴史において異文化対話を企てるのは、現在との肌合いの違いや違和感を確認することが目的であるから、細々とした言葉遣いの方がむしろ重要である。つまり、対象を編集したり要約するのは、原資料に現在の視点で手を加える有害な介入であり、バイオエピステモロジー研究にとっては無神経極まりない「悪手」である。過去の文章の果てしない密林のなかから、自然哲学に連なると思われる文章を掘り起こし、長短は不問にして現在の視野に露呈させる作業が「方法論としての原典翻訳」である。ただしそれは、原資料をもって語らせるという類の微温的なものではない。現在に敵対しこれを攻撃すらしかねないものを選び出す必要がある。もし時の経過にそって学説の発展を述べるのが歴史研究だと言うのなら、本書は断じて歴史研究ではない。

繰り返すが、本書が企てるのは、百年前のドイツ生物学を生き返らせ、現在の生命科学と衝突させて、その衝突面をいまの「姿見」とすることである。この方法論的な考え方は、晩年のジョセフ・ニーダム（Joseph Needham: 1900〜1995）が、中国の科学を論じた評論のタイトルを『文明の滴定 *The Grand Titration*』（1969）と表現したのとほぼ同じ趣旨の作業を、生物学の歴史の間で行なおうというものである。この姿見は、現在に動揺を与えることこそが目的である。この鏡のなかに、百年前のあらぶる異邦人が呼び醒まされ、現在と対峙し、公式見解を繰り返し殴打する。生命科学は不意打ちをくらい、これまで問われることのなかったその自然哲学は激しく揺すられ、可視化される。だがこんなことで巨大体制となりおおせている生命科学は微動だにしない。バイオエピステモロジーが繰り出す、現在の自然哲学の検証を意図した概念装置は、眼前の生命科学を追いつめ、自白と自省を迫る、凄みのあるものでなければならない。

第二章　十九世紀ドイツ生物学——力学的解釈の貫徹

十九世紀生物学＝「大因果論化」の時代

前章で、現在の生命科学に有効な違和をもたらすのは、一八九〇年〜一九一〇年代前半（第一次世界大戦勃発まで）のドイツ生物学であろうとねらいをつけた。ただし、こうしてドイツ生物学との衝突によって生まれる違和が実りある異文化対話へと変換するためには、われわれの側が、相まみえる異文化について基礎的な素養をもっていることが必須である。それは言い替えれば、百年前のドイツ生物学に対して、われわれの側が、対等の視点から適切な要約をし終えていることでもある。いまそれを確認しておこうと思う。

ここでもっとも重要なことは、十九世紀ドイツ生物学の基本哲学と、現在のそれとはまったく異次元のものであるという点である。前章でも触れたが、十九世紀生物学は、生物的自然を因果論的説明で埋め尽くそう、と欲望したと言ってよい。これに対して現在の生命科学は、実験データのみを偏愛するデータ・フェティシズム、もしくはすべての説明を分子に託そうとする「分子担保主義」に陥ったまま、後述するように、これについての自然哲学的議論を絨毯の下に押し隠そうとする堅い信念の上にある。

話を十九世紀自然科学にもどすと、この時代の自然科学者にとって、ニュートン力学の成功は、自然解明のあり方についての先行モデルとして圧倒的な存在であり、彼らのほとんどが、いずれ自然のいっさいは物理学的に説明し尽くされるだろう、という精神的高揚のなかにあった。この時代の自然解明のための理想の形を象徴的に表わしているのが、「ラプラスの悪魔」である。傑出した数学者でもあり天文学者でもあったラプラス (Pierre-Simon Laplace: 1749~1827) は、六十四歳になったとき、『確率の哲学的試論 *Essai Philosophique sur les Probabilites*』(一八一四) を著した。その冒頭の有名な文章はこう始まっている。

すべての事象は、たとえそれが小さいために自然の偉大な法則の結果であるとは見えないようなものでさえ、太陽の運行と同じく必然的にこの法則から生じている。これらの事象と宇宙の全体系とを結ぶつながりを知らないので、人はこれらの事象が規則的に継起するか、それとも目に見える秩序なく継起するかにしたがって、目的因によるものとしたり、偶然によるものとしたりする。しかし、われわれの知識の範囲が広がるにつれ、こういった想像上の原因は次々と後退してきた。……したがって、われわれは、宇宙の現在の状態は、それに先立つ状態の結果であり、それ以後の状態の原因であると考えなければならない。ある知性が、与えられた時点において、自然を動かしているすべての力と自然を構成しているすべての存在物のおのおのの状態を知っているとし、さらにこれらの与えられた情報を分析する能力をもっているとしたならば、この知性は、同一の方程式のもとに宇宙のなかのもっとも大きな物体の運動も、また最も軽い原子の運動をも包摂せしめるであろう。この知性にとって不確かなものは何一つないであろうし、その目には未来も過去と同様に現存することであろう。

（内井惣七訳、岩波文庫、九―一〇頁）

この最後の部分が、以後「ラプラスの悪魔」と呼ばれるようになった一文である。そして、十九世紀の尖鋭的なドイツの生物学者たちも、ニュートンの自然解明モデルは、生命現象に適応可能と考えた。とりわけ彼らにとってそれは「世界の力学的包摂」とも呼ぶべき、非常に体系的で幅広い構想であった。この時代の生物学にとって中心課題は生物の形態であった。しかし、こんな課題に直接、ニュートン力学を適用するのは無理であり、「力学的説明」については何らかの意味の読み替えが必要であった。その方向性は二つ考えられた。ひとつは、ニュートン力学を適用可能なものにする前提として、生命現象すべては粒子の運動であるとする自然哲学に立つこと。もうひとつは、眼前の生命現象はただちに数式化できないにしても、次善の策として、生物を記述するだけでなく、生命現象を貫く原因を発見して因果論的に説明することであった。前者は、当時まだ一仮説であった原子論に立ち、生命を構成する分子をとらえることを目指すことになる。後者は、力学的説明を因果論的説明とほぼ同じのものと読み替え、生命現象の因果論的な解明を進めることである。十九世紀を通して、前者の分子への還元は遅々としてしか進まなかったが、後者は、この時代のドイツ生物学を貫く基本思想となった。この事態を本書は、「大因果論化の時代」と呼ぶことにする。

世界の解釈権

当時の科学者が、大因果論化という知的衝動に駆りたてられた理由のひとつに、世界について科学的解釈を提示することが科学者の使命である、と考えるようになったことがある。実は、十九世紀に入ると、独立した職業としての「科学者」が登場する。給料をもらって日常的に科学研究をする立場であり、このような制度的な変化と、世界の科学的解釈の開陳への衝動とは、連動していたように見える。事実、この時代のドイツの自然科学者は、自然をどう説明づけるかについて異様なほどエネルギーを費やして論を展開するようになる。これらのほとんどは、現在からすると空疎な思弁（speculation）に該当し、たいへんな知的エネルギーの浪費のように映る。だが、当時の科学者にとってこれらの意見陳述は、世界に関する解釈権は自然科学にあることを誇示する意味をも帯びるものであった。

西欧の歴史のなかで、アルプス以北は長い間、ローマを中心とする地中海文明にとっては辺境の地であり、あらゆるものがローマ教会の権威に依拠する社会であった。むろん、世界の解釈は法王庁の専権領域であったが、十七世紀の科学革命以降、教会は宇宙についての説明者の役割を放棄し、自然の解釈権は自然科学の手に移った。十八世紀の啓蒙時代に、教会の権威を完全に無視して世界を体系的に語ったのが、カント（Immanuel Kant: 1724～1804）であった。カントは『天界の一般自然史と理論*Allgemeine Naturgeschichte und Theorie des Himmels*』(1755)を著し、宇宙の塵が重力によって集まり、さまざまな天体が生まれたとする星雲説を展開した。これは後に、「カント=ラプラスの星雲説」と呼ばれるようになる。

時代が下って、十九世紀半ばに『種の起原』(一八五九)が現われた。後で触れるが、この本に衝撃をうけたのがヘッケルであり、彼は、全生物の存在を進化の視点から体系的に述べた大著、『一般形態学』(一八六六)を著したが、この本を書いた目的のひとつは、カント=ラプラス星雲説では空白のまま残されている、生命の発生と進化の部分を埋めるためであった。ヘッケルは「大因果論化の時代」を象徴する人物であり、事実、『一般形態学』は、生物界全体を因果論的=力学的に説明しつくそうとする意図の下に書かれた本であった。加えてヘッケルは、その論旨を明快にする目的で、ひどく単純な二項対立図式を二つ採用した。ひとつは、進化論vsキリスト教という対立図式、もうひとつは、機械論vs生気論という生命観の対立図式である。彼は、神による生物の創造説と進化論という科学的説明とが、いままさに天王山の戦いのなかにあるかのように言うのだが、この時期のローマ教会は関知しない論議であり、ヘッケルが創作した俗受けしやすい図式であった。

これを別の視点からみると、科学者という職業が成立した十九世紀前半に、世界の科学的説明を提供するのが科学者の使命という意識が生まれたことは、関連しているように見える。そして、世界の科学的説明について議論を戦わせる舞台のひとつとなったのが、ドイツ自然科学者・医学者大会(Gesellschaft Deutscher Naturforscher und Ärzte)であったと考えることができる。これについては後でまた触れる。

ロッツェの「生命力」批判

ところで、ニュートン力学をモデルに置くと、因果の関係にあてはまると見えるケースをいろいろ挙げて、その原因に「力」の名を与え、これを因果論的説明とする人間が必ず出てくる。とくに生命現象に対する説明として「生命力 Lebenskraft」を唱える者が現われるのは不可避となる。これは、自然を「力学的」に説明するというこの時代の精神からすると、その真贋の判定が必要になる悩ましい問題であった。

この時代、生命現象に対して物理学的手法を動員して因果論的に解明しようとする生理学(Physiologie)は、最先端科学であった。ゲッチンゲン大学の解剖学教授、ルドルフ・ワグナー(Rudolph Wagner: 1805~1864)は時代の要請に応じて、『生理学事典 *Handwörterbuch der Physiologie*』(1843年、表紙の1842年は誤植)を編集したが、その第一巻冒頭に短い編者序文を載せている。これは、生理学が置かれた当時の問題状況をよく表わしており、加えてなぜ「生命力」という論文を、事典の冒頭にもってきたのかを説明をしている。

……「生命と生命力」という論文は、もっと後の位置に予定されていたものだが、全体の序文に代えることにした。編者である私は、本事典の項目を執筆した卓越した著者たちの見解すべてを共有するものではない。また、これら諸課題についての認識やその扱いすべては、非常に重要なものと思われるが、編者はこれらの論文がこの順序であるべきだと考えているわけではない。論文はすべて注目に値するものばかりであり、真の科学的な立脚点を確立するのに必要なものばかりである。これらはまた、有意義で詳細な研究へ至る、広大で適切な道筋だけでなく、至福と進歩をも与えてくれる論文群である。いまや、一般生理学について満足できる立脚点を獲得するべく、有機的自然について、一連の原理的課題に取り組み、生理学にとって不可欠な基盤を完成させるべき時にきていると考える。

そこで次の問題を詳しく分析することを、本事典の重要な目的と考えることに、今日、反対などないであろう。すなわち、生命力とは本質的に何であるのか。物理学者や化学者は、華麗に「力」について語るのに対して、生理学者はこの問題を明晰に把握する努力を体系的にしてきているのか？

(p.V ~ VI)

この生理学における重要課題について論考を展開したのは、時代を代表する哲学者、ハーマン・ロッツェ（Hermann Lotze: 1817~1881）であった。ロッツェの論文のタイトルは、ずばり、「生命、生命力 Leben, Lebenskraft」(pp.IX ~ LVIII) である。彼はまず、科学における一般的な方法論を述べ、続いて、力学における力の概念を論じた上で、生物の形態形成を特別な生命力によって説明することは意味がない、という論の構成で、生命力を却下する。この時代にはまだ、機械論 (Mechanismus) vs 生気論（Vitalismus）という二項対立図式で生命を語る風潮はない。ここで言う「力学アナロジー」とは、産業革命から直接影響を受けた「機械アナロジー」であり、ロッツェがこの意味の機械論に併置するのは、生物を自然の目的に沿って機能するものと見なす Organismus（あえて訳せば有機体）という概念である。

……力の概念は、力学においては、現象への有効な影響として算出されるものである。生理学にこの概念を用いることは可能であり、この場合、われわれは、その有効な適用と限界の問題にたち戻ることにはなるが、うまく処理することは可能であろう。力は経験ではなく、認識の補助である。力というこの抽象的な比較という操作は、現象における一般的な比例原理から生み出される。……

(p.XVII-XVIII)

しかし、このような力の概念の決定関係という形の発展に対して、生理学におけるこの概念を使用する試みは、荒涼たる光景を呈している。生命に関する学説は、力の概念をまったく誤解しており、まともな結論をもたらしていない。生理学においては、生命力に何らかの作用・反作用の比較法則は想定されていない。それどころか、たくさんの因果則をならべ、明らかに矛盾するものを、一般的に**この**生命力が原因だとする。つまり、これらをすべて同一の作用原理に帰することは、それ自体、重大な弱点となる。生理学におけるこの根深い誤解は、「力は現象における未知の原因である」とする、よく用いられる定義自体にも問題があるが、真贋を容易に見分けられるものではない。だが、力はモノではないとは認識できるし、力は現象を基礎とするしか存在しえないことも理解できるはずである。ある現象に対する作用は、単一の原因を認めて、それで十分ということにはならない。むしろわれわれは、ひとつの力がどれほど多様なことを引き起こすかについて、煩わされることなしに、**ひとつの**原因に帰すために現象の全体をかき集めるという術を会得してしまった。生命力の場合、いったいどの現象がその結果なのか！　これらの因果関係は一定でもなく、同時でもない。［生物的］自然はそういうものではなく、外からの作用によってさまざまに修正され、それ自体は相互に完全に異質のものとなり、ついには発生におけるさまざまな段階で、すっかり別のものになるのだ！　このような多様性の王国の全体に向けて、生命力を持ち出し、その結果だとする、のりしろを使って固めようというのだ。それは光の代わりに暗闇を手にすることであり、事態のあらゆる側面を不確かにしたまま、新しい謎を導入することである。そこでは、ひとつであった問題が多数になってしまうのだが、そんなことにはお構いなしである。……（中略）……物理学の場合、それぞれの力は一定の量が内在的に想定される。それは、明確に存在するものの特徴に依拠している。ここでは、力は一般に現象の基礎として扱われ、物に対して何らかの作用を与えうる。だが、力は原因であると定義することは、また以下のような錯誤をもたらす。ひとつは、力は何らかの物質を介して確認できるものであり、そこに力が保持するすべての特徴が現われていると考えること。もうひとつは、力は前提不要の本質的に独自な存在であり、モノと同様にそれ自身で存在する、というものである。この双方の誤解は、名前をあげるだけで十分な二人の著名人が擁護しており、これらの思考様式を徹底的に研究する必要があることを示唆している。前者の誤りはトレビラヌス（Treviranus）が、また後者のそれはオーテンリース（Autenrieth）が、支持している。

(p.XIX-XX)

……単一の力という概念がもつ欠点から、一定の形の結果が生じることを論じた。力という抽象的な物理学の法則は、自然に対してあてはまるだけではなく、技術や工業にとっても有効である。しかし、その組合わせの種類を考えてみると、自然の場合、その目的の範囲全体がこれに対応しているのに、人間の技術的な応用のあり方は、かなり限定されたものでしかない。自然の特性は、力学過程の利用形態を一般的にどう見るかにかかっており、考察の対象を**有機体論**（Organismus）と**機械論**（Mechanismus）の間で、どう関係づけるかにある。この二つの言葉は、がんらい名前の通りのものを表わしていたのであり、双方とも共通基盤の手掛かりを与えるはずのものであった。しかし以前から、μηχανή（動くもの）という言葉の補助概念としても用いられ、これを補助するものとして創造的に結びつけられ、併置されてきた。それは、自然自身が利用する、道具ὄργανον（道具、操作）としての作用を超えた言葉である。以前から、有機体論の概念は、［生物的］自然自身がその目的にそって利用する物理的過程を広く集約する意味のものであるが、他方で、機械論の概念は、人間の文化が考案した力の組合わせにその意味は限られる。とくに生体は、絶え間なく運動し、発生しており、本質的に外部に向けた、動きの軽やかな道具装置を保有しており、固定したまま発生しない非生物の性質はもっていない。つまり、有機体論と機械論の対立は、自然の現象と人工的な現象との違いでもあるが、それは、生物と非生物という二つの自然的世界の違いを反映している。ただし、このような言葉遣いは、現実を区分する名称として採用することになるのだが、それ自身の基盤に立ち戻ると、われわれはしばしばその区分を止める方向に向かう。われわれは、それが生きているか、生きていないか、あるいは、魂をもっているか、魂をもっていないかに関わりなく、その物体に自然目的（Naturzweck）が認められるかぎり、**有機体的**（organisch）という言葉をどの力学的過程の組合わせにも適用する。一方、**機械的**（mechanisch）という言葉は、それが人工的な構成であれ、有機的なそれであれ、何か物理学的過程としての技術的装置を受け容れていれば適用する……。
（p.XXI、ロッツェ、訳終わり）

一八四〇年代のドイツ生理学における、「生命力」を排除する論理の代表的な、つまりもっとも理性的な例が、これである。ここにもう一つ、「力の保存則」を取り入れて、生命力という特別な存在を否定したのが、デュ・ボア・レーモン（Emil du Bois-Reymond: 1818~1896）であった。

この時代はまた、電磁気が物理学における重要関心事であり、動物の神経を電気刺激する実験は生理学のなかでも最先端の研究であった。デュ・ボア・レーモンは、一八四〇年にベルリン大学の生理学教授、ヨハネス・ミュラー（Johannes Müller: 1801~1858）の助手になると、ミュラーが構想にとどめていた、動物の筋肉の活動電流についての実験研究を、たちまち具体化させてしまい、電気生理学の基礎を築いた。一八四八年に、その成果を『動物電気の研究 *Untersuchungen über tierische Elektrizität*』として発表した。デュ・ボア・レーモンはこの本の序論のなかで、ニュートンにまでさかのぼって「力」の概念を確認し、ちょうどこの時代に成立しつつあった「力の保存則」にも着目して、「生命力」一般を批判してみせた。彼は生理学の一大権威となったこともあり、本の冒頭に置かれたこの生命力批判は、十九世紀ドイツ生物学における議論に、大きな影響を与えた。当時の読者にとって、この一文が、師であるミュラーに対する批判であるのは明らかであった。

ミュラーは『人体生理学講義要綱 *Handbuch der Physiologie der Menschen für Vorlesungen*』（一八三四～四〇）で、特殊な神経エネルギーの存在を仮定していた。この生命力批判は、「機械論vs生気論」論争が熱を帯びるようになった一九〇九年に『生命力について　ある信仰告白 *Über die Lebenskraft; Ein Glaubensbekenntnis*』というタイトルで再出版されている。注目すべきは、デュ・ボア・レーモンの生命力批判が、実証の次元の問題ではなく、彼個人の「信仰告白」に属すものであり、自然哲学に関わるものであったことである。その全文は拙書『時間と生命』（三八～五三頁）に訳出しておいた。

再度強調しておくが、ロッツェの「生命力」論でみたように、一八四〇～五〇年代においては、Vitalismus と Mechanisums は、今日のような「生気論vs機械論」という相互に排他的な対立概念ではなかった。たとえば、細胞病理学を展開して圧倒的な名声を博した、R・ウィルヒョウ（Rodolf Virchow: 1821～1902）は、自身が創始した専門誌において、「古い生命主義と新しい生命主義 Alter und neuer Vitalisms」（*Archiv für pathologische Anatomie und Physiologie und für klinische Medizin*, Bd. 9, p.3-56, 1859）という、この時点でウィルヒョウから見た、Vitalismusに関する長文の総説論文を書いている。その中に、このような表現がある（ここでは Vitalismus をすべて生命主義と訳す）。

……ここで、かつて私が力学的見解（mechanischen Anschauung）を受け入れていたこと、動力学的見解は即座に拒否したこと、また、私は自然研究の全領域において、停止もしくは運動している物体のみを認めること、を明確にしておく。これ以降、私にとって、生き物の体は、動く物体としてのみ現われ、無生物との違いは、ともかく力学的運動という特徴にのみ認めるのであり、この点で、いわば細胞形成へと導かれる。私の生命主義（Vitalismus）は結局のところ、**力学的細胞理論**（mechanischen Cellulartheorie）の遂行へ導かれるのであり、同時に**力学的細胞病理学**（mechanischen Cellularpathologie）に到達する。

この関係で、私の見解がふらついて他の意見に同調すると、古い生命主義の誤りに陥る恐れがある、とするスピース（Spieß）氏の疑義には根拠がない。また、形式主義を採ることが必ず危険につながるわけではないことを、忘れるべきではない。真の物理学的な進路はここにあるが、しばしば、自然現象に関して局所的な物理・化学への形式化は、多くの進歩的な反生命主義者は、問題ありとして非難をする。そこで求められるべき決定は、かなり教条主義的なものでもあり、実際、彼らはそれを教条主義だと激しく非難する。また、物理学的現象は、最終的には一定の一般法則に還元されるが、それは細部においては実証されていても、大きな部分に対しては非常に仮説的で、それが長期に維持されるか、という点については未解明であるものがほとんどである。その例が原子論である。これについては、今までにたくさんのことが言われてきているが、化学的要素としては、これまでに知られている事実に対して非常によい説明を与える。しかし、これが十分な世界観を構成しうるのか、についての説明はいまのところ何もない。

(p.12)

ここで、生命特有の説明原理があるという意味でのVitalismusとは、細胞原理を第一におくという意味であり、ここに立って因果論的な説明をすること、すなわち力学的な説明（＝Mechanismus）をすることとは、何ら無理なく融合するのである。

生物的自然の総「因果論的」解釈——ヘッケル

このような概念的な彷徨を経た後、十九世紀後半になると、生命力や生気論の問題は、今日とほぼ同型の「機械論vs生気論」という二項対立の図式に煮つめられる。当時のドイツで、Mechanismusとは、生命現象はすべて物理・化学によって説明できる、もしくは説明すべきであるという立場を指し、またVitalismusは、これを否定して、生命には独自の法則性があるとする立場を意味した。二十世紀に入ると、日本では、Mechanismusを機械論、Vitalismusを生気論という訳語を充てることが一般化した。その代表例が丘英通の『岩波講座哲学　機械論と生気論』（岩波書店、一九三二）である。ただしこれが、生命に関する自然哲学の問題として濃密に議論される十九世紀後半のドイツにおいては、Mechanismusは、生命現象を物理・化学で説明しつくすという主張に併せて、生命現象に広義の力学モデルにあてはめて探求するという立場をも内包するまでになっており、本書では文脈によって、Mechanismusに「力学主義」、Vitalismusに「生命主義」という語を充てる場合がある。この点、注意していただきたい。

そして「機械論vs生気論」という二項対立図式を、生物学研究における自然哲学上の踏み絵の位置に置き、科学者たるもの断固、前者を採るべきであると主張したのが、エルンスト・ヘッケル

(Ernst Haeckel: 1834~1919) であった。若きヘッケルは、刊行直後のダーウィン (Charles Robert Darwin: 1809~1882) の『種の起原』(一八五九) を読み、落雷に打たれたような衝撃を受け、以後、ドイツ語圏における進化論啓蒙の第一人者になっていった。『種の起原』自体は、種の変化を示唆す自然誌的な証拠を積みあげ、本の最後の部分で、自然選択説に言及するという、禁欲的で実証主義的な構成になっていた。しかしヘッケルは、自然誌研究の体裁をとった『種の起原』のなかに、生物学全体を一新させるだけではなく、自然世界の見方を統合する原理が内包されていることまでを読み込んだのである。

弱冠二十九歳のヘッケルは、一八六三年にステッティンで開かれた第三八回ドイツ自然科学者医学者大会で、「ダーウィンの進化論について」(『ダーウィニズム論集』八杉龍一編訳、岩波文庫) という講演を行なった。当時、まだ知識人のほとんどは、『種の起原』という本の重みを測りかねていた。ところが若きヘッケルはここで、研究者はすべて、進化論者とこれを認めない者との二群に分類されること、あらゆる生物は単純な原始生物から長い時間をかけて次第に進化してきたのであり、そこには人間も含まれること、進化と進歩は平行関係であること、個体発生と系統分類と古生物学的記録の間には三重の並行関係があることなど、その後、彼自身が議論を主導していくことになる、進化論の論題のほとんどについて、その概略を語ってみせたのである。

この三年後にヘッケルは、全二巻一〇〇〇頁を超す大著『一般形態学 *Generelle Morphologie*』を著した。その全タイトルは、『有機体の一般的形態学：Ch・ダーウィンによって再建された進化論を通して力学的に基礎づけられた有機体の形態科学の全概容』というものであり、彼の意図するところがよく表われている。ヘッケルがこの大著で目論んだのは、生物の形態すべてに対して進化の観点から理論の網をかぶせて、その全形態の由来を「力学的」に説明することであった。それはまた、生物界すべてが一つの体系に統合されるものであることを論じてみせることであり、創造説が割って入って来る余地をみせないことでもあった。彼の解釈では、自然選択説は、自然の自律的な因果律によって生物の全形態の由来とその合目的性を説明するものであり、それゆえに自然選択説は「力学的説明」なのであった。ヘッケルにとって、ダーウィン進化論＝因果論的＝力学的は、説明不要の自明な関係のものであった。つまり、進化論の視点から生物の全形態を秩序立てて述べることが、即ち因果論的な説明であり、同時にその作業は、生物学における説明から目的論を完全に排除することでもあった。この立場をほんの一歩、普遍化すれば、Mechanismus（力学主義）vs Vitalismus（生命主義）という今日的な二項対立図式に重なってくる。

また、十九世紀前半までの生物学が、主として念頭に置いたのは、生物成体の形であった。どのような形をした生き物か、というリンネ的な眼差しが学問的考察の主題であり、胚や幼生は格下のものと見なされ、学問的な関心は希薄であった。ところが、ヘッケルの『一般形態学』は、生物形態を因果論的に説明するという目的から、発生過程にも同等に光をあてるものであった。こういう意図に沿って、それまであまり顧みられなかった、フォン・ベア（Karl Ernst von Baer: 1792〜1876）の比較発生学の研究成果を基本的なものと考え、この文脈から幾か所で引用した。しかしヘッケルはさらに進んで、個体発生の過程と系統発生とを同じ視野に入れ、時間的に先行するものを後続する現象の原因とみなして、個体発生と系統発生とを統合する視点を描き出そうとした。一般に「へッケルの法則」と呼ばれるものは、自然分類と等値である系統樹と、個体発生と、系統発生という歴史的過去との間に、三重の並行関係があることを主張するものである。ヘッケルは後に、これを「生物発生の根本法則 biogenetische Grundgesetz」と呼んだが、それは進化論＝力学的＝因果論的というヘッケル流の世界の解釈図式を反映したものである。彼の体系のなかでは、この三領域の並行関係は説明ぬきで語られることになるのである。

ヘッケルの視点は、それまで生物の発生を意味するものとして広く用いられていた「発生史 Entwickelungsgeschihte」という概念についての、革命的な読み替えであった。因果論化＝力学化という理念の下に、全自然界を彼の眼をとおして語り直す作業は、ヘッケル特有の進化概念の濾過器を通して、それまで個別に記載されてきた生物界全体が、巨大でかつ具体的な連続体として、自然科学の視程の内側にたち現われてくることでもあった。それまでの「発生史」に代えて、個体発生（Ontogenie）と系統発生（Phylogenie）という学術用語を導入して概念的に切り分け、発生という局面におけるダーウィン進化論の意味を明確したのもまた、『一般形態学』が初めてであったのである。

この大著のなかで、自然哲学的に重要な部分は、拙書『時間と生命』（六八〜一二二頁）に訳出しておいた。しかしその序文（Vorwort）にも、ここで述べたヘッケルの科学史上の位置をよく表わしている一節があるので、それを訳出しておく。

……自然科学の主要分野のなかで、これまで、有機体の形態学はたいへん遅れた分野であった。過去百年の間に、解剖学と発生学（Entwickelungsgeschichite）の領域における経験的知識は異様なほど豊富となり、その量的な面での急成長は感動的ですらある。しかし実際には、これらの研究分野はいまだ質の面では、それに見合った完全性をともなうまでになっていない。確かに、これら双子の分野の成長はかなり速いが、すでに生理学は、ここ十年の間に二元論的な過去を完全にただし、無機的自然科学と同じ力学的＝因果論的視点の位置に抜け出した。有機体の形態学はそのような状態からは程遠く、同様な視点は重要で一般に正しいと認められるとしても、せいぜい、いずれの日にか到達すべきものという程度の意識の下にある。現象の作用原因の問題と、その法則の認識に向けての努力は、全研究の規範に据えられたはずなのだが、この分野ではまだそれはほとんど認知されてはいない。古い目的論的・生気論的なドグマは、生理学と無機科学からはいまや完全に駆逐されたが、有機体の形態学の領域では、それは生き延びているどころか支配的な地位にあり、実際には説明の体をぜんぜんなしていないのに、大半の説明に使用されている。多くの形態学者は形態についての単なる知見に留まることに満足し、それについて一般的な説明を試みたり、形成法則を問おうとはしない。

現在の科学の構成状況は、自然科学が完全に二分化した、めったにない光景を見せている。一方には、無機的自然一般を扱う科学があり、中間に、有機体の生理学があり、もう一方に、有機体の形態学、発生学、解剖学がある。かたや、一元論的、もう一方は二元論的である。一方は、真の作用原因を探求するが、他方は目的論的な見せかけの次元に終始している。そのなかで生理学は、有機体を力学的法則に則って正しく批判的に認識し、これを作用機械と見なして探求するのだが、形態学は、未開人が船を見たときと同様に、なおダーウィンが採用した比較による考察に留まっている。

この『有機体の一般形態学』が基本に置くのは、初めて、解剖学と発生学の全領域から荒唐無稽で根本的に間違っている二元論を追い出すことを目指し、有機体の形態の由来と展開について力学的=因果論的な基盤を与えて一元論の高みへ上昇させ、遅かれ早かれ、他の全自然科学と同じ不動の基礎づけを行なおうというものである。このような試みには、たいへんな困難と多くの危険があることを、私はよく知っている。今日でもなお、動物学と植物学においては、形態についての一般的な見方はすべて、中世のスコラ学同然の学識を身にまとった学者ギルドの支配下にある。ドグマと権威主義が、互いに、あらゆる自由な思考と自然からの直接的認識を弾圧しようと共謀をめぐらし、あらゆる種類の先入観の周囲には、有機体の形態学の要塞として二重・三重の万里の長城が築かれており、いたるところで敗走する奇跡信仰の立場にとっては、いまや撤退すべき最後の砦となりつつある。だが、われわれは勝利に向かって進み、戦いを恐れない。その帰趨に大きな間違いはないだろう。チャールス・ダーウィンは、七年前に勝利を確実にする鍵を明示し、賞賛に値する選択説（selections Theorie）によって、ヴォルフガング・ゲーテとジャン・ラマルクによって示された進化説（descendenz Theorie）を勝利と制覇へと導く、確実な武器をもたらした。

その著書は、広範で困難な課題を扱っているが、一時的に流行した浅薄な思想や運動に由来するものではなく、長年積みあげてきた努力の産物であり、理解にむけて心を砕いた苦闘の成果である。私は、説得力あるその考え方に強い衝撃をうけ、批判精神にたって、有機体の形態という謎めいた世界に、この考え方を導入することを試みようと思う。有機体の形態学における一般的な論争課題とは、言わば、互いに敵対する軍が用いる合言葉に似て、「種は一定か、変化するか」という問題である。私は、二十年前の十二歳の少年のとき、初めて、キイチゴやヤナギ、バラやアザミについて「良い種か、悪い種か」を決めて選ぶ試みに熱中したが、空振りに終わった。いまや傷つき易い少年時代の私の心を悩ませていた、当時の辛い不安な思いは、晴れやかな満足感にとって代わろうとしている。ただし、私はつねにあれこれ揺れ動いていた。(偉大な「良き分類学者」に従って)標本のなかから、「良き」サンプル個体のみを取り出し「劣った」ものを排除するか、あるいは、後者もとり上げて「良き種」の間の中間的な移行形態についての、完全な連鎖を考えるか、という問いである。この場合、「良き個体」は幻想だと否定することになる。私は、すべての分類学者に勧めることのできる折衷案をもって、この矛盾を取り除いた。そのために私は、標本を二つ作った。ひとつは、公式の、あらゆる種に関する鑑定員に見せるもので、基本的な形態的特徴を示す「典型的 typisch」なサンプル標本であり、人目を引くきれいなレッテルが貼ってある。もうひとつは、気のおけない親しい友人にみせる秘密のもので、これには疑わしい種も受け容れている。ゲーテが、「特徴を失い、雑然とした種族」と適切に名づけた群れで、ほとんどの場合、種として記載はできず、際限のない変異の世界に迷い込んでいく。クサイチゴ、ヤナギ、モウスイカ、ヤナギタンポポ、バラ、アザミなどが、それらである。ここでは、個体に関する尺度は数値であり、良い種から他の種へと直接移行していく大きなひとつの鎖として整理される。それは、学校においては禁断の果実であったはずの認識のあり方であり、私は静かで自由な時間をみつけて密かに、子供として悦楽のときを楽しんだ。

「種」の本質的なあり方を把握したいと、空しく苦闘していたなか、私は、形態の観察に向かうことになったが、この後、またとない幸運によって、ヨハネス・ミュラーとの直接交流が実現し、忘れられない師と仰ぐことになった。彼から、その経験的な基本姿勢と形態学では支配的であった二元論的な見解について、その全体像と内容を学ぶことになった。当時すでに私は、一元論的な立場を固めていたから、彼の著作のなかのさまざまな表現からその傾向を見てとった。また、高名な師であり、友人でもあるルドルフ・ウィルヒョウからは、しばしば決定的な影響を受けた。だからここで、私は彼に感謝を述べるべきであろう。私は、彼の助言を介して、「細胞病理学」から、人間の諸器官の驚くべき柔軟性と流動性、有機体の形態の驚異的な可塑性と適応能力を学んだし、それらを理解することが非常に重要であり、また、少数の形態学者は漠としたイデー概念を持っていることを知った。私にとって、ベアの言葉に大きな意味があることを、読者は判ってくれるだろう。ダーウィンの仕事に、私は完全に魅惑され歓喜に満たされた。それまで有機体に関する認識は悪魔によるものとしてきたが、そこから私は開放されることになった。実際それは、私にとっても「目からウロコ」の体験であった。

(p.XIII ~ XVII)

……今日、解剖学と発生学は一般的にまだ、たいへん未完成で低い発展段階にとどまっており、多くの場合、一定の形式的な解決済みの課題でまとめられることになるが、これらを、全体として統合し統一されたものにすることが、喫緊に取り組まれるべき課題である。このような状況の下で、緊急の必要性ありと私の目に映るのは、形態学における概念の一段の明確化と再編に取り組むことである。不可欠の哲学的基礎が広範に無視されてきた結果、動物学と植物学一般において不明確さが非常に拡大し、古臭い言葉遣いによって混乱が生じており、一般的な基礎概念の意味をはっきりさせるためにも、広範な用語の再編集が不可避である。概して解剖学と発生学では、無用な命名があふれる一方、不可欠な名称が欠落している。重要でかつ頻繁に使われる概念、たとえば、細胞、器官、規則的、対称的、胚、変態、種、変異などなどに、一定の意味はまったくなく、形態学者がそれぞれに、これはこう、あれはこうと、内容を想定しているのが一般的な実情である。植物学と動物学とこれら二学問の個別分野では、異なった対象に同じ命名がされたり、同じ対象に異なった命名がされたりしている。このような状況下においては、(ギリシャ文字から離れて国際的慣習に従った)かなりの数の新しい概念の導入は不可避であり、一定した明確な概念をよくわかる形に確定させる必要がある。

有機体の形態学で支配的である考え方の暗黒部分に強い光を当て、容赦なく誤りをただすことを、あえて行なおうと思う。私の言明の行間から読者は、虚栄からくる自己顕示や他人の業績の事実上の誤解などを読みとるのではなく、紛れもない真理を通してこそ、科学の進歩は求められることに対する、私の確かな信念の吐露を受けとるであろう。

私は全力を賭して、解剖学と発生学の全体に、分類学的秩序に関してありうる最良の衣装を与えることに挑戦するが、その達成のためには、以後もたゆまぬ努力が必要であることを私は熟知している。本書は、出来あがったものではなく、生成途中のものに過ぎない。ここでは引き続き、有機体の形態学が未来にとるべき学問的体系について、確固とした基盤を構築することが、課題である。私の努力が、状況の改善へ新しい力が生まれるきっかけとなり、こうして本書の基本思想がさらに力を得、われわれの側の科学領域における実際の進歩に関して、最重要で不可欠の前提が確かなものになるのであれば、私の努力は大いに報われることになる。その思想とは、有機的自然と無機的自然は統一されるという思想、認識されるすべての現象は共通の力学的原因という作用因に従うという思想、有機体の形態の発生とその作用は他でもない、例外なき永遠の自然法則による必然的な産物であるという思想、である。

一八六六年九月十四日　イェナにて

エルンスト・ハインリヒ・ヘッケル（p.XXII-XXIV、訳終わり）

ドイツ自然科学者医学者大会という演壇

ヘッケルの究極の自然観は、世界のいっさいは、初源的な「もの」の生成・進化・発展の過程として説明できるとするものであり、彼はこれを一元論（Monismus）と呼んだ。このような語り方は、現在の目にはとてつもない大風呂敷と映る。しかし、半世紀前のカントやヘーゲルに比べれば、はるかに自制的な限られた視程の構想に立つものであった。すでに幾度か触れてきたが、このような次元の自然観を戦わせるアリーナ（arena）に育っていったのが、一八二二年にライプチヒで第一回大会が開かれた、ドイツ自然科学者医学者大会（Verammlungen für Deutscher Naturforscher und Ärzte）である。以後この集まりは、第一次世界大戦勃発までの百年近くの間、自然科学や自然哲学に関わる重要な講演が行なわれる論壇の役割を果たした。この場で、第一級の科学者が、世界を自然科学的にどう解釈するか、どのような方法論が妥当であるかについて議論し、別途その内容を印刷して関係者に配る習慣が確立した。この時代の科学者にとって、自らが信じる科学的な世界観は人生を賭けるに値するものであった。人生そのものである自然観の論争で破れたとなると自殺する者すら出てくる。

生理学の第一人者となったデュ・ボア・レーモンは、一八七二年にライプチヒで開かれた第四十五回ドイツ自然科学者医学者大会で「自然認識の限界について」という講演を行ない、かりにラプラスの悪魔が求める情報すべてが手に入る日がきたとしても、現在の科学では説明し得ないことについては、知らないと言うだけの知的誠実さを持つべきだと主張し、不可知論を展開した（坂田徳男訳『自然認識の限界について　宇宙七つの謎』岩波文庫）。デュ・ボア・レーモンの立場は、世界観に関して肥大するばかりの自然科学的言明に対して、科学的説明の領分をわきまえるべきだというものであり、現在の目からすると非常に健全なバランス感覚にたつ内容であった。彼はさらに一八八〇年にベルリンで「宇宙七つの謎」という講演を行ない、古典力学だけでは解明できない謎を、七つ挙げてみせた。彼の間接的な批判対象の一人であるヘッケルは、後に『世界の謎 *Die Welträtsel*』（1899）、『生命の不思議 *Die Lebenswunder*』（1904）を著し、謎や不思議と見えるものも科学によって説明が可能であることを力説した。ヘッケルの回答は、謎とみえる生命現象は、原始的に見えるものから順次、複雑で高度な段階のものを並べてみせることであり、彼にとってはこれが科学的で因果論的な説明であった。

デュ・ボア・レーモンの講演に強く反発した一人が、カール・フォン・ネーゲリ（Carl von Nägeli: 1818~1891）であった。ネーゲリは、チューリヒ大学で医学を学ぶ過程で、ジュネーブ大学の植物学者ド・カンドル（Augustin Pyramus de Candolle: 1778~1841）の指導を受けるようになり、最終的には植物学専攻の学生としてチューリッヒ大学を卒業した。フライブルク大学で植物学助手をつとめた後、長くミュンヘン大学の植物学教授の職にあった。一八四二年に細胞の分裂時における極体を初めて観察し、植物学の領域で観察記述の研究を着実に積みあげ、学術的権威としての地歩を固めていった。彼は、メンデルの論文を評価しなかった権威として悪名高い。この点についても後ほど取りあげる。

ネーゲリは、同じ生理学者であるデュ・ボア・レーモンが行なった不可知論の講演に、時代を代表する知識人として強い違和感をもった。五九歳になっていた彼は、一八七七年にミュンヘンで開かれた第五十回大会で「自然科学的認識の限界」という講演を行ない、デュ・ボア・レーモンを批判した。その締めくくり部分を訳出する。

……自然研究は正確である必要がある。同時にそれはまた、超越論的なものをも視野のかなたに入れ、有限性と認識可能性の限界を超えたものであるべきである。また、研究の対象は、力を与えられた物質のみにあわせる、厳密な唯物論に立つべきである。そして、このような正しい唯物論は経験主義的であって思弁に流れないこと、その行動範囲は同じように限界を設け、その範囲内で行動すること、を忘れるべきでない。

自然科学者は哲学をしない、もしくは、自然科学者は観念的・超越論的領域に踏み込むべきではない、などと言うべきではない。自然科学者として耳を傾け、その職業的な善行とは、ただ次のふたつの領域を厳格に区別しながら、同時に、一方では研究と認識の純粋領域を、他方では、有限性から開放されていることに気づいてはいない予感の領域を、意識的にとり扱うことである。——科学者にとって、有限性は一元論に関する問題であるとしても、永遠の予感として、一元論は二元論と同様に未解決の課題でもある。もしかすると二元論は、快適な立場なのかもしれない。それは、感覚によってのみ知りうる世界を、巨大な秘密に閉じ込めてしまわず、高度な本質という余裕ある考え方で説明するのだから、受け容れ可能なものと見えるのかもしれない。

感覚による知覚可能な世界は、人間の精神、その探求衝動、その認識に対して、開かれている。人間は、望遠鏡と計算を介してはるか遠方にまで達し、顕微鏡とその組合わせによって微小空間に分け入っている。人間は、自身がそれに属する、組織化された複雑な有機体を研究する。人間は、自然を支配する力と法則を知り、それを介して無機的および有機的世界に働きかけ、有益なものにしている。人間は、知識と権力の領域におけるこれまでの成果を展望し、未来における大いなる征服に思いをはせれば、自ら誇りをもって世界の支配者であると感じることができるだろう。

だが、人間の精神が支配するこの世とは何なのか？　それは、永遠の空間のなかの砂粒ですらなく、永遠の時間のなかの一秒ですらない。ただ、宇宙の本性のひとつの出城にすぎない。人間が到達可能であるこのささやかな世界のなかにあって、せいぜい、変化する、はかないものを認識できるだけなのだ。永遠と継続、宇宙が**いかに、なんのために**あるのかは、人間精神にとっては、つねに理解しがたいものであり、人間がこの有限性の限界を超えようとすれば、ただ、自らの内にあるばかげた偶像をふくらませるか、人間の醜悪さから、永遠と神聖なるものを払拭させてしまうだけである。完全な自然科学的洞察に至ろうとする精神のみが、神性に対する限界のなかで、有限とはかなさから手を切った、名目上の立憲君主の位置にたどりつけるのだろう。それは、若くして世を去った政治家の言葉、「支配せよ、しかし統治するな！」なのだ。

有限の世界では、われわれが運動と変化の法則として知っており、永遠の自然の力も変更不可能なものとみなされる。ただし、永遠に主張され、意識されるその目的の内容と流出物が、どのようなものであるかは、われわれの理解の範囲を超えている。

私の先駆者であるデュ・ボア・レーモンは、こう強調してその講演を終えた、「**われわれは無知であり、知らないであろう** Ignoramus und Ignorabimus」。そこで私は、これに刺激され、みなの心を鼓舞する言葉で終わろうと思う。われわれの研究の果実は、たんなる知識ではなく、実際的な認識である。それは無限の成長をその内に抱えた胚珠であり、それ自身は全知ではないとしても、小さな一歩を織り成すものである。われわれは理性による諦観を念頭におくにしても、またわれわれは今に至る人間として、神の英知の言葉に代わってささやかな洞察をめぐらすとしても、私は心からの確信をもって、こう言ってよいであろう、

われわれは知るし、知るであろう（Wir wissen und wir wurden wissen）。」

（ネーゲリ『力学的=生理学的な進化理論』付録、p.600-602、訳終わり）

ネーゲリの『力学的・生理学的な進化理論』はなぜ書かれたか

この講演を機に晩年のネーゲリは、それまでの手堅い植物学者という態度をかなぐり捨て、この時点における科学的な自然解釈の空隙部分を、自らの手で埋めるべきだと考えた。振り返ると、そもそもヘッケルが大著『一般形態学』を書いたのは、カント=ラプラスの星雲説の空隙部分に当たる、地球上の生物と人間の起原について論述する、という意図があった。ヘッケルが動物学者であったのに対して、ネーゲリは自身の専門である植物学を軸に、ヘッケルが扱わなかった、分子の次元から遺伝現象にいたるまでの自然について、これを説明する論理を組み立てようと決意したのだった。最新の物理・化学の研究成果をも吸収して書きあげたのが、『力学的・生理学的な進化理論 *Mechanisch-physiologische Theorie der Abstammungslehre*』（1884）であり、刊行時には六六歳になっていた。そして後世からは、これがネーゲリの主著とみなされるようになった。

現在の目からするとこの本は、物理・化学、細胞学、遺伝学、生命の起原論などが渾然一体となった、非常に変わった印象を与えるものだが、注目すべきはそのタイトルである。「力学的・生理

学的」という表現は、ここでは「因果論的かつ具体的」とほぼ同義である。つまり、十九世紀ドイツ生物学がめざした一大プロジェクト、「世界の力学的包摂」を象徴するタイトルである。またこの時代の進化理論は、種の発生についての論考であり、実質的には遺伝=発生研究を指していた。

ネーゲリは、まず、分子が生物の形態の原因としてどのような関係にありうるのかを考察した。その成果が長文の巻末付録、「分子の領域における力と形 Kräfte und Gestaltungen in molecularen Gebiet」(p.683-822) である。そして本の冒頭の第一章「遺伝的原基の引き金としてのイディオプラズマ Idioplasma als Träger der erblichen Anlagen」において、遺伝=発生仮説として提出したのが「イディオプラズマ説」である。これは後に、ネーゲリの遺伝仮説とされる考え方である。

自然科学の領域から自然哲学を完全排除する、現在の科学の常識からすると、この本全体が、荒唐無稽な、度外れの思弁としか見えない。だがこの書は、この時代の植物学の一大権威がその研究生活の最後の時間を賭して、積み残されていた自然哲学上の難問に取り組んだ、知的格闘の産物なのである。この本で当時のネーゲリの学問的関心のありかを確認すれば、メンデルが論文の抜刷りを送ってきても、「原基の考察をもっとなさってみては?」と返答した事情も理解可能となる。以下の文章は少し長いが、その序文の翻訳である。ネーゲリ本人も、この本をどういう意図で書いたのか、まずその概略を述べておいた方がよいと考えたようである。

……本書の目的は、進化学説に関して確実になった事実の内容一般を、論じることではない。ここでは、進化という事実に対して力学的・生理学的原理がどの程度まで適用可能なのかを試みることに、焦点を合わせる。そのため有機体の力学としては、分子生理学的領域に向かうことになり、可能なかぎり、ここに起因する現象を扱うことにする。

ある対象に関する科学的考察とは、それが**いかに**、そして**なぜ**起こるか、を問うものである（太字は原文がゴチック、以下同じ）。この認識活動はその必然の結果として、一定の原因が証明されたときに終了する。このような**因果論的**（ursählich）認識を、物質領域では**力学的**（mechanistisch）と呼ぶのである。そこでは、個々の自然現象は運動から静止へと向かい、力学はこの運動変化がどの力の影響によるかを決定する。自然科学は、完成度が増せば増すほど、力学的原理の適用がより明瞭になってくる。

他方、記載的な自然科学の場合、とくに厳密な遺伝や発生の研究方法が用いられ、個々の状態が直接先行するものであったり、直接後続するものである場合には、観察や測定によってより完全な認識に達することはできる。しかしこの方法にはつねに、その現象が**必然的なもの**と認識されるだけの、因果論的知識の厳格さが欠けている。これまで純粋の記載科学であった領域に力学的要素が導入され、それで厳密科学に近づくことができるのなら、満足すべき事態だと歓迎されなければならない。

進化論（Abstammungslehre）は、創造説（Schöpfungslehre）に対抗するものであり、それ自身は、一般的真理である普遍的な力学原理、すなわち因果法則もしくは、力と物質の保存則に基礎を置いている。無機的世界からの有機的世界の発生は、世界が最終的に原因とその作用に依拠し、自然の道筋に従ってある状態に達するのであれば、それはひとつの確定的な事柄とみなされる。そこを起点に、もっとも単純なものから、自然の道筋に従ってそれぞれの組織が生じうるのであり、組織化された有機体は、単純な有機体に由来する。いわゆる高度に組織化された有機体も、その発生の初期段階において完全な存在としての能力はなく、母方から特別の栄養を受けることが前提となることは、明白である。こうして、単純で下等な有機体は、無機物質から直接形成してくることができ、他のものすべては、ここから順々に段階を経ながら発生してくる。

自然界の進化というこの一般的事実に関して、当初、進化論の内容はすべて仮説的性格のものであった。というのも、それは明らかにはるか過去に起こった現象であるために観察可能な遺伝的経験としては扱いえず、もっぱら大量の、あるいは限られた推定の事実の上に基礎を置くことで、辛くも可能となる見解だからである。その仮説的な領域にダーウィンが力学的原理を導入した。それによると、生物界における一連の現象は、ある一定の原因による必然の結果なのである。この事態によって、進化論は途方もなく飛躍し、一気に前進した。そのダーウィンの原理は、次のようなものである。

すなわち、すべての生物は強い増殖力という本質的特徴によって、絶え間なく大量の胚を生み出し、それらが成体の段階にまで達し、またその個体すべては生存能力がある状態が、維持されている。種のなかでの系統はそれぞれに、一定の外部との関係の下にあって、ある平均値をとるが、それはつねに変化を受け、新たに、生存能力を持った種がそこに入り込むと、部分的か全体に及ぶかは別として、それまでその場所を占めていた種を追い出す事態が生じる。どの種も、特徴をもつ運搬者である個体や、種が有用なものと交代することによって、すべての条件に適合することができる。

この原理は、有機体が自然進化のなかで、互いに結びついており、自然の系統のなかである集団がどう立ち上がってくるか、を説明する。しかし、ダーウィンは、広く功績として認められるこの成果に満足しなかった。おそらく彼は、能力の小さいものが、より能力のあるものに追い出されるという原理から、さらに広い結論を導き出すことができると考えていた。ダーウィンはそこに、単純で下等なものから、完全で複雑な形態のものへと、有機体の系統を上方へ進化させる駆動因をみつけることができると考えていた。

「自然選択」の名で知られる理論は、限られた少数の分野での観察と経験的事実を拡張し、そこから多くのアナロジーを、さまざまな関係に移行させたものであり、その内容は以下のようなものである。家畜の種は交配が制限されていない場合は、自らは変化しない。これらの動物では常に少数の変異が起こっているが、他の個体の交雑によって、多かれ少なかれ相殺されたり、逆の方向に進んでしまう。これに対して「人為選択」は、まさにそのような個体どうしを交配させて特徴を際だたせ、この手法を続く世代でも繰り返すのである。すると、その変異は阻害されることなく広がり、自然の種のような状態が維持されるようになる。こうして、新しい種が生み出される。

自然状態でも、「自然選択」によって協調と対抗した排除が行なわれるのであれば、生存競争に有利な形質を持たない個体や、発達の悪いすべての個体は、つがいや生殖において排除され、消滅していくに違いない。ダーウィニズムと呼ばれる理論については、後で、独立の章を設けて論じる予定であり、ここではこの原理について言及するにとどめておく。

自然選択は、有機体の系統の発生についての理論であり、個体変異の出現を前提とする。これが事実であるとすれば、それによって、高度な有機体は、最下級のものから自律的に生じてくることは明らかであり、続く世代の固体も互いに変化する。

その個体変異は、さまざまな形のものが把握できるが、それには可能性が二つ考えられる。ひとつは、まったく任意の、方向性がないものであり、もう一方では、特定の性質を示す変異が考えられる。この対比は、ある重要な視点、つまりはっきりした組織化された変異として生じたものか、そうではないか、という点である。ある場合には、世代の系列は下方よりも上方に向かって、またある場合には、独占的もしくは優先的に上方に発達させていくことになる。

私はここで、上方に向かって組織化される変異をポジティブ、下方への単純化のそれをネガティブ、と表現することにする。こうしてわれわれは、系統樹を、偶然には左右されないで、世代を通じた果てしない系として展開してみることで、この双方の可能性について、はっきりとしたイメージをもつことができる。そのような前提の上で、果てしない量の変異が起こる二つの場合のうち、まず、ある幹となる系統で、ネガティブな方向と同程度にポジティブな変異が起こる場合には、全体としてその双方向とも拾い上げられ、無限の時間の後には、出発点と同程度に組織された系統になる。他方、ポジティブな予兆がすでに現われているか、数量でまさっているとすると、十分な世代が重ねられると、ネガティブなものよりもポジティブなものが、全体として多くなる。最終的にその系統は、当初のものと比べて、より複雑で高度に組織化されたものになる。

任意で方向性のない個体変異が考えられるとすれば、それは、外からの影響（栄養、気温、光、電気、重力など）の条件によることになるのだろう。これらの原因は、多少なりとも組織化された一定の方向へ関連づけるものではないから、単発的にポジティブ、あるいはネガティブに作用することになる。しかし、変異の原因が、内的な物質の状況に起因するのであるのなら、その状況は他の個体でも維持される。物質の一定の組織化は定性的な影響を自身の変異に及ぼすはずで、その影響も出てくる。だから、発生は下向きに始まるが、上方に旋回する。

かつて私は、完全性の方向に組織化されることを、**完全化原理**（Vervollkommnungsprinzip）と呼んだことがある。これは見ようによっては、神話的要素が含まれているようにみえるが、それは力学的な本性であり、有機体の発生領域における慣性の法則に当たるものである。いったん、発生運動が作動すると、それは静かな状態にとどまっているのではなく、それ自身の方向性への動きが堅持される。この意味で**完全性**は、複雑な構築物やその偉大な一部に向けた前進以外の何ものでもないのであり、一般的にみて、これを根拠に意味をもつ概念を思い巡らすと、おそらく**進歩**（Progression）という言葉で置き換えても問題はないであろう。……

(p.8-13)

……完全化（進歩）と適応の過程こそ、豊富な形態が形成される力学的な局面であり、他方、

排除の同時進行があり、ダーウィニズムほんらいの過程では、動植物の世界に空隙がもたらされる力学的な局面となる。私はもっぱら、この力学的原理という根拠に進化学の力点を最大限に置いて論じる。この有機的生命の力学は、集塊の物体運動ではなく、極小の粒子の運動に立脚すると考えられるから、ここではとくに分子生理学的な領域（molecular-physiologische Gebiet）を扱うことになる。この生理学は、目には見えない領域に属す謎を解くことを促し、それは生理学者ではないダーウィンとヘッケルによって二度にわたって試みられてきた。

　直接に観察はできない問題である以上、科学の課題は、未知なるものを既知の事実と矛盾なく説明する仮説を発見することにある。いくつかそのような仮説をうち立てれば、とりあえずそれらの間でその真理性の程度を相互に比較でき、いくつか不可能なものが明らかにされて、新しい事実の研究へと脱皮できる。それがすべて可能で、逆がありえないことが証明されれば、その仮説は確信へと変容する。

　分子生理学的仮説は、物理・化学・生理学の法則と事実に、合致している必要がある。幸い進化論という可能な仮説は、この枠組みのうちで作動し、その範囲内にある。一般に有機体の本質は、それ自身物質である微小な粒子を調達し、配列することにあり、それが生殖における遺伝と個体の固有の発生を条件づけるというのが、ただひとつ可能な仮説であることが判明する。むしろこの仮説は、一般的な事実という真の基礎にたつ、唯一の可能性である以上、多様な可能性の進行が許される、一定の力学的なイメージを得るための、確実な基礎となる仮設である。――私はこの本で、進化理論の以下の局面について論じてみたい。

・生きる有機的物質として存在し、発生する状態を確実に生来させるための、不可視の原基（Anlage）の本質
・非有機的化合物から生きた有機的な物質が出現すること
・有機的物質の本性に条件づけられた、系統発生的変異の内的原因と、これらの変異に対する外的原因の影響
・有機的物質のかたちで維持される不可視の原基の発生と形成、さらに可視の現象への原基の展開
・種形成にかかわる有機的物質の変異、特に変種と種形成に関係するもの
・自然選択仮説における種形成に関する誤った結論
・植物界における発生法則

（p.18-20、序文、訳終わり）

十九世紀末において、ネーゲリの名が挙がれば必ずや、イディオプラズマが議論され、実際、本人もこれを重視していた。そこで「第Ⅰ章　遺伝原基の引き金としてのイディオプラズマ」から、その核心部分を訳出しておく。

……さらに胚細胞は、それらがみな形の上で差異があり、測定可能であるならば、本来、比較研究の対象になってよいはずである。だが残念ながら、胚の本質的特性は、見えない領域の

特徴に属している。発育後に見られるそれぞれの特徴は、極微粒子から構成される見えない形で潜在する、物質の性質に因るのである。しかしながら、有機体の形態を形成させ、それ以上は発生をさせる能力をもたない物質と、その能力をもつ胚の物質との間には、本質的な違いがある。したがって後者は、**原基**（Anlage）のなかでも、**胚**（Keim）として特別に特徴づけられることになる。胚細胞には、形成される状態すべての特徴が可能性として保持されている。

ある限度、原基は無機物質の領域におけるポテンシャル・エネルギーや張力とのアナロジーが可能である。ただし、張力の場合、それが開放されると、それ自身の運動がもたらされるのだが、発生運動における原基は、もっぱら一定の方向に進み、栄養の総計が維持されている限り運動として進行する。

原基を担う物質はプラズマ物質であり、それはアルブニン類のさまざまな変形したものが、結晶のような分子集団（ミセル Micelle）に統合したものであり、溶解と非溶解の両方の状態で混在し、多くは半流体の粘液の塊を形成している。ただし、これら有機体の定型プラズマ（Stereoplasma）は、実際にはそのほんの一部しか、原基として発動しない。

原基プラズマから常に、一定で独特の発生運動が生まれてくるのであり、それはさまざまな大きさの細胞複合体となり、特定の植物、特定の植物の葉、根、毛が生じてくる。この点で、他の定型プラズマと区別するため、この関係を簡潔に関連づける表現として、**イディオプラズマ**（Idioplasma）を採用する。

認知可能なそれぞれの特徴は、イディオプラズマのなかに原基として存在し、また、特徴の組合わせが存在するのは、多くの種類のイディオプラズマが存在するからである。それぞれの個体は、いくぶん変形をうけたイディオプラズマから生じてくる、そして個体におけるそれぞれの器官や器官部分は、イディオプラズマが独特に変形したり、独特の状態にあることによって生じてくる。イディオプラズマは、少なくとも一定の発生期間内に、生物体のすべての部分に分配されるのであり、それぞれの時点で別の特徴を顕現させるようになる。たとえば、ある時点では枝、ある時点では花、あるは根、緑の葉、花びら、おしべ、果実芽、毛、棘などを形成する。

生殖においては、有機体の特徴の全部がイディオプラズマとして遺伝する。胚細胞のなかに、すべての先祖の特徴が原基として閉じ込められている。しかし、そのさまざまな原基は、個々別々のその意味の展開についての展望を保持している。それらは、常に例外なく発生に向かうのだが、他方で、一定の割合でそれは発生しない状態に留まる。世代交代においても、つまり、ある世代にある形態学的・生理学的特徴を生じさせる局面でも、原基の状態は数百世代を通して維持される。それらには、良好な影響を受けないときには地史的な時間を通して潜在しており、外部からの最適の影響を受けたときに現われてくる特性がある。いくつかの原基は、互いに連動したり排除したりする状態にある。そのため、ある原基が展開すると他のものが誘発され、別の場合は抑圧される。

（p.22-25、ネーゲリ、訳終わり）

ネーゲリのこの思考の型こそは、ニュートン力学を自然解明のモデルと信じ、Mechanismus の眼差しを生命現象に向けてこれを理解しようとした、十九世紀ドイツ生物学の典型例と見なすことができる。いまの目からすれば、こういう論の展開のし方は、古典力学の過大評価であり、思弁以外のなにものでもない。だがその一面で、力学的＝生理学的＝因果論的という思考様式への絶対的帰依こそ、生物学の研究を記載的学問から離脱させ、実験へといざなった哲学的要因であったのである。

ネーゲリのイディオプラズマの議論に、この時代の思考と特徴として現われているのが、原基（Anlage）という概念である。当時の解釈図式を単純化すると、力学的＝生理学的＝因果論的という思考様式と原基の概念とは、一体のものであった。すなわち、原基とは、眼前で展開する発生現象の因果関係を論理的に詰めていくと、必然的にその存在が要請される、形態形成の原因のセットである。それは、力学的＝生理学的＝因果論的という思考様式の必然の帰着であって、それ自体は現象とは無関係の不可視の存在であった。ネーゲリが試みたのは、これと原子論とを論理的に結びつけることであった。

発生力学（Entwicklungsmechanik）の成立

ネーゲリの大著と同時期に、力学的＝生理学的＝因果論的な思考を、発生現象に焦点を絞ってあてはめ、新しい地平を開いたのがウイルヘルム・ルー（Wilhelm Roux: 1850～1924）であった。ルーが三十歳のときに著したのが『有機体内における部分の闘争　力学的合目的説の整備にむけての考

察 *Der Kampf der Theile in Organismus. Ein Beitrag zur Vervollstandingung der mechanischen Zuechmässigkeitslehre*』（1880）である。彼はここで、動物の体内の合目的性を「部分の闘争」によって力学的＝因果論的に説明し、かつ形態形成の原因の説明が原基へ依存する程度を軽減させることを試みた。体内の形態形成を「部分の闘争」によって力学的＝因果論的に説明するというアイデアから、純粋の因果論的思考を言葉として明確に析出させ、因果関係の解明のために実験の重要性を指摘したのが「発生力学 Entwicklungsmechanik」という立場である。しかし、この考え方へと離脱するまでに、ほぼ十年にわたる哲学的苦闘を必要とした。それは他方で、系統発生は個体発生の原因であるとするヘッケルの見解に従い、比較発生研究以外には研究は不可能のように見える、第一段階の因果論化の状況から、発生現象における研究を純粋の因果論の思考様式へ救出することでもあった。こうして一八九四年に『発生力学雑誌 *Archiv für Entwicklungsmechanik der Organismen*』が発刊され、今日に至る実験発生学の哲学的基礎が与えられたのである。この雑誌はルーの死後、『*Wilhelm Roux's Archiv für Entwicklungsmechanik*』と改題され、現在は『*Gene and Development*』という発生研究の領域では権威ある雑誌のひとつとなっている。
　以下に、第一巻巻頭に置かれた序論の冒頭部分を訳出する。

発生力学の課題

　この雑誌が寄与することになる、発生力学もしくは生物の因果形態学（causale Morphologie）とは、**生物の形態の原因、つまり生物の形態の発生・維持・退化に関する学問である。**

内部および外部の形態は、生物の本質的な特徴を表わすものであり、これによって生命の特徴的な振る舞いが規定される。そしてこの振る舞いにまた形態の発生も依存する。

これらの全領域における因果論的学問を表わすのに「発生力学」という言葉を採用したのは「適した命名をする」という原則にそっていると思われる。生物の形態の発生とは、形態形成現象の主過程を意味し、それゆえその主問題そのものを意味することになる。

スピノザとカントの力学の定義にしたがえば、因果性に立脚したすべての現象は力学的現象と呼ばれる。それゆえこの種のものに関する学問に「力学」の名を与えてもよい。因果性にもとづいた現象のみが研究でき、**厳密な学問**の対象になりうるのであり、また、**形態**の産出が発生というものの本質を形づくるのであるから、形態の原因に関する学問を発生力学と名づけるのは、きわめて正当なことである。

また、物理学と化学すべては、たとえば磁気的、電気的、光学的、化学的現象は多様なものに見えても、部分の運動に還元され、そのように還元されるものであり、かつて物理学者が言った厳密な意味での力学概念は、さらに一般化されて物質運動の因果論的研究とされ、因果論的に条件づけられた現象すべてを包含する哲学的概念としての力学となっており、それゆえ、すべての形態形成の現象の研究に対して、力学と化学の新しい概念をもって「発生力学」と表現することは許されるであろう。

すべての現象の**原因**を、**力またはエネルギー**とみなすかぎり、われわれは発生力学の一般的な目的を「**形態形成の力もしくはエネルギーの探求**」とすることができる。しかしながら、力やエネルギーはその作用、つまりあらゆる種類の力はその特有の作用様式によってのみ知りうるのであるから、この学問の課題は「**形態形成の作用様式の探求**」と定義される。

この言明に従えば、さらにより一般的な、量的ではない、単なる質的な因果論的説明、すなわち、他のすべての時間、すべて場所で同じ様式に従う、同一条件下での多くの他の過程において、同様かつ一定に作用する一般的な、作用様式の特殊な現象に還元される。このようなものは、**作用一定性**（Wirkungsbestandigkeiten）呼ぶことができる。

これら要素の特性が従う「**作用様式の一定性** bestandige Wirkungsweise」、もしくは必然性は、ここでは「自然の同一形式性 Gleichförmigkeiten der Natur」と呼ぶが、これは通常、「**自然法則** Naturgesetze」と呼ばれる。後者の表現を用いるとすると、発生力学の使命は、発生における形態形成をその基盤をなす自然法則に還元すること、となる。

（pp.1-4、訳終わり）

われわれはまったく意識しないが、今日の実験発生学が成立するまでには、かくも幾段かの、もどかしい哲学的脱皮を必要としたのである。この過程において前提とされた思考の枠組みを強調する目的で、ここではそれを「学説・実験・因果分析」連関と呼んでおく。

『二十世紀の生命科学 *Life Science in the Twentieth Century*』（1975）を著し、二十世紀の生物学の特徴をまとめた生物学史家のアレン（Garland E. Allen）も、その序文でこう述べている。「一八九〇年以前に、細胞学・発生学・進化論・人口学・野外生物学で、実験の伝統はなかった。交配実験を行なう遺伝研究ですら、実践的な育種家の手による特殊な技術以上の、厳格な実験科学は存在しなかった。生物学の全領域に実験という方法が広がっていくのは二十世紀になってからである。」(p.xvi)

ドリーシュによる力学概念のレビュー

ハンス・ドリーシュの自然哲学史上の位置については、次章で詳論する。ここでは、「生物的自然の力学化」の章を終えるにあたって、若きドリーシュが行なった、当時の生物学における力学概念についてのレビューを引用しておく。

二十二歳のドリーシュは、ヘッケルの下でヒドラ虫類の共通構造についての研究で、博士号を得た。だが彼は、ヘッケルの形態形成に関する因果論が漠然としたものにとどまっているのに不満を覚え、この時点で、言われている「力学的思考」について、包括的なレビューをすることを企てた。その結果を一気に書き下ろしたのが、二十三歳のドリーシュの初めての著作、『生物の形態学的問題の数学的・力学的考察：一つの批判的研究 *Die mathematisch-mechanische Betrachtung morphologisher Probleme der Biologie: eine kritische Studie*』(1891) である。ここで「批判的」とはカントと同様、精査の意味であり、以下に訳出したのはその冒頭のまとめの部分である。

彼は、この出版直後に、ウニの胚の分離実験を行ない、衝撃を受ける。若いドリーシュにとって、この一連の知的体験は、その後の人生を決定づけるのに十分であった。いまこれを読んでみると、生命現象の解明と力学とが非常に接近した位置にあるものとして認識されていることに、われわれは衝撃を受ける。当時の先鋭的な生物学者たちは、現在のわれわれが考える「機械論」と言うよりは、「ニュートン主義」に立っていたのであり、なかでも発生現象を力学的に見立てて考察することこそが、最先端の自然哲学的態度であったことが、この若きドリーシュの文章から伝ってくる。

「力学的 mechanisch」という言葉の使用についての暫定的な概括

「力学的 mechanisch」という言葉は、今日の形態学においては、お気に入りの表現のひとつである。ヒスによれば、有機体が作る形態は胚成長の「力学的」な結果であり、ヘッケルによれば、系統発生は個体発生の「力学的」基盤であるとされる。しかし、二つの概念である系統発生と胚成長が共通して意味するものが、他の過程の原因であると解釈できるのだろうか？

ある瞬間の力やある物質は、力学においては同様な運動の原因とみなされる。われわれは、これらの概念をそう呼び、そのような名前を与えている。概念として表わされることで定義され、われわれはそれを良好な形で受けとることになる。

ここでひとつの手段として、こう問うてみる。自然のなかの運動を完全に理解し、明確な形で記載することとは、キルヒホッフの言葉に従えば、力学的な課題とすることである。それは一面で、その対象を力学的過程として説明する、力学としての努力であり、それは以下のことを意味する。物理学とは、対象に対して力学（動力学）の原理と成果を適用しようと努力することである。言い替えれば、対象を運動過程として実証し、より単純な形式、つまり数学化を介して説明しようとすることである。それはたとえば、気体運動論が数学化され、物理学の一分野となったのが好例である。

では系統発生の場合、それは何を意味するのか。胚の成長と、気体運動論で重要な役割を担う分子の直接的速度はともに、「力学的」な説明原理なのだろうか。あるいは双方とも、一般的な「力学的」という名に値するのだろうか?

これらを比較したり詳論することは、もう必要ないだろう。前述の表現に関して、ダーウィン主義が用いる「力学的」という言葉は、たんに、形而上学的な原理的説明や、創造主の介入による説明に対抗するためであり、確かな形式的把握を意図したものでないのは明らかである。フォン・ベアが使用したのは、ただ「非力学的な」原理に制限するためである。これら一連の考察は、その表現が不明瞭なものであったとしても、容認可能なものである。

またヘッケルは、系統発生は個体発生を説明し、双方は**自然法則**として連動するものと考えた。ただしここには、ネーゲリ、ビュッツェリ、フォン・ベアが指摘したように、「説明」概念が明確にされないために議論の余地があるが、ここでの議論と直接は関係ない。これらの言説はそれなりの正当性はあるが、ダーウィン主義がごく普通に用いる「力学的なるもの mechanischen」という概念は、以後、考察の対象にはしないこととする。(中略)

たとえばヒスは、ある面の力学的考察を強調する点で、われわれがとりあげる対象に値する。彼が形態形成の説明に用いる力学原理は、どのようなものか? われわれは彼のなかに、特殊な組織化原理の説明として、一貫した数学的解釈への一歩を見出したりはしない。彼は、形態の変化を、不均等に成長する弾力性のある板として、数学的な言葉を用いて説明しはするが、この場合は、形態におけるさまざま多様性がこの種の原理で条件づけられ、厳密に把握できるかもしれないことを示唆するにとどまる。

「胚のそれぞれの部分の成長は、位置と時間の関数である」という標語を掲げた努力は、複雑な形態形成をこのような過程に分解し、厳密に扱える可能性を示そうとする。しかし確認するかぎり、ヒスの場合、**力学へと分解した説明**に、小さな意味しか付与できておらず、展開する部分への対抗圧力の作用というのがその例である。彼は、すべての過程から**数学的に形式化可能な基本現象**を見つけだすという考え方をやめて、分解の方向を逆にすれば、その基盤を創り出しうるであろう。前述の数学的形式化のような、カントの意味での科学的な形式化を経たのちに、力学的な説明はもたらされることになる。

数学的な形式化の必然性をとくには強調しないにしても、同様な視点であるルーの発生力学について詳しく論じておくことは、価値あることであろう。この学問の目的は、卵から動物の成体に至る過程の、それぞれの部分の運動について探求することにある。この命名については、ルーがじゅうぶんに語っている。一方、ギェッテは「ヒキガエル」で同時期に、似た視点から具体的研究を行なったのだが、ルーのような考え方はとらず、こういう考え方に移行できなかった。

メイヤー、ヴォルフ、シュベンデナー、ルーなどの突出した努力に目を向けると、これと外見上、形態がよく似ているものを、われわれは知っている。それは、エンジニアや機械職人が作る製作物のことであり、実際、非常によく似ている。それは、**力学的な合目的的なるもの**

(mechanische Zweckmäßigkeiten) である。一定量の物質が与えられれば、最大の力学的仕事が引き出されうる。これらの領域におけるある種の課題は完全に解明され、その詳細な内容は公開されているが、ここでその概要を述べる余裕はない。

つぎに検討に値する力学的な思考様式は、ザックス、ラウバア、そして卓越したバーソルドの仕事である。彼らは、周知のとおり、その共通点として、細胞複合体における壁の方向性に注目している。これらが、細胞のネット形成の多様性を、幾何学のある種の原理で説明しようとするものであることは、バーソルドが言うとおり、本質的に数学的である。バーソルドは、形態の現象の大きな部分については、その部分の内部で生じる変化は流体力学として既知のものであり、生物学特有の現象ではないことを示した。これらの結論は、シュベンデナーの「弾道曲線における微小部分のずれ」についての研究につながるものであり、そこにおいて解析力学で解決される問題は、ある程度、幾何学的必然として論じられるものである。（p.2-4）

再度力説するが、このドリーシュのレビューが明らかにしていることは、十九世紀末のドイツ生物学にとって、ニュートン主義という成功モデルが、いかに圧倒的な存在であったかということである。この思想こそが、生物の形態形成のその前後関係をなぞって因果論的説明とするヘッケルの因果思想から、現代的な実験発生学の思想を確立させた「発生力学」へと、先鋭的な生物学者の基本姿勢を脱皮させていった哲学的要因であった。ここでの「学説・実験・因果分析」連関の中では、厳格な因果論の論理がその中心軸をなしたのである。

第三章　現代自然哲学の特異点としてのハンス・ドリーシュ

H・ドリーシュが放つ異彩

一世紀前のドイツ生物学と現在との間で、対話を念頭に展望したとき、突出して異彩を放っているのがハンス・ドリーシュ（Hans Adolf Eduard Driesch: 1867～1941）である。なにしろ彼は、二十世紀のただ中で、終生「新生気論 Neovitalismus」を唱えた人物だからである。ただし、バイオエピステモロジーの視点からすると、強烈に異彩を放てば放つほど、今に違和をもたらしてくれる重要な人物であることになる。だが実は、ドリーシュを、現在の生命科学にとっての他者として扱うのは、あまり適切ではない。なぜなら彼は、現在の生命科学が自覚のないまま拠って立つ自然哲学の正反対のものを、現在とは別方向に極端にまで展開してみせた人物であるからである。言い替えればドリーシュは、現在にとって理解不能な異物なのではなく、今なお決して認めてはならない反対物なのである。つまりドリーシュは、正統派生命科学の反転像を成しており、その意味では、ひ

ハンス・ドリーシュ（1929年）

出典）H. Driesch, *Lebenserinnerungen*, 1951.

どく近しい存在ですらある。現在、ドリーシュの名を知る人間は皆無と言ってよく、薄っすらその名を記憶していたとしても、非科学的な形而上学者という程度の認識であろう。だが彼の少なくない著作とその生涯を概観すると、知的にも政治的にもほんとうに誠実な生涯を貫いた人間であったことが判る。本章では、ハンス・ドリーシュを、現在は伏流となっている自然哲学の歴史の中での、特異点に位置する孤高の思想家として論じる。ただし断っておくが、特異点に立つ者として描くことが即、それが正しかったと評価することではないことは、はっきり指摘しておく。

古典力学的世界像と秩序の供給

ドリーシュ思想の問題点を詰めていくと、結局彼は、十九世紀末に完成の域に達した古典力学が描く世界像に、忠実であり過ぎたことが判明する。

ドリーシュにとって、すべての自然現象は、古典力学が統御する空間のなかでの分子の運動として説明されるべきものであり、その基盤に内包されているのは、世界を無秩序へかりたてる無機的自然である。だが他方で、生物的自然はこれとは正反対に、秩序（Ordnung）を繰り返し安定的に出現させるもので、それが一時的に乱されても回復させようとする本性があるように見える。これは自身が実験で証明したことでもある。生物的自然は現にそのようなものである以上、生命現象に関しては空間外から空間内のそれに向けて秩序を供給する自然因子が存在する、と考えるのがもっとも合理的であることになる。ドリーシュはこの因子を、アリストテレスの用語を借用して「エンテレヒー Entelechie」と名づけたのである。

古典物理学が認めるのは物質とエネルギーだけだとすると、秩序はこれとはまったく別の概念であり、存在のあり方も異なっている。ドリーシュは、秩序ある状態を多様性と表現するのだが、『個体性の問題 *Problem of Individuality*』（1914）の中でこう言っている。

「存在しているもの［○のこと］の間の関係の種類の数は、上の状態よりも下の状態の方が多い。一つの概念とみなして下の状態を確定するためには、より多くの素概念（elementary concept）が必要である。これが「より高い多様度」で本当に意味しているところのものである」（p.51）。

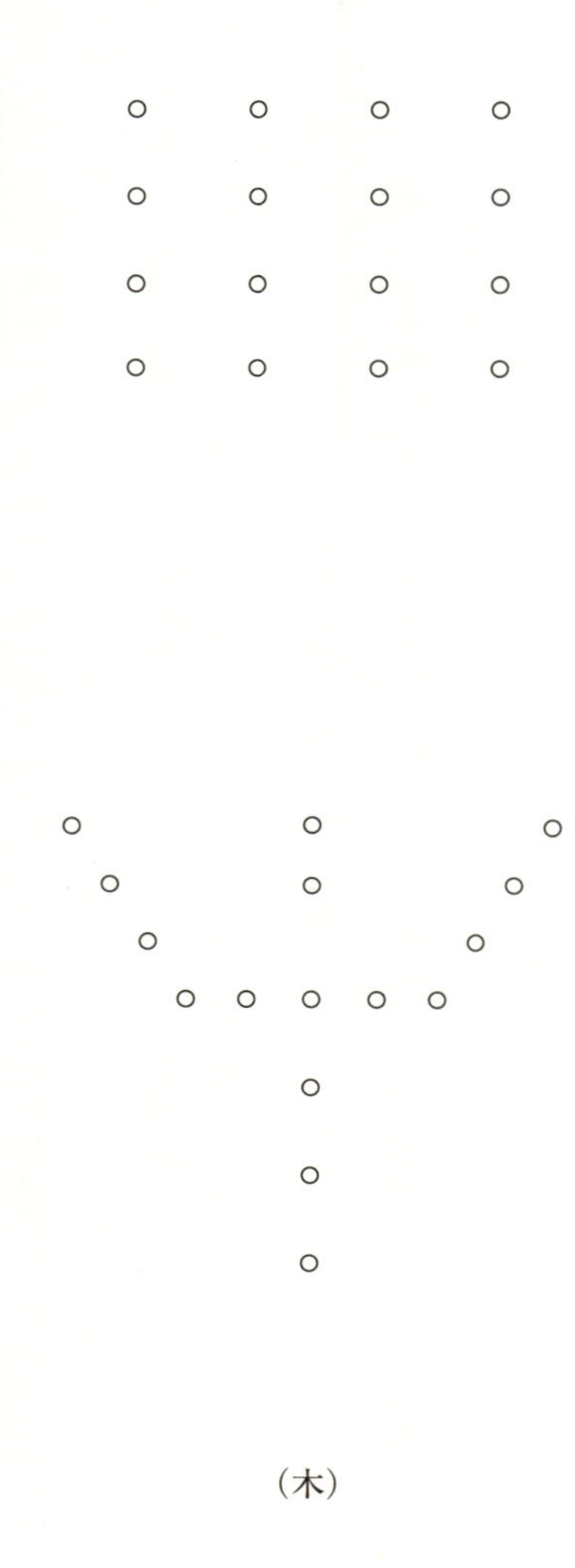

（木）

結局、彼が新たに提案するエンテレヒーとは、秩序、多様性、情報性そのものであると同時に、未発現の情報性として空間中へ情報性を供給する、あくまで自然に属する作用とその供給体系なのである。別の言い方をすれば、エンテレヒーの主要部分は、未だ現実化されていない秩序であり、各要素の進行を留保させているものをそれぞれ弛めるというかたちで、系全体の要素の配分の多様度を高めるものなのである。つぎのような表現は、一世紀以上前に書かれたものとは思えないほど、新鮮な響きをもっている。

「いわゆる生命の物質の連続体とは、今や単につぎのようなものになる。すなわち、異なったポテンシャルというかたちでおそろしく多くの生起の可能性を含むある物質の域、もしくは物質のシステムが存在するということである。これを専門用語で表わせば、永久にエンテレヒーの制御の下にある、ある物質の系が存在する、ということである」(『個体性の問題』p.38)。

薄い機械論

ドリーシュから見ると、自然は古典力学が占有する物理空間と、それとは存在の様式を異にするエンテレヒーの体系の二つを包含した構造を成しているはずであり、世界がこのような構造を形成していることを論証する(彼はこれを実在学 Wirklichkeitslehre と呼んだ)ことに、その後半生を費やした。彼の世界構図では、一方に一元論的秩序(monistisch Ordnung)というイデア的な秩序存在があり、他方で世界の無秩序性・無意味性(Sinnlosigkeit)を貫徹させようとする古典力学が自然空間を支配している。そして一切は、秩序供給を担うエンテレヒーと、無秩序を貫徹しようとする古典力学との葛藤として現われるのである。このような世界了解に立つと、最新の科学的成果である熱力学第二法則が、狭義の力学理論に加えて、世界の無秩序性を内在させていることが、とりわけよく見えてくる。本書では、ドリーシュの哲学の体系自体は扱わない。そうではなく、以上のような彼の特徴ある自然観が、現在の生命科学の公式の思想的立場を、いわば裏側からいかに強く規定しているか、を明らかにすることに力点を置く。

そうなると重要なのは、彼がエンテレヒー概念に到達するまでの思考過程である。ドリーシュは、ウニの初期胚の分割実験で予想外の結果を得たのを契機に、生命現象に関する古典力学による説明のあり方を検証することに着手した。この手続きを経た上で、彼は、十九世紀自然科学が構想した力学による生物的自然の解明、すなわち機械論（Mechanismus）の立場を決然と捨て去り、当時の大勢に抗して「新生気論 Neovitalismus」に立つことを選びとったのである。この過程でドリーシュが行なった、熱力学と生命現象との関係に関する点検作業は徹底したものであり、実は、この徹底した確認作業の結果が、今日の生命科学の生命観にまで影響を及ぼしているのである。

今日、科学者が、生命現象の独自性を認めるごく自然な認識を表明することが、あたかも異端的思想を告白するかのような扱いをうけることがある。この事態は、現在の生命科学が「薄い機械論」と言うべき自然哲学に立っているからである。この自然哲学は、未知の自然に関してはとりあえずそれを無機的なものと借り置きし、とりわけそこでの熱力学第二法則の妥当性を要請する立場である。現在の生命科学はこの「薄い機械論」というイデオロギーの上にいる。そしてその基本にある「生命現象は熱力学第二法則を侵犯しているのではないか」という問いの形に、生命と古典力学との関係を追い詰め、結晶化させたのは、ドリーシュであったことを明らかにしてみたい。

因果論的説明からの出発

すでに触れたように、ドリーシュは学位をとる過程で、進化論＝力学的＝因果論的説明というヘッケル流の説明が、科学の方法論哲学としては茫漠とし過ぎていることに不満を抱き、生物学で使用されている「力学」概念について、レビューを試みた。そして、発生現象を「力学的」に解明しようとするルーの方法論哲学に共鳴し、発生力学の立ち上げに深く関与した。ドリーシュの無二の親友であったC・ヘルプスト（Curt Alfred Herbst: 1866〜1946）は、後に書いた長文の追悼論文で「ドリーシュはルーとともに発生力学の共同創始者」と明言している（*Archif für Entwicklungsmechanik der Organismen*, Vol.141, p.111-153, 1942）。

ドリーシュは、一八九〇年代末までは機械論の論客として健筆を振るったが、他方で、すでに触れたように、一八九一年の時点でウニの初期胚の分割実験を行ない、重大な実験結果を得ていた。ウニの二細胞期の胚を、試験管に入れて激しく振るという、ごく簡単な方法で二つに分離すると、これらの細胞がそれぞれ小さいながら完全な幼生へと発生した。当時の代表的な遺伝・発生学説であるワイズマン学説に従えば、分離された二つの細胞からは、体をナイフで半分に切ったような幼生が生まれてくるはずであった。ドリーシュは、この時点でワイズマン説は無効であることを確信し、以降、初期胚をさまざまな割合で分割する実験に没頭し、新しい解釈理論を求め続けた。

ドリーシュにとっての主要関心事は、実験結果そのものではなく、実験結果をどう解釈するかにあった。前章で述べたように、この時代の生物学研究の目的は、生物的自然を学説によって体系的に説明してみせることにあり、生物学者は、特定の解釈理論の正しさを確認するために実験を組み、その結果をもとの理論と照合させて、さらに確かな理論体系を築くことを目指す立場にあった。ドリーシュの姿勢もこれに沿ったものであった。この研究姿勢を現在のそれと比べてみると、現在の生命科学の研究者は、生命現象の解釈論にはまったく関心を向けず、少しでも新しい実験データを獲得することに最高の価値を置く態度が共有されている。この百年間に、生命に関する研究行為の意味内容が、構造的変化を起こしていることがわかる。

そこで百年前の生物学者の研究行為を、「学説・実験・因果分析」連関という観点から、その歴史をもう一度ふり返ってみよう。前章に触れたように、十九世紀末における生物学の主要関心は、形態形成の因果論的説明にあり、それを念頭に提案される学説は、当時は遺伝=発生領域がまだ未分化であり、かつ間接的にそれは、生物形態の由来である進化を説明するもの、という共通了解の下にあった。

その嚆矢となったのが、先ほど触れたネーゲリのイデオプラズマ説であった。ネーゲリは、この時代の科学的説明の空白部分を埋める目的で、『力学的・生理学的な進化理論』を著し、その冒頭でイデオプラズマ説を提案した。しかし、この次元の理論的考察が空白のまま残されていた理由は、研究の水準に照らしてその作業は時期尚早であったからである。当然、ネーゲリの理論は難解なものにならざるを得なかった。まだまだ仮説的な段階にある分子論と、生物の形態形成に関する原因の束である原基（Anlage）を連続的に考察し、さらに原基の群れを体系的にコントロールする解釈学説として提案されたのがイデオプラズマ仮説であった。当然、それは今日の眼からするとひどく観念的な理論としか見えないのだが、ネーゲリという植物学の大権威が提唱した説である以上、無視もできず、その後、繰り返し言及されるようになる。

形態形成とその変異の起原について説明しようとする、このイデオプラズマ仮説は疑いもなく進化を説明するための理論であり、それゆえ必然的に遺伝・発生学説でもあったが、当時でも難解な学説と受けとられた。だが同時期に、ナチュラリスト、ダーウィンが提案したパンゲネシス説も同様の意図で提案されたものであり、それは予感されたとおり、遺伝・発生に関して素人くさい仮説であった。

この時代、さまざまな遺伝・発生学説が提案されたが、格段に広く受容されたのはA・ワイズマン（August Weismann: 1834~1914）の学説であった。それを体系的に述べたのが一八九二年の『生殖質説　一つの遺伝理論 *Das Keimplasuma; Eine Theorie der Vererbung*』である。この要旨は拙書『時間と生命』の、一四一~一五四頁に訳出しておいた。ワイズマン説が支持された大きな理由は、この前後から明らかになり始めた、細胞分裂の過程の観察結果と、この解釈学説とが概ね一致したからである。ワイズマンは、一八八一年にザルツブルクで開かれたドイツ自然科学者医学者大会で、「生命の連続性について Über die Dauer des Lebens」という講演を行ない、十九世紀を通して展開されてきた細胞説を踏まえて生殖細胞の連続性を主張した。一八七〇年代後半になると、アッペ（Ernst Abbe: 1840~1905）の屈折理論などによって油浸レンズが開発され、顕微鏡の解像度が飛躍的に上がった。そのため、細胞の分裂時には、種ごとに形が決まった染色体が形成されることが明らかになってきた。ワイズマン学説は、この染色体に粒子状の原基が含まれていることを想定していた。次第に蓄積されていく観察結果と理論内容が一致することは、当然、理論の重要な評価の基

第3－1図

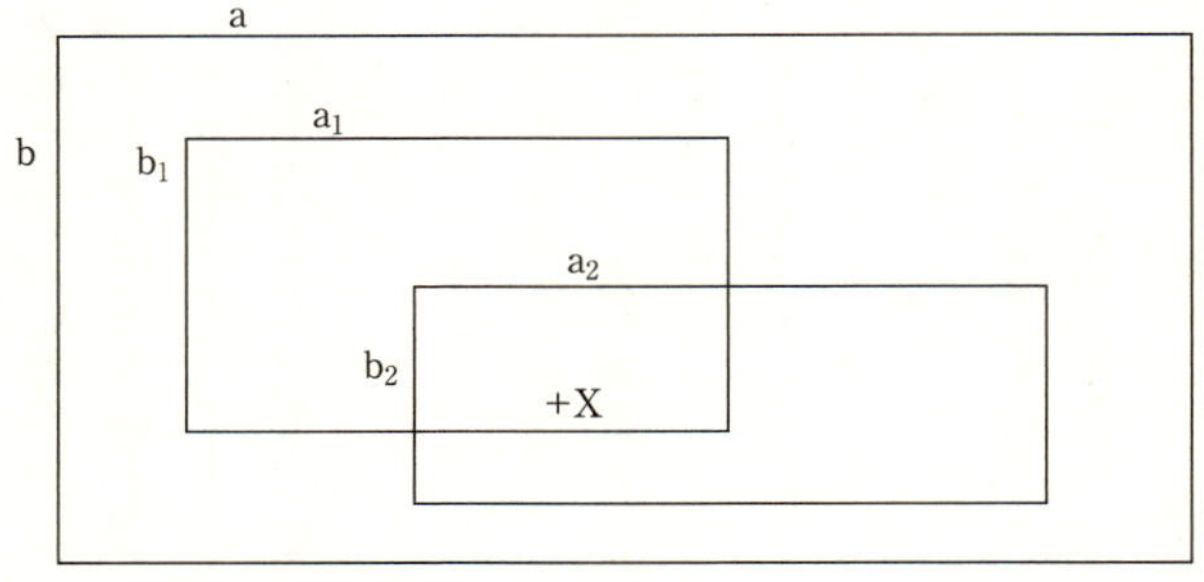

B(X)＝f (S, L, E)

ただし

B（X）：生体の任意の点Xの発生運命

S：抽象的な大きさ

L：境界からの距離

E：予定潜在能に含まれる秩序

（『有機体の哲学』（1909）Band 1, pp.125～126）

全体の大きな四角が生物個体の一般的な大きさを表わす。何かの理由で分割されたとしても、小さいながら形は正常な形を発生させるのが調和等能系の概念である。その系の中の任意の点Xのとる運命を定式化したのがいちばん上の等式である。

準であった。ワイズマン説に従うと、生殖質細胞だけが表現形質の原因となるデテルミナント（ワイズマン学説で原基に相当する概念）のすべてを受け継ぐが、他の体細胞では細胞分裂を繰り返すごとにデテルミナントの束（ワイズマンはこれをイドIdと言った）が不均等に分配されていき、最終的に残ったイドの支配によって器官や組織が発現してくる、というのである。

ウニの初期胚の二分割実験を行なったドリーシュにとっては、一八九二年に改めてまとめられたワイズマン学説が無効であるのは自明であったが、それは絶頂期にある重要学説であった。ドリーシュにしてみると、この時代の遺伝・発生に関する全学説は、力学的＝因果論という力学理念に沿って構成されたものである以上、壮大な「ドミノ倒しモデル」でしかなく、それでは初期胚の大きな可塑性は説明できないと判定せざるをえないことになる。

調和等能系と生気論

そこで、「力学的説明」にはそぐわない現象であることを示す目的で、初期胚の実験結果から抽出したのが「調和等能系 harmosiche-äquipotentielle System」という概念であった。これを初めて述べたのが「形態形成過程における位置定位　生気論的現象の一証拠 Die Lokalisation morphogenetischer Vorgänge: Ein Beweis vitalistischen Geschehens」(*Archiv für Entwicklungsmechanik der Organismen*. vol.8, p.35-111, 1899) という長文の論文である。調和等能系の概念は、この九年後に出版された彼の主著、『有機体の哲学 *Philosophie des Organischen*』(1909) のなかで格段に洗練され、図の形をとって提示される。このあたりについては『時間と生命』の、一七一〜一七四頁で詳論したのでこちらを見てほしい。

一八九九年の論文は、「生命現象に対する力学的説明の貫徹」という、十九世紀ドイツ生物学が立脚する自然哲学に対して、三十二歳のドリーシュが、副タイトルに「生気論的現象の一証拠」と銘打ち、正面対決する姿勢を打ち出した点が重要である。そもそも『発生力学雑誌』という、この時代の自然哲学の結晶と言える専門誌に、生気論的現象を主張する論文が掲載されたこと自体、謎に見えてくる。しかし。謎と見えるところにこそ、それを解く鍵が潜んでいる。『発生力学雑誌』の編集方針の一部は、七六〜七八頁に訳出しておいたが、くどいようだがその冒頭部分をもう一度、掲載しておく。


この雑誌が寄与することになる、発生力学もしくは生物の因果形態学とは、**生物の形態の原因、つまり生物の形態の発生・維持・退化に関する学問である。**

内部および外部の形態は、生物の本質的な特徴を表わすものであり、これによって生命の特徴的な振る舞いが規定される。そしてこの振る舞いにまた形態の発生も依存する。

これらの全領域における因果論的学問を表わすのに発生力学という言葉を採用したことは、「適した命名をする」という原則にそっていると思われる。生物の形態の発生とは、形態形成現象の主過程を意味し、それゆえその主問題そのものを意味することになる。

スピノザとカントの力学の定義にしたがえば、因果性に立脚したすべての現象は力学的現象と呼ばれる。それゆえこの種のものに関する学問に「力学」の名を与えてもよいであろう。因果性にもとづいた現象のみが研究でき、**厳密な学問**の対象になりうるのであり、また、形態の産出が発生というものの本質を形づくるのであるから、**形態**の原因に関する学問を発生力学と名づけるのは、きわめて正当なことである。

再度力説するが、現在は当然と思われている実験発生学という研究のスタイルが、生物学の本流から認知されるには、ここにあるような、過剰ともみえる哲学的な正当化論が必要であった。ふり返れば、ヘッケルの大著『一般形態学』(1866)が書かれたことで圧倒的な影響をもった因果論的＝力学的＝進化論的という、生物形態の由来に関する「科学的説明」は、あまりに漠としたものであった。そもそもヘッケル流の、系統発生は個体発生の原因であるとする自然理解に立ってしまうと、個体発生の研究は、比較解剖学以外に研究方法が与えられないことになる。この視点に立っているかぎり、個体発生過程への実験的介入は奇形個体を作ることにしかならない。だからこそ、ルーが書き下ろした、この発生力学の編集方針には、先鋭的な発生学者がみな賛同の署名をしたのである。当然、ワイズマンもドリーシュも署名した。ただし、ヘッケルは署名しておらず、この点は思想的にたいへん重要である。

つまりルーとドリーシュは、発生現象に関する「学説・実験・因果分析」連関という枠組みにおいては意見は完全に一致していた。違ったのは、因果分析の項に対する回答であった。この時代、大半の自然科学者は「因果論的＝力学的」以外の発想をしなかった。ところがドリーシュは、独特の厳格さで因果論的考察を詰めていった結果、「因果論的現象＝力学的要因＋非力学的自然要素」

という世界の構図が必然である、という考えに到達した。そして彼は残る生涯を、世界がこのような二段構造を成していることを論証してみせることに充てたのである。そんな長期構想を抱いたドリーシュは、一八九九年の論文では、生物的自然を因果論的に分析していけば、そこには必ず「非力学的」要素がたち現われる事実を示すところまでに、議論の範囲を区切ったのである。しかしそれですら、当時の大勢に抗する「生気論的」現象を指摘することであり、これを論証するためには、幾重もの予備概念を用意し、その上に議論を組み立てる必要があった。ここではその後半部分にある、調和等能系概念を、(xyz)＝ϕ［G, *R*］と定式化する前後を訳出してみる。彼にとって、空間中の任意の点がデカルト座標で表わされるのは自明のことであった。

……われわれが研究しているたぐいの現象はすべて、それ自身において以下のような特徴をもった、ある場所（Orte）である。それは、**与えられる系の大きさと、系の絶対的正常な関係を完全に記憶し**（Relationsverhältnissen des vollendet gedachten absolut-normalen Systems）、**保持すること**に依拠している。その関係は、「絶対的正常」と表現する以外にないものであり、また単に現象が合法則的であるだけではなく、破戒を受けない通常の経過の場合は、細胞数も絶対的なものである。その現象はこのような状態において、ある「極 Pol」もしくは他の固定点からみて、系における場所が決められる。

短く表現すれば、すべての個々の場合において、場所性の現象が依拠していること、言いかえれば、全体のなかでのその場所（x, y, *z*）における現象 α は、それらの個別の事情によって現象の現われ方が決まるのである。
それは、以下によって決まる。第一に、その系の予定可能態（prospektive Potenz）、つまりそれが採りうる可能性の総体によって。第二に、その絶対的大きさによって。第三に、そこで維持されていた可能性のなかですでに実現したもの（可能性のうち、すでに「調和的に」そこに表現されたもの）によって。第四に、「絶対的正常」な現象の場合、すでに実現した可能性全体のうちでまだ保有されている可能態のなかで、その区域において実現した場所的関係の数によって。第五に、系の基本的な方向性によって。

議論している例では、すべては、その場所にすでに存在するこれらの要因にかかっている。焦点を、場所性の現象がどう決まるのかに絞ってみると、それは以下のことに依拠している。第一に、系全体の大きさG、第二に、絶対的正常に関する場所的関係性R、そして第三に、想定されている調整系に関する、基本的な絶対的な方向性である。

これら三つのデータを知れば、われわれは任意の点の、経験法則に従って期待される現象を、予言することができる。絶対的方向性のなかの、前提なる既知の位置は、以下のとおりに表わされる、

$$(x\ y\ z) = \phi\,[G, R]\ ;\ ここで R は一定$$

ここで考察している位置の問題を突き止めるのに、場所の現象を決定するある種の要素に、因果論の図式は適用されない。つまり、その**要素的なもの**それ自身は、この論文の冒頭で示唆したように、ある視点からは捉ええないものであるが、その要素は**積極的**な特徴をもっている。

それを特徴づけるのは、いわば、系の大きさにのみ依拠し、また、絶対的に決定している一定の関係性の数に依拠するものであり、別の視点からは、既知の現象類とは対立はしない。つまり、無機の系で展開する位置定位の多様性は、**外から間接的に**決定されるが、われわれが問題にしている対象は、外的因子（作用素 die Operation）が、系の絶対的大きさが存在するかぎり、もっぱら**直接的**に場所的決定に介入する。

(p.92-94)

ドリーシュは、こうして発生力学の思考枠内で「調和等能系」という概念を定式化してみせ、これが因果論的には非力学的＝生気論的な因子を含む現象であることを論理的に示したと考えるのだが、この論文ではそこで筆を止めている。ここで言う「発生現象における場所的特徴の変化を直接的に決定する自然因子」として、「エンテレヒー Entelechie」概念を導入するのは、五年後の著作、『自然概念と自然判断 *Naturbegriffe und Natururteile*』(1904) においてである。

しかし同時に、この論文が扱っている内容は、生物学の領域だけで論じるべきではない、と考えたドリーシュは、自費で別刷りを作り、他の専門領域の自然科学者にも配布した。これにつけた短い序文は、この論文の自然哲学的な意味を端的に表わすものになっている。それを訳出する。

序文　その内容と方法という二つの理由をもって、私は、この研究を『発生力学雑誌』に載せるだけではなく、離れた所にも届き、広く読者が利用できるようにした。

その内容は、この論文に盛り込まれているとおり、生物学的現象の新しく、かつ独特の法則性をとりあげ、ある仮説から必然的に導かれることに関して、ただ言い立てるだけではなく、それを根拠づけ、また単に迫真性を示すだけでなく、それを論証するよう、意識的に努力した。その方法は、それ自体新しいものではないが、生物学では初めてのものである。他の自然科学からこの方法の古典的な適用例を挙げれば、いわゆる「力学的熱理論 mechanische Wärmetheorie」がそれに当たる。しかし、ほんらいこの理論は「力学的」理論ではなく、真の意味で機能的な説明である。さらに言うと、この例を外から見るかぎり、対象すべてが異質のものであるので、同じ方法のものとは見えないであろう。ここでの方法は、起こっている事に対して、先行例とは別のものを形式的に分析している。すなわち、起こっている事が依拠するすべての要素である。私はその考え方を機能的と呼んで、エネルギー論的意味での因果論的な考え方から区別する。それは次のように言い表わすことができる。「ある変化Aの後に、変化Bが続く」、そしてその状況において、変化Bの状態が出現するために必ず、変化A以外に満たされるべきものがあるとき、それを「系の条件」と呼ぶ。

これまでに誰が「因果論的」な考え方に二つの呼び名を与え、その地位を区別しただろうか。いずれにせよ、それは、二つの「合理的な」考え方であり、この一般的表現の下で包含されることを意図したものである。少なくとも、基礎的文書に関して鋭く分析した人物、アーサー・ショペンハウアーと結びつけるなら、用語集にはこの事情が記されるべきである。つまりこの研究は、「因果形態学 causaler Morphologie」と言うよりは、「合理的形態学 rationeller Morphologie」と言うべきものであり、こう表現することで、現象の規範性に焦点を合わせた、この若い科学の主要な特徴をその内に含むことが可能になる。

ナポリにて　一八九八年一二月二六日　　　　ハンス・ドリーシュ

二十世紀生命観を形作った『自然概念と自然判断』

こうして調和等能系という概念を提案した上で、ドリーシュは、『自然概念と自然判断』(1904)において、このような本性を帯びる生命現象と力学的説明との関係について、綿密に点検するのである。この著書がきわめて重要なのは、ドリーシュが、エンテレヒーを提案する前段の作業として、生命現象と熱力学第二法則が重なる面について、主要な物理学者がその著書で述べている見解を網羅的に調べていることである。結局、生命現象と物理・化学との自然哲学上の境界線のひとつが熱力学第二法則の扱いにあることが、ドリーシュのこの作業によってくっきりと描き出されることになったのである。

第五章で論じるが、いまでも生命科学の教科書の冒頭には堂々と「生命現象において熱力学第二法則は破られていない」と書かれているのだが、考えてみると、これは実に奇妙な一文である。どうみても純理論的には不必要な一文なのだが、それがなぜわざわざ教科書の冒頭に置かれているのか、その起原をたどっていくと、まったく無名のこの『自然概念と自然判断』(1904)という本にたどり着く。つまりこの本は、現在共有されている自然哲学の形を決定づけた、歴史的な総説なのである。視点を換えれば、この本は、いまの生命科学がイデオロギー性を帯びていることの起源でもあり、その物証でもあるのである。

まず、その序文をみておこう。

序文　この本はもともと、生命過程の自律性、および生物学の真の独自性に関する私の研究の、理論帰結として構想されたものである。『形態形成の過程の定位問題』(1899)、『有機体の調節』(1901) および『要素的な自然要因としての「魂 Seele」』(1903) の三冊を、真の理論生物学の基礎として一冊にまとめるというものであった。この本の最初の概略となる草稿は、一八九五年までさかのぼる。当初のタイトルは、私の理論生物学的な体系の結論として「自然全体のなかの生命 Das Leben im Naturganzen」もしくは「エネルギー論と生命」などが考えられた。

しかし四年ほど前から、この計画をさらに深掘りして仕上げる過程で、「自然全体」や「エネルギー論」という概念全体について、さらに踏み込んだ基本的分析を行なわない限り、「生命」を「自然全体」や「エネルギー論」と関連させることはできないことが判明した。つまり、単にそれまでの計画を継続するわけにはいかなかったのである。

したがって本書は、一面で、私の理論生物学的な探究の結論であるが、また他面で、私自身にとっても、生物学の領域においてもまったく新しい出発点であり、真の意味でこれまでの自然研究を超えるものである。そのため本書では、できるかぎり過去にも未来にも視程を拡大し、これまでの帰結が最高の出発点となるようにした。

非・形而上学的な形で「実在性 Wirklichkeit」が段階的に拡張されていくことが認識論的に可能であること、基礎的な自然科学的概念としての「定数 Konstante」が拡張され、その実在性の意味において存在すること、それは真にアプリオリな自然科学として、その位置が与えられ、エネルギー論の大半の部分はこの概念の内に入ること、残りのエネルギー論の対象はただ量的ではあるが「物質 Substanz」概念には当たらないこと、それはエネルギーの**第三法則**であること、エンテレヒー論はエネルギー論を侵犯しないこと、「補償 Kompenseation」作用のかたちで「エンテレヒー」作用一定の最終的効果があること。これらはみな、本書において初めて明確にされた見解であり、少なくともこれらは、私の結論を基礎づけるものである。
(p.III ~ IV)

以下に、『自然概念と自然判断』のなかから、ドリーシュが繰り返し取り上げる、熱力学第二法則の二重的性格と、この法則と生命現象との関係についての、主要な物理者の発言を訳してみる。この本の場合、ドリーシュはすべての段落に番号をふっており、それも示した。

「**b. 一般エネルギー論における、第二法則の通常の意味**
(126)　マッハの概念分析によると、ギブス、ファン・トフォフ、ホルストマン、ヘルムホルツ、ル・カテリーエ、などを介して、「熱力学 Thermodynamik」はすでに名前以上のものを内包していたのだが、一八九〇年ごろ、ヘルムとオストワルドによって「一般エネルギー論allgemeine Energetik」へと発展させる試みが始まった。これによって必然的に、熱力学第二法則は、普遍性を志向する包括的な意味を帯びる法則となった。それは、統計学的な第二法則と、動力学的なそれとの、二つの性格をもつものに到達した。

「ある物体がエネルギーを保持しているとは、その強度の値を持続する状態である。」

「それぞれのエネルギー状態は、高い強度を持つ状態から、低い強度の状態に移行する能力を保持する。」　これがヘルムによる基本法則の定式化である。

任意の種類のエネルギーの結合については、オストワルドが定式化し、こう拡張した。

「均衡とは、以下のことが要請される。あるエネルギー強度の差異が同等になることは、これに対応する他のエネルギー強度の差異がうまれることで保証される。ただし、対応するこの差異は、**機械の条件**（**Maschenbedingung**）によって決定される。一般的にある機械は、一定状態のエネルギーを他の状態に変換する装置として理解される。この変換を介して、あるエネルギー要素と他のエネルギー要素との関係が定められる。……それと同時に、補償されるエネルギー強度の差異は手にすることはできないことが、必然的に示される。」

また、**強度の差異**（**Intensitätsdifferenzen**）は、それぞれの「現象」に依存する。その質が不均質であると、「補償」の問題が関わってくる。

(127)　これらの概念は、ヘルムとオストワルドによる明確な定式化においては、それぞれ、謎として登場する。

E・ハルトマンは、「言ってみれば、われわれは、エネルギーの平衡とは別に、強度の平衡について語らなければならない」と、的確に論評した。

実際には、「強度の補償 Intensitätskompensationen」は、それぞれの場合について経験的に決定されるか、あるいは、まったくの循環論法であるが、結局はエネルギー平衡によって決められる。これまでに、質的にさまざまな強度比率が、長い間、非補償と表示されてきたため、何か起こると、それほどのものでもないものに「補償」と言うようになっている。

(128) かつてオストワルドは、ちょうど、原因量原理が第一種の永久機関の不可能性の上に基礎づけられているように、いわゆる第二種の永久機関の不可能性から、エネルギー第二法則を「証明」しようとした。ここでオストワルドは、はっきりと経験論に徹し、彼の挙げる証拠は熱に限られているが、彼は一般的に機能する原理を念頭に考えている。彼の熱エネルギー論の基礎となっている等温の素材物体からの効果がゼロであることは、その定理の本質的な内容である。

(129) 「第二主法則」は、また狭義の熱力学の領域において、別の形が与えられている。クラウジウスは、エントロピーの増大をすべての自然過程に見ているし、トムソンはすでにみたように、「拡散」と言っている。他には、たとえばワルドは、エネルギーの劣化として語っている。基本的に、このようにさまざまな方向性の表現で語られている。

(p.79-80)

生物的自然に対する物理学者の発言

(170) 生命現象の特徴を把握するため、深くて誠実な試みを行なったのは、明らかに、生物学者ではなく物理学者たちである。そしてその考察は、熱力学の「第二法則」ないしは、その普遍妥当性の問題に関連してなされてきた。ここでは彼らの文章を、われわれの用語で言う「真の」第二法則の問題として取りあげる。

(171)　マクスウェルは、この領域の探求における開拓者である。だが残念ながら、それは仮想の考え方を基礎にした、言ってみれば、熱運動（Wärme Bewegung）が「存在したら」という偏ったフィクションのうえに立っている。後にヘルムホルツは、マクスウェルの考え方に賛同し、改めてこの考え方を主張したが、言及に値する拡張や深化はみられない、と評されている。

以下に、マクスウェルの重要な解釈を言葉どおり引用してみる。

［ここで全面的に、マクスウェルの悪魔の箇所を引用、この文章は第五章一九五〜六頁に訳出した］

(172)　ヘルムホルツは、「組織の微細な構造」という条件の下にある生命においては、第二法則は実際に少し異なっているかもしれない、と考えている。彼もまた、フィクションを基盤にしている。この考え方との関連で、プレイヤーの言葉を引用してみると、こうである。毛細管内の空間における生命現象を注意深くみるかぎり、ビュッツリが示したプロトプラズマのあぶく構造が、なお重要な意味をもっている。

(173)　生命現象とエネルギー第二法則の関係の考察で、独自の基礎を築いたのは、やはりW・トムソンであろう。彼は「非生命物質の状態で in inanimate material」という表現を用いて、第二法則との不確かな関係を表現した。しかし、生命現象についての彼の見とおしは、われわれの見解とは異なっている。これについてわれわれは、本書の別の箇所で論じており、そこでは「それ自身において von selbst」、もしくは「補償なしに ohne Kompensation」と表現し、これらの概念を分析している。

(174)　マクスウェルの考えの内容を検討してみよう。

彼の場合、もしかするとエネルギー第二法則は一定の生命現象に対してあてはまらないかもしれないと言明しており、それゆえ当然、内壁の小穴を交互に開け閉めする理性的存在の「本質」は、強度法則に関して生命過程ではないシンボルの例と考えられなくてはならない。マクスウェルがその立場を転換したのは明らかに、生命過程において第二法則が保持されるのか、それが妥当しないかを精査したからではなく、恐らく、これが妥当しない場合、どのようになるかについて仮説として述べたに過ぎない。基本的に、生命的自然を分析してではなく、単に、それも仮説的な表現で、生命においてこの法則が妥当しないことは**考えうる**、と言ったに過ぎない。ただしこの場合、真のエネルギー第二法則の経験論的本質は維持されており、まさにこの点について、われわれは問題にしてきたのである。

マクスウェルが、こう主張しえたのは、単に彼の「熱 Wärme」に対する考え方が虚構であるからにすぎない。このフィクションという意味において、真の第二法則の本質的必然性は、それが仮説であるという本性ゆえに**まったく傷つけられることはない**。多様な強度をもった「熱」は「存在しない」のであり、ただ、生きた力が「存在する」のだ！　これで、フィクションが、いかに好都合かがわかる。それは自然という所与を描写し、生み出し、なんと頭の中に出現させるのだ！　マクスウェル流の一般的な説明から、**生物学が得られるものは何もない**が、物理学にとっては非常に重要である。ただし、運動分子というフィクションは、熱過程の適切なイメージとは言い難い。

(175)　われわれにはあまり利点はないのだが、われわれの目的に沿って文字になっている発言を引き出し、それらについて考察した。というのも、マクスウェル、ヘルムホルツ、そしてW・トムソンが、エネルギー第二法則は生命にはあてはまらないと主張した、としばしば耳にするからである。実はそれらは、支持されえない物理学的フィクションの無意味な残響であり、それを論理的に拡張すれば、たちまち砕け散ってしまう。ただし他との関連で、マクスウェルの見解については、後でもう一度短く触れようと思う。

(176)　最近、ヘルツが生物学の基本問題について論じているものを調べたが、私には彼の論拠が何もみえない。彼は、「基本原理」によって、ガリレオ＝ガウス理論の混交物を想定しており、それは生命に限定されたものであるらしい。その基本原理は、生の事実に沿ったものとされるが、調べてみると、それはまったく事実ではなく、原理を認めた場合の必然の結果としか見えない。これらの原理の限定的な特徴は、せいぜいのところ言葉の上のものであり、生命一般にみられるとされ、無効と見えるわけではない。「秘匿 Verborgenen」とヘルツが言っているのは、生命の特別な性質を示そうとする試みである。後でわれわれは、可能性が物質的なものへ転換すること、つまり「外的多様性 extensiv mannigfaltig」への転換、これはヘルツが主張して実質的に拒否されたのだが、「生気論的な」転換として取り込むことになる。

(177)　その他では、オストワルドによる「エネルギー論」の視点に立った生物学的問題を検討してみる。彼は、ラジカルな経験論者であるが、二つの基本法則の普遍妥当性を確信しており、ときおり生理学者によるここからの逸脱を鋭く非難する。そして彼は、新生気論の立場をまったくとる気はない。

とはいえ、オストワルドは、ある観点からすると、少し定まらない形ではあるが、まさしく**エネルギー論的生気論者**（energetische Vitalist）である。彼の場合、ある種の生命現象、たとえば神経反応という現象、それは言ってみれば「精神」や「意思」なのだが、それらが無機的でエネルギーではないものに因ることに、何ら不都合を感じない。すべてのエネルギーの意味をはっきりさせようとするとき、オストワルドの生気論的エネルギー論が不確かであることを、悪くとる必要はない。

エネルギーは原因の集塊単位であり、それ以上のものではない。ある「エネルギー種Energieart」は、個々別々に自然の要因として認知される。これらの自然の要因に属す非常に多くのもの以外に、エネルギー論の主法則の領域、なかでも強度補償の平衡の領域に、まったく入らないものがある。

当然、オストワルドは、これらのことがらすべてにおいて、その新しいエネルギー種がまったく違うことを知っている。彼が、**意識**（Bewußtsein）を、中枢器官におけるエネルギー種の「特徴」と呼び、そのエネルギー運動を空間性（方向性）として特徴づけるやり方は、その比類のない独特な指摘のなかに認識批判的な疑念を抱えるものであり、そこに彼の深い洞察をみてとることができる。

　オストワルドがきり開いた道は、自然科学の道を逆転させるものである。理論的研究を開始するには、現象のなかの要素をそれぞれ記号化し、エネルギー論であれば、それぞれにエネルギー要素を表現する。そこでは、エネルギー第一法則を適用するために、これらの構成要素を厳格に特徴づけ、数学的形式を与え、場合によっては特別のエネルギー「種」として、さらにうまくいけば「エネルギー値」として表現し、すべてを新しい水準の量的な形に仕立て上げるよう努力するのである。しかし、オストワルドは逆の方向に進み、その特徴をまったく明示しえない、新しい「エネルギー種」を導入したのである。

　エネルギーは、ある自然単位（〈エルグ〉）を表わす言葉である。自然の中で、この「新しさ」は、それが原因量という側面をもつかぎり、この単位にしたがって計られなければならないのは、明らかである。こう考えると、オストワルドの「新しいエネルギー種」はまったく意味をもたないものである。

　オストワルドがここで自身の見解を変更したことを、われわれは疑わない。彼はこれまでにもきわめて稀だが、徹底した自己批判と自己克服を繰り返してきた。また他方で、オストワルドの転向は、彼がそのエネルギーを「物質」とか「もの」と言うだけで、より高度な抽象化をしえなかったという意味で、あらゆる力学を拒否する彼の転向は、一種の形而上学的な唯物論と見なして間違いではない。かれの基本思想は、これまでにも彼の言葉として、さまざまな形で現われている。

（p.102-106）

こうしてドリーシュは、機械論（力学主義）を採った場合の生命現象に対する説明可能性を、網羅的に点検した上で、鍵は熱力学第二法則にあるとして懸案を絞り込んだ。そして彼独特の厳格な因果論によって課題を定式化し、その空欄にエンテレヒーを代入するのである。これを体系的に述べたのが『有機体の哲学』なのだが、これと同時期に、生命現象・熱力学第二法則・エンテレヒーの関係を、自然哲学の問題として論じている。

化学者であり、かつエネルギー一元論を提唱したW・オストワルド（Wilhelm Ostwald: 1853～1932）は、一九〇二年から『自然哲学年報』を主宰した。ドリーシュは一九〇八年にここに、「生命とエネルギー第二法則 Das Leben und zweite Energiesatz」という論考を載せている。必ずしも最良の出来とは言えないが、この時代の自然哲学とはどんなものであったのか、おさえておく意味から も全文を訳出しておく。なおここで、エネルギー第三法則と言っているのはエンテレヒー概念のことである。

ドリーシュ：「生命とエネルギー第二法則」

(Wilhelm Ostwald編『*Annalen der Naturphilosophie*』第七巻（1908）p.193-203)

エンテレヒーと、ある系を構成する要素の可能性とは、どのような関係であるのか？　この問い立てに正確に答えることは、非常に意味がある。そして、その答えは、ひとつの可能性を示すことであり、以後に道を拓くことでもある。

エンテレヒーは、ある系の部分要素の化学的ポテンシャルの質を変えることはできない。少なくとも、エンテレヒーは、たとえば、塩化カリウムと塩化ナトリウムから硫酸をつくることができると仮定するような根拠などは、いっさい存在しない。われわれが知るかぎり、エンテレヒーの作用は、ある特殊な無機的自然を制限し、その下で、「化学的な要素」と呼びうる特性を維持することがある。だがエンテレヒーは、無機ではまったく反応しない化学的な結合反応を許すような、要素の転換とみることはできない。要するにエンテレヒーは、一般になんらかの形での強度分化を創出するものではない。

しかしながら、生物の再生と適応の事実をもとに判断するかぎり、エンテレヒーは、ある系のなかで起こりうる化学反応で、エンテレヒーによる干渉がなければ起きたであろう反応を、必要な場合、長期にわたって、それを停止させることができる。さらにまた、その反応の停止は、ある特定のものや、それぞれの方向に規則づけられたものになりえ、それによって、可能な出来事が、目的にそって一時停止したり、進んだりしうるのである。以上のことから、ここで親和性と表現されるものを一時停止することは、ただ強度要因における一時的な補償であると解釈できるもので、普通であれば補償されずに直接、出来事へと導かれるのである。無機的な出来事を一時的に停止させるこの機能は、エンテレヒーのもっとも重要で本質的な特徴とみなされる。この機能は、エネルギーをともなわないものであり、エンテレヒーは非・物理化学的な作用因である。

つまり、こういう理解である。われわれは、エンテレヒーを、ポテンシャルとして現実の出来事において論証したり、そこで「誘発」を起こすものであるとは考えない。われわれの見解に従えば、エンテレヒーは、現実の出来事において、たとえば触媒のように「障害物」を取り除く能力はない。それを取り除くにはエネルギーが要るが、エンテレヒーは非エネルギー的である。エンテレヒーはただ現実性をもっているだけであることを、われわれは知っている。それはそこにおいて阻止されているものであり、それ自身、停止させられていたものである。

以上のことから、次のような重要な結論がでてくる。エンテレヒーが何ごとかをなし、それによって現在か未来に何ごとかが起こる場合、本質的にその作用に起点はなく、その作用は連続的な存在のものである。このことをわれわれは、**遺伝**（Vererbung）という事実から学ぶのである。実際、生命は連続的なものである。エンテレヒーのコントロールの下にある、物質の一定部分が、世代から世代へと広く受け継がれていく。エンテレヒーは、つねにこの様式の上で機能するものである。

残念なことにわれわれは、この問題で、無限の後退を避けることはできないことが、明らかになった。少なくともわれわれは、エンテレヒーの側からの無機的な出来事の停止に関しての、真の働きかけの原理について、何も知っていない。

エンテレヒーと、真のエネルギー第二法則および経験的なエネルギー第三法則の間での表面的な矛盾

生物の発生一般、および調和等能系の分化の過程は、一見すると、エネルギー第二および経験論的な第三法則と矛盾するように見える。また、人間の行動はとくにこの特徴と結びつくようにみえる。それゆえに、エンテレヒーと、エネルギー第二および第三法則の関係の問題は、さらに詳しく調べてみる必要がある。

調和等能系は、分化の最初において、それを構成する要素は、その現実性も可能性も同じである。そしてこれらの要素の全体は分化過程を経て新しい系を構成する。これらの要素は、それ自身において、その可能性と同様、現実に非常に高い多様性を構成する。そして、こうして実現する多様性のそれぞれに応じた、特殊性や位置に関する外的な原因はいっさい関与していないことを、われわれは知っている。他方、周知のように、エンテレヒーはエネルギーではなく、エネルギー的過程を保留しておくことができる機能である。

いったい、これは何を意味するのか？　調和等能系の分化において、**単にその系の要素の間で**、均一な状態から多様性の状態が生じただけと見てよいのだろうか？　問題の多様性が生じてくる以上、この過程において少なくとも、系と媒体の間での、ある役割を演じるためのエネルギー・ポテンシャルが必要であることが事実のように見える。では、そのポテンシャルは、出来事のうえにただ一般的に示されているだけなのか。しかし、その多様性のあり方は、系のなかでの空間的にさまざまな部分によって、もたらされるのである。

実際これは、エネルギーの第二、第三法則の双方と矛盾しているように見える。

ともかく、次のことは忘れるべきではない。調和等能系はまさに言葉の強い意味で、均一なのである。それは多くの細胞から成っており、またその細胞のプラズマ質と核は、化学物質とそれが集まった、通常の量の構成物からできている。その一部を調べてみると、融解しているのが確認されるが、他の部分は融解した状態にはない。

いまここで以下のような想定を付け加えてみる。分化の最終段階で、数種の要素は、系の構成が真に均一な段階にあった始めと比べ、大して増えていなかったとする。ただし分化過程の終わりでは、この数種の要素の分布の多様性についての量と程度が、分化開始時に比べて格段に大きくなっている。しかも、この分布の多様性は、系の要素のみで作り出されたものである。このことは何を意味するのか？

石油と水との混交物は、石油の状態と水の状態が違っており、混交という出来事の始めと終わりにおいて、要素の分布はおおきな多様性や不均質性を示す。また、この状態に、互いに固有の重さを持ち、相互に溶融しない、第三の物質が混ぜられたときも、はっきりと説明することができる。この場合の、分布の多様性の総計が増大したことに対応する外的要因は、調和等能計の分化の場合には当たらない！

分布多様性の創出における、エンテレヒーの要素的役割

われわれは、調和等能系はエンテレヒーのコントロール下にあることを、知っている。そして、そこにおけるエンテレヒーの作用は、すでに存在するポテンシャル差異、つまり可能な無機的な相互作用を、規則的に停止したり、開放したりすることにある。それは、分化における原因としてどういう意味をもつのか？

われわれが知っているように、調和等能系には、どの細胞からでもどんな組織部分をも作成

できるという特徴がある。ただし、形態形成は本質的に化学物質とその集合体の作り替えに依拠するのだとすると、調和等能系のすべての細胞は、それぞれにおいて、化学物質=集合体の反応のすべての種類と数が可能であることを意味する。そして、これらの実際の反応は、その都度、関係する細胞の状況は変化している。実際にそれぞれの可能性が変化するのは、基本的にエンテレヒーの作用だとしても、可能な出来事を止めたり、開放したりすることは、どうして可能になるのだろう。

ここから何が結論づけられるのか?

われわれには、きわめて根本的な類の関係が見えている。

いま一度、ある系の「**要素的な構成物の多様性**」と「**分布の多様性**」との違いをみてみると、以下のことが言える。**エンテレヒーは、与えられた系の構成物そのものの多様性の総量を増やすことはできないが、分布の多様性の度合いを規則的に増大させることができる**。そしてそれは、最終的に、**可能性が均等に分配された系**を、**現実性が不均等に分配された系**へと変化させる。

いま、エンテレヒーの直接の効果と、同時に「分化 Differenzierung」概念の現実的な定義とが、最初は、ただ単に記載されるものとして現われている。しかし「分化」は、無機的な出来事の境界を超えている。

構成要素の多様性と分配の多様性との違いを、より正確に図式化してわかりやすくすることには価値があるだろう。調和等能系がn個の細胞からできているとし、そのおのおの細胞は

m個の（化学的）構成要素から形成されているとする。それぞれの細胞において、それぞれの要素は、それぞれ別のものに応答しうる。言葉を替えれば、それぞれの細胞では、要素の間の可能な対の化学的ポテンシャルもしくは親和性が存在する。それらは、与えられた「要素の構成多様性」のかぎりにおいて、エンテレヒーの停止作用によって、真の可能性となる状態が保持されている。ただしエンテレヒーは、現実に向かうと、それは問題の系における分配多様性の合計を増大すらさせる。**現実**において、それは、おのおのの細胞でその可能な反応を許す方向へと傾き、現実における反応はそれぞれの細胞の「可能態 prospektive Bedeutung」として決まっており、**それぞれの細胞を多様化させる**。それぞれの細胞の特殊性は、エンテレヒーによって規則的に決定される。このようにして**エンテレヒーは、所与のさまざまな要素と所与の可能な反応の「均一」な分布を、その効果によって「不均一な」分布へと変換する**。

その後、空間的な定型的秩序を支配するエンテレヒーについて、そのさまざまな種類のものを分析した結果、以下のような重要な結論がもたらされた。エンテレヒーをわれわれ自身にも適用し、行動の概念と結びつけたものとして、また、時間的秩序と関係するものとして、研究することである。

労働者とレンガの山があり、労働者がレンガで小さな家を作ったとする。他でもなく、以下のことは明白である。レンガから成る「系 System」は、ほぼ均一な分布状態から、多様性の程度の面で非常に創造性のある分布状態に移行したことになる。人はこう指摘するだろう、この状態は、それぞれのレンガに対する外的要因、すなわち労働者の運動作業がもたらしたものであると。この指摘はまったくもって正しい。しかし、労働者とレンガの山に、考察のために中間項の「系」を加えてみる。すると問題の性格は変化する。系の部分におけるいくつかの多様性は一定のままだが、労働者はその過程の初めから関わっており、終わりに近くなると、系全体で、その要素の分布に関して、多くで多様性の程度が高まっているのを、われわれは発見する。レンガの山は、分布の種類に関して多くの多様性を獲得しているが、**労働者の側は多様性に関して何も失っていない。**であるから、その系は、単純にそれ自身のうちにある要因によって、分布多様性の総量を高めている。調和等能系の研究もそれと同様であり、せめて分布多様性というこの結果については、しっかり押さえておこう。これに関して、形態形成においては、エンテレヒーの停止作用は、もっぱら体を構成する物質的要因にだけ及ぶのに対して、行動の場合は、脳の物質的要素に直接関係し、また脳と筋肉系を介して、一定の外部の物質にも影響を及ぼすという、違いがある。

　ただしこれらの違いは、ここでの主題ではない。

エンテレヒーの役割はその形式化において、エネルギー主法則とは矛盾しない、ただ、それにおける形式化としては存在する。

　一瞥すると、われわれのこの帰結は、エネルギー第二法則と、真に経験論的なエネルギー第三法則とに矛盾しているように見える。もし、他の多様性があらかじめ存在しないのに、多様性を生じさせことができるのだとすると、与えられた系の多様性の総量は、減らないどころか、エネルギー第三法則が要請するように、はっきりと付け加えられることになる。しかも、外からの作用は無い。これは、普通に理解すれば、第二法則にも第三法則にも矛盾しないという事態ではなくなり、なにかまったく別の事態になっている。そこでは、われわれが介入して要素の多様性の数を増やすのが許されるわけでもなく、また、強度の差異に関する多様性が増加することに言及しているわけでもない。われわれはただこう主張する。要素の分布の観点から、あるいは構造論（Tektonik）の観点から、多様性の増加が、その内に挿入されることである。しかしながらそこでは、エネルギーの主法則について、積極的な意味でも消極的な意味でもいっさい言及されることはない。これらの主法則は、もっぱらポテンシャルや強度の多様性に関係するものである。

ここから、非有機的な現象と生命の現象との間に矛盾はいっさい無い、と拡張するのは、誤りである。これらの矛盾は、本来のエネルギー第二法則とは無関係である。そうではなく、一般的な本体論的原理、すなわち非有機的な出来事においても形式化され得たであろう原理と関係している。実際、それは無機における一定の形態や、有機体では**別の形態**で実現化している原理である。しかしながら、物理や化学ではほとんど忘れられているものである。

これらの原理は、ごく一般的な形で、以下のように表わせる。

「現実の構成と、可能性の構成の双方とに関わる多様性について、一定の状態を保持している系が、自身の要素だけを介して不均一な状態に移行することは、不可能である。」

この原理において、「構成」と「要素」とをエネルギー論的に解釈し、それによって自ずと真のエネルギー第二法則をサブセットとして閉じ込める場合には、無機的な形態にのみ有効という制限を受ける。だがこの原理は、強度の多様性についてだけではなく、同じように、多様性に関する個々の種類についても、またその単純な空間的な秩序についても言及するものである。

エンテレヒーの作用はただ、無機の一般的な形態において、この原理と対立するのであり、ここでは無機的な出来事と生命的な出来事との間の法則として、存在する。有機的な系は、そのためのエネルギーを特別に獲得すること無しに、部分の多様性の程度を上昇させることができる。ここで、有機的な系の要因は、たんなるエネルギー的な要因ではない。エンテレヒーがその要因である。

しかしエンテレヒーの機能は、一般的な本体論的原理と矛盾するものではない

徹底的に一般化して見たとき、真の本体論的な形態は、生命的な事実によってこの原理が損なわれることはない。この原理が、まったく厳格な本体論的原理ではないとしても、これが明証性の原理（das Prinzip der Eindeutigkeit）を破っているようには見えない。明証性の原理は、以下のことを要請する。所与の残余に対して一片の関係のないものは起こらない。ある形式化された多様性の起原にとくに着目すると、この原理は以下のことを要請する。多様性に関して何かある種の増大が明確にあるとすれば、先在する（präexistierend）多様性に因るのであり、それはその増大に一致し、それに応じた存在である。言い換えれば、ある先在する詳細目録によって、顕現してくる多様な細目が存在可能になるのである、と。

われわれが分析した結論はこうである。生命的な出来事における多様性生成の一般的な本体論的原理は、この原理を無機的な形態に適用した場合は矛盾する、しかし、生命の出来事においてはエンテレヒーがある機能を果たす。エンテレヒーはたんに、ひとつの**内的多様性 (intensive Manningfaltigkeit)** であり、それは先在する多様性として、システムそれ自身の全体のうちに閉じ込められている。ここから以下が結論づけられる。ここでの全体的な説明では、明証性の原理についてはまったく言及しておらず、多様性の生成についての徹底した一般的な原理には、まったく矛盾はないことである。また、有機体の系において、多様性は先在する多様性を根拠にしてのみ生成し、外的な作用素は排除されている。それゆえに、有機体の系はエンテレヒーの支配を受けており、そこでは、未来に顕現するすべての可能な多様性は認知できない潜在的な形態で、ただしあくまで多様性として保持されている。要約すれば、分化は、言葉の本体論的な意味での「展開 Evolution」である。

空間的な真の因果性の形態の場合は当然、明証性の原理は適用されない。（訳終わり）

実は、ドリーシュの熱力学第二法則に関する考え方が、簡潔に表わされているのが、この論文の一九五頁にある注1である。これも訳出しておく。

註1　拙著『自然概念と自然判断』の第C3章で、私は、以下のように説明した。いわゆる

「エネルギー第二法則」は、論理的にまったく異質の構成要素から成り立っている。ひとつはア・プリオリなもの、もう一方は完全に経験論的なものである（差異原則と拡散原則）。「エネルギー第二法則」は、しばしばこう言われる。それは力学としての認識はできず、真の第二法則と、経験論的な第三法則が互いに相容れないまま、法則の形をなしている、と。しかし、私にはこう見える、真の第二法則（差異原則、出来事の法則）は単純な場合は力学的な様相を呈しており、要素がそれぞれの速度でそれぞれの方向に運動する物体の系では、その要素の速度はそれ自身では変えることはできない。一方、拡散原則、すなわちわれわれの言う第三原理は、ボルツマンによって、力学の域を越えてその可能性が拡大され、さまざまに運動する物体の系が均一な分布である場合、その不均一な分布は「可能性のうち」にあるとされた。（p.195）

多作であったドリーシュの著書のなかから、熱力学第二法則とエンテレヒーに関する文章を訳出するのはここまでにしよう。この問題で、ドリーシュの文章を長々と採録したのは、今もなお、熱力学第二法則と生命現象との関係に触れるのは危険なこと、と思い込んでいる「良心的な研究者」は、その不安の根源が何であるかを、はっきり知るべきだと思うからである。後の分子生物学の自然哲学の箇所でも触れるが、現在、科学的な良識と信じられている反生気論的感覚は、生気論に対する過剰な防衛と怯えの産物である。そしてそれは、生命に関する自由な認識と発想に対して有害な呪縛でしかないのだ。

ドリーシュの合目的性論

ドリーシュが生気論を論じる際の主題は、生物的自然には古典力学とは独立に、秩序供給に関わる自然的体系＝エンテレヒーが存在するのであり、このことが意味する世界の構造を語ることにある。しかし、秩序供給というその性格ゆえにエンテレヒー作用にはもう二つ、正統派の科学者が、ドリーシュを拒否する理由が、ここに重ねられてしまう。「目的論」と「全体論」である。繰り返すが、ドリーシュにとっては何と言っても、秩序供給についての体系を論証することが主題であり、合目的性や全体性は、生命現象を語る際に必然的にともなう付帯的な概念でしかない。ドリーシュの文脈のなかでの、合目的性と全体性をやや強引に要約してみると、合目的性とは、生命現象に秩序を供給するエンテレヒー作用のあり方として現われるものである。他方で、エンテレヒーが秩序供給因子である以上、必然的に、場という全体を統御する作用素であることになる。この作用のあり方を、彼は拡大された因果則のひとつとし、「全機性 Gamzheitsbezogenheit」と呼ぶのである。

合目的性については、もう少し説明が必要であろう。考えてみると実は、調和等能系という概念には時間に関する因子がない。かりに、初期胚が二つに分離されたとすると、これを起点に、それを構成していた要素は、すべて新しい配置へ組み換えを起こさなくてはならない。しかし、ドリーシュの考えでは、秩序とは系を構成する要素の配列のことである。発生過程においては、繰り返しかつ正確に、次に来るべき秩序が供給されるが、これがエンテレヒーの作用である。つまりエンテレヒーは固定した秩序ではなく、時間の進行に沿って、あらかじめどこかに記憶・保管されていた秩序を供給する因子である。かりに、こうして供給された秩序配列が合目的的であるとすれば、それは人間の側がそう判断するのであり、当然それは、人間が作った機械が合目的的である事態と様相は似てくる。ドリーシュは、機械の固定的な合目的性を「静的目的論」と呼び、発生過程のように、近未来が規則的に決まっているような場合もまた、合目的的なものとし、これを「動的目的論」と呼んで厳しく区別する。この区別は、無機的現象と生命現象との線引きに該当し、時間軸に沿って合目的性を帯びた秩序が発生するありさまを、生命の自律性（Autonomie）とも表現する。

ドリーシュが、目的論についてまとまって述べたものは少ないが、『生気論の歴史 *Geschichte des Vitalismus*』(1905) の「批判的前書き」がそれである。逆に言えば、ドリーシュの体系にとって目的論は中心的課題ではなかったのである。以下にその全文を訳出する。

批判的前書き 合目的性の種類 Kritische Verbemerkung: Die Arten des Zweckmäßigen

「生気論 Vitalismus」の課題は、生命の過程に「合目的的 zweckmäßig」という形容詞が値するか、という問題ではない。そうではなくて問題はこうである。合目的性、より正確には**全体関係性**（**Gansheitsbezogene**）は、無機科学にとって**既知の要素**の特殊な**構成**（**Konstellation von Faktoren**）が対応したものなのか、それとも、**特殊な法則性**（**Eigengesetzlichkeit**）の結果なのか、という点にある。というのも、生命現象においては、これに関係したたくさんの合目的性や全体性（Ganzheit）があることは、これらの概念の定義やこの概念を生命体に適用することに依拠するというのが、本当のところであるからである。

日常生活における会話では、合目的性を、経験的に見て、ある一定の意図された目標に対して、直接的にしろ間接的にしろ、寄与する行動を、少なくとも、そういったものが推定される行動を指す時に用いる。後者の「試行」のような場合、あれやこれやの行動が合目的的であったかどうかは、同一の状態下における未来に対して、それが初めから合目的的な行動によってもたらされたものかどうか、目的の達成度によって厳格に読みとることができる。

私はすべての合目的性を、私自身の立場から判断する。それはこうも言える。私自身、私の行動が予見可能な合目的性をもつ場合がわかる、なぜなら私は私の目標を知っているからである。私はここから出発する。他の人間の行動についても同じ言葉遣いをする。私がその目標を「理解」できる時とはすなわち、もし私がその目標を私自身のものと考えることができ、その目標に照らして合目的的と判断できるときである。

ここで私は、合目的的という言葉を適用するのを、他の人間の行動だけには限定しない。私はすでに日々の生活のなかで、これを二つの方向に拡張している。この拡張によって、一方では、生物学一般に対して合目的性（zweckmäßig）という言葉を適用し、また他方で、生物学の基本問題についても適用する。

私は、合目的性を、非常に多くの動物の運動に、そして次にそれが、実際に行動と呼びうる一群の高等動物のそれに対してだけではなく、本能や反射などその固定性から普通は行動とは言わないものや、それと同等のものにまでに広げる。ここから、植物の走光性や背光性の運動まではほんの一歩であり、さらに、胚から定まった過程を経て動物や植物の完全な個体が形成される成長運動までをも、「合目的的 zweckmäßig」と呼ぶのも、もうほんの一歩である。

こうして最終的には、生命現象におけるすべての出来事を、何らかの意味で「目的 Ziel」をもった、ある一点に向かっている**構成された全体**と見なすことができるから、それを「合目的性」という**純粋に記述的な**概念の下に置くことができる。このことは、ある事象を合目的性と表現するのに、何らかの恣意性が不可避であるように一般的には解釈される。というのも、ここからは比喩によってのみ進みうるからである。しかしそうだとしても、この恣意性は大した影響はもたらさない。なぜなら、いったんそう表現された後は、それによって**一定のある方向性を指し示す**だけであり、それ以上のものではないからである。

われわれはこう論じてきた。ある過程を合目的的と表現するには、ある目標が、客観的な表現をとれば全体終局（Endganzes）が、考えられなくてはならない。ここから合目的性の概念は、さまざまな種類のたくさんの過程に拡張される。しかし他方で、この拡張は有機的なものに**限られる**、最小限のいわゆる自然物が考慮の対象に入ってくる。そして、多かれ少なかれ、目標の思考可能性に依拠することにともなうここでの恣意性は、有機体の場合にのみ働くことになる。このことは、本質的にこう根拠づけられる。ここで言う合目的性とは、ある出来事の真の目的との概念関係において、定型的に構成された全体として秩序づけられた存在としてであり、実際には任意に多くの場合におけるその振る舞いや具体例がそれである。それらは、結局、イデー的で無限に大きい**多数性**（Mehrmaligkeit）として存在する。そして第二に、その**定型的な**多数性は、有機的な自然物において、かつそれにおいてのみ満たされる、と仮定することになる。

　こうして、非常に多くの生物の過程が、比喩的に「合目的的 zweckmäßig」と記述的に表現されることになる。

　だがわれわれは、一定の非生物で、狭義の自然物には決して属さないものも合目的的な過程と記載する。――「自然」とは対立する物だが、それが理解可能なかたちで読みとれるもの――すなわち、**人間が作った人工物、機械の過程である**。ここにまた、合目的性概念の第二の拡張があり、生物学の根本的な諸問題が展開をはじめる出発点がある。

　私は「機械類 Maschinen」を**もの**（Dinge）と見なし、「合目的的」とは表現しない。この言葉は、**過程**を記述的でアナロジー的に表現するためのものとして、とっておくべきである。しかし、機械のすべての**個々**の振る舞いは、「合目的的」である。

　機械は全体として「実用的 praktisch」と表現できる。それは、言ってみれば、人間の目的論的な行為の産物である。それは過程**のため**の行為に由来するものであり、他の人工物、たとえば芸術作品とは区別される。

　このように、人間によって作られた無機的なものも、合目的的という表現が値する過程があることが確認された。ただしこの場合、個々の合目的性は、その機械の特殊な部分の特殊な秩序に依存するものであり、この秩序によって与えられていることは明らかである。言い替えれば、機械における個々の過程は、それが一つの高次で特殊な全体のうちの一部分として作用する**かぎりにおいてのみ**、合目的的なのであり、それは与えられた全体の構造もしくは構成のおかげなのである。

われわれの考察は、その視野のかぎりにおいて、生物学の基本問題と呼ばれる問題に到達した。いまやわれわれの心には、次のような原理的な問題が執拗に湧きあがってくる。すなわち、**合目的性と表される有機体の過程は、言葉のもっとも広い意味での「機械装置 Machinerie」としての、人間が作成した機械の過程が合目的的であるという意味の根拠だけの、ただその構成や構造によるものであるのか、それとも、有機体生命の領域には別の種類の合目的性が存在するのか？**

これまでは単に外見的なアナロジーとして表現してきたが、いまや最終的な**現象の合法則性**として決定づけられるものと見なされることになる。

この点は何度も繰り返すわけにはいかないので、ここで述べておくが、合目的性についての単なる指摘、つまり単なる「目的論 Teleologie」は一般的な述語として、ただ表現するためだけに導入する。**記述目的論的（deskriptiv-teleologisch）**という言葉は、この本全体を通して、たんに合目的的な存在をはっきり表現するためだけに用いられる。だが記述目的論は、生物に特有の次のような**最重要の問題を未解決**のままに残している。すなわち、生命の過程が「目的論的」と判断されるのは、単にその与えられた秩序のおかげなのか、つまり、各々は純粋に物理的もしくは化学的な過程でしかなく、基礎として与えられた機械としてあるからにすぎないのか、それとも、生命の過程は回答不能の特別な法則性のために「合目的的」であるのだろうか、という問題である。

この対立をはっきりさせ、単なる記述目的論とは区別するために、今後は、**静的目的論（statische Teleologie）**と**動的目的論（dynamische Teleologie）**という言葉を用いることにする。そしてまたこれを、予示的（vorgebildeter）合目的性と非予示的合目的性、もしくは全機性（Gamzheitsbezogenheit）と呼ぶ場合もでてくるであろう。

静的目的論は、**「有機体機械説 Maschinentheorie der Organismen」**をとる。これによると、生命現象やその秩序は、他のいたるところに存在する現象の合法則性や、一般的な世界秩序の、特殊な場合であるに過ぎない。その集合体の各々すべての要素は、世界の要素から成り立っており、それらの過程はまとまって結果的に「生命」となっている。この見解に従えば、生命とは単なる組合わせであり、何か特殊な法則性によるものではない。ただし、静的目的論をもってしては、ではこの一定の秩序が**どこから**くるのか、という疑問には答えられない。たとえ現象としての合目的性の種類が、双方とも静的目的論のそれに酷似しているように見えようとも、われわれがその由来を知っている技術機械とは、生命機械がどうしても、どこか違うように思えるのは、まさにこの事情ゆえである。

動的目的論はよく言われているように、**「生気論 Vitalismus」**の立場をとる。この立場は、**「生命過程の自律性 Autonomie der Lebensvorgänge」**の認識に向かう。

生命について、どちらの見解が正しく、どちらが間違っているのか？なるべく早い機会に、この問題に対して解答を与え、それを提示すること、それが本書の目的であり、この序文の目的はその説明のための準備である。

この序文の結論である、静的目的論と動的目的論とが論理的に与えられているという認識は、ちょうどわれわれがある試薬（Reagens）を手中にしていることを意味する。この方法を用いることで、歴史の中に現われるそれぞれの学説や体系の意味を吟味することができるし、さらには、著者自身は、記述、静的、動的目的論という概念については全然明らかにはしていない、多くの場合においても、それを問うことができる。

この論理的な序論は、歴史的な分析を容易にし、その結果として全体がうまく理解できるようにするために書いたものである。だから、これはあくまで暫定的なものであり、「合目的性」についての、われわれの最終的見解を意味するものではない。

そこで、古典的生気論の発展についての考察に目を向けると、ここでは、**学説の特徴**については言葉を費やしている半面、個人的な要因については、明らかにあまり考察を加えていない。その結果として、狭い意味での歴史の完全性には重きを置かず、その代わりに、題材の適切さの方に重点を置くことにした。

力学や熱理論の歴史書でよく見られるように、単に歴史としてではなく、同時に論理的な発展の過程としての説明になっていないように見えたとすれば、その責は、未来ある分野の問題がはらむ客観的な特殊事情を見抜けない心の貧しい人たちの側にある。力学はその法則自体が問題になることはほとんどなく、その大部分はアプリオリに「自明な」学問であり、このことは、物理学の大部分、熱力学についても同様である。そこでの新発見は、ある程度はおのずと明確な形になっていくものであり、基本となる法則があるために、偶然がわずかでも介入することはほとんどないし、それは歴史的な発展の場においても同様と考えられる。これに対して生物学の発展過程では、高い割合で狭義の「発見」に依拠しており、それゆえにもし歴史がこういったものを取り揃えていないとするなら、このことは発展過程の真の論理的な面を隠蔽する作用をもたらすことになる。

（p.1-7、訳終わり）

孤高の自然哲学者

『生気論史』を書いた翌年の一九〇六年に、ドリーシュは、スコットランドのアバディーン大学で「ギュフォード・レクチャー」の講師となることが決まった。ギュフォード・レクチャーは、ギュフォード卿が寄贈した基金によって、イギリスの大学で自然神学の基礎を講義することを目的としたもので、十九世紀末から一九五六年までの間、開講されてきた。この基金が自然神学の基礎とみなす範囲はたいへん広くとられており、この時代の自然哲学、もしくは「科学的世界観」を明確化する知的運動の一つとして、小さくない影響を与えてきた。たとえば本書で触れる、エディントン卿の『物理学的世界の自然 *The Nature of the Physical World*』(1928) は、エディンバラ大学で行なったギュフォード・レクチャーであり、W・ハイゼンベルクの『物理学と哲学——現代科学の革命 *Physics and Philosophy —— The Revolution in Modern Science*』(1958、邦訳は『現代物理学の思想』)は、セント・アンドリュース大学で行なった、ギュフォード・レクチャーの講義録である。

ドリーシュは、一九〇七年末〜〇八年春の間にドイツ語で講義をし、その英訳集成版『有機体の科学と哲学 *The Science and Philosophy of the Organism*』と、ドイツ語版『有機体の哲学 *Philosophie des Organischen*』(ともに全二巻)が一九〇九年に出版された。そして、これは出版としても、大成功を収めた。その主要部分は『時間と生命』に訳出しておいた(一八三～二五四頁)。この連続講義を機にドリーシュは、哲学者へと転向する。

ところで、ドリーシュと同世代で親友の一人(ナポリ臨海研究所で数ヶ月間、ともに研究をした)が、T・H・モーガン(Thomas Hunt Morgan: 1866～1945)である。『有機体の科学と哲学』が出版されると、モーガンはただちに、その書評を科学論の専門誌『*The Journal of Philosophy, Psychology and Scientific Methods*』に寄せた(Vol.6, p.101-105, 1909)。彼はこの翌年から、ショウジョウバエを用いた画期的な遺伝研究を始め、一九三三年に昆虫を研究対象とした生物学者としては初めて、ノーベル医学・生理学賞を受賞する。当然のことながら、エンテレヒーを批判はするが、心のこもった彼の書評の一部を訳出しておく。

……エンテレヒーを物質的基盤とは別のなにものかであり、物質的な基盤をコントロールするものとして扱おうとする試みは、危険なほど神秘主義に近づくものである。この一連の議論から、明確な事実が浮かび上がってくる。すなわち、ナイフで卵をふたつに切るとエンテレヒーも分割され、これによってまったく新たに全エンテレヒーが生じるのである。このことは、かくも単純な方法で、エンテレヒーが軽々と分割できることを意味しているようにみえるが、それはまた、結果的に物質と同様、エンテレヒーもそこに含まれているのだと単純化しうるのではないか、こういう疑いが生じてくる。

(p.104)

……発生における未知の要因に関して、ドリーシュの見解に同意するにしろ、しないにしろ、再生現象に関する難しい考え方に対して、彼が提出する解釈の試みは、最高度の意味をもっているといると思われる。より困難な道を選ぶのであれば、少なくともわれわれは、さらなる研究と思索に対して門戸を開けているつもりである。

ここでは、ドリーシュの著作のなかで、たいへん興味深い部分を選び出して論評した。しかしこの本は、ここで論じた主要なテーマに関連して、他の多くの領域に言及している。たとえば、遺伝、進化、適応、ラマルク主義、歴史の論理などの問題に関して、独創的で独自の考え方が含まれている。これらの問題の扱い方に、刺激的で示唆に富むものを感じるはずである。続く巻では、ここで論じられた課題をより高い抽象度で論じると約束しており、興味をもって待つこととしよう。(p.105)

ドリーシュは、一九〇九年にハイデルベルク大学の自然科学数学科の私講師となり、一九一一年に助教授に昇進して翌年に哲学科へ転じた。一九二〇年にケルン大学哲学科教授となり（五三歳）、一九二一年にライプチヒ大学教授に迎えられると、一九三三年十月一日付でナチスの圧力で職を辞すまでここに留まった。ライプチヒ大学に移る際、その教授選考で候補にあがったのは、カッシラー、バウホ、フォン・アステル、ジャスペルス、オンケン、ヘニングスワルド、フッサール、シェーラー、カイザーリンクというそうそうたる哲学者ばかりで、大学人事委員会は紛糾した(R.Mocek: *Wilhelm Roux — Hans Driesch*, 1974、p.129)。

ドリーシュの講義は異様なほど人気があった。自身の弁によると、聴講者が二五〇人を下ったことは一度もなく、もっとも多かった一九二八年〜二九年の学期には、七〇〇人に達した（Driesch: *Lebenseinnerungen*、1951,p197）。ドリーシュは、二十世紀前半の哲学界でも重要な地位を占め、マックス・ウェーバーやフッサールなどと親交があったが、これらについての研究はまだない。

哲学の専門誌では生気論の特集が組まれ（たとえば、*Philosophical Review*, Vol.27, No.6, 1918）、生物学内部においても、この領域での使用概念を精力的に分析したJ・H・ウジャー（Joseph Henry Woodger: 1894〜1981）の名著、『生物学原理 Biological Princeples』（1929）では、機械論vs生気論について五〇頁以上が割かれている。

ドリーシュは『生気論史』の「新生気論」の章で、ベルクソン（Henri-Louis Bergson: 1859〜1941）に言及しているため、両者は同次元の思想家と考えられることが多い。しかし、ベルクソンが純粋に思索する人間であったのに対して、ドリーシュは発生実験の結果から抽出した概念に立脚して、世界の構造にまでその哲学的考察を拡大した、広義の自然哲学を主として扱う、二〇世紀前半を代表する知識人であった。第一級の自然哲学者として、物理学の展開にも関心を払っており、ドリーシュは、『相対性理論と世界観 *Relativitätstheorie und Weltanschauung*』（1930）でアインシュタインの相対論についても論じた。ただしこれは、自身の世界構造の了解から、一般相対論で使用されているリーマン幾何学についての自然哲学上の意味を論じたものであり、ほとんど注目されなかった。

秩序一元論ゆえの反ナチズム

ドリーシュに対する最大の誤解のひとつが、彼は全体論を主張したがゆえに、政治的な全体主義者であり、ナチスの協力者であったはず、という憶断である。この問題を初めて扱ったのが、R・モッケ（Reinhard Mocek）の『ウイルヘルム・ルー、ハンス・ドリーシュ *Wilhelm Roux / Hans Driesch*』（1974）である。これは、冷戦時代の東ドイツで、マルクス主義哲学の立場から書かれた、ルーとドリーシュに関する研究書で、充実した内容のものである。その一部を要約すると、ドリーシュが考える秩序一元論に従えば、倫理は個体を超えて顕現する秩序であり、この立場からは、戦争、ナショナリズム、人種主義、反ユダヤ主義、植民地主義などは、反秩序として排除されるべきものとなる。一九二六年にハノーバー工科大学の哲学教授、セオドル・レッシングが反ユダヤ主義に反対したかどで、ナチス大学生同盟に追求される、いわゆる「レッシング事件」が起こると、ドリーシュはただちに、レッシング支持の態度を明確にした。一九三三年にヒトラー政権が成立すると、定年を待たず、大学教授職を辞すことを強要された。これはナチスの、非ユダヤ人の研究者に対する最初の粛清であり、以降ドリーシュは、旅行と講演で政府の許可が必要となった。

またナチスが、あるタイプの生物学と心理学を全体主義理論に組み込んでいった過程を分析した、A・ハリントン（Anne Harrington）の『再魔術化された科学 *Reenchanted Science*』（1996）は、興味深い事実を掘り起こしている。十九世紀末の機械論的（力学的）世界観に対してドイツ語圏では反動が生じ、新しい「生命と心の科学」が歓迎された。これがワイマール期に民族主義的な社会運動に形を変え、ナチス政権の成立を機に、反唯物論的・反西欧的・反ユダヤ的な要素とともに、全体主義イデオロギーへ統合されていった。ハリソンの本では、これら反機械論的な新興の「生命と心の科学」の例として、ドリーシュの発生学とユクスキュルの『国家生物学 Staatsbiologie』（1920）がとりあげられ、ナチスとの関係が追跡研究されている。ユクスキュルは、ゲルマン民族の優位を論じた、H・S・チェンバリン（Houston Stewart Chamberlain: 1855~1927）と親交があり、また機械文明を人間性への脅威と論じ、ナチスの西欧批判と呼応する部分が多かったが、直接ナチスには関与しなかった。ナチス政権成立直後に、ユクスキュルはナチス幹部の前で講演する機会を与えられたが、国家はひとつの有機体であるが、全体に対する部分の従属性はさまざまであると表現して、大学の自治を主張したため、講演は中断させられた（Harrington, p.71）。

一方、ドリーシュの生物学と哲学は、ナチスの政治イデオロギーにとっては格好の、ドイツ独自の理論であったが、ドリーシュはこれをことごとく拒否した。ハリントンの研究書を訳出してみる。

かつて生気論を拒否した者も、「ドイツ全体論」の新時代の産婆役として、ドリーシュを賞賛した。たとえば、アドルフ・メイヤー＝アビヒは、ナチズムに対する全体論的生物学の意味の重要性を強く主張した研究者であり、一九三五年に「全体主義はドリーシュの生気論の肩の上に立っている」と言明した。またアーサー・ノイベルクは、「現在の世界原理」というナチ的な評論のなかでドリーシュを強調するだけでなく、政治的意味あいを込めてこう述べた。「ドリーシュとシュペーマンの勝利は、すべてはあらゆるものに変わり、全体は部分が担わなければならない機能を決定することを確信させる。」（中略）これらすべては、ナチズムにとって、ドリーシュの提出した有名な概念が、見過ごすことはできない格好の性質のものであることに由来していた。

だがドリーシュは他の知識人と違って、その諸著作に政治的関心が向けられると、言葉によって直接、ナチス体制への明確な拒絶を表明した。ドリーシュは、全体論や生気論の言葉を、ファシズムのイデオロギーではなく、平和主義的・民主主義的・ヒューマニズムの政治に結びつけようとした。あらゆる形の超国家主義や国家主義的カルトに対する、彼のコスモポリタンとしてのはっきりした拒絶姿勢は、何十年来の筋金入りのものであった。彼は、汎欧州同盟と平和的人権同盟のドイツの一員であり、そのハイデルベルク支部の創始者の一人でもあった。

(Harrington, p.190)

そもそもドリーシュの「全機性」と政治的な全体主義とは、出会うはずのない次元のものであった。実際、ドリーシュは「全体主義批判にむけて Zur Kritik des „Holismus"」(*Acta biotheoretica*, Vol.1, 1936, p.185-202) という論文を書いて、秩序一元論の理想から、スマッツ (Jan Christiaan Smuts: 1870～1950) とメイヤー (Adolf Meyer-Abich: 1893～1971) の全体論を批判している。ドリーシュの思想を流用してナチスに協力した発生学者、B・デュルケン (Bernhard Dürken: 1881～1994) や、ナチスと妥協したM・ハイデッガー (Martin Heidegger: 1889～1976) や、A・ゲーレン (Arnold Gehlen: 1904～1976) などのドイツの知識人とは異なり、ドリーシュは、現在から見ても政治的にいっさい瑕疵のない人生を送ったのである。

論理実証主義との論争

どんな学説であれ、時間の経過とともに陳腐化する部分があるのは避けられない。また哲学思想の消長はごく普通の歴史的な現象である。しかしそれにしても、ドリーシュの諸著作が系統的に黙殺され、これほどまでに嫌悪の対象となる理由はどこにあるのか、その理由はいまはまだよくわからない。ただし原因のひとつが、一九二九年から組織的な活動を始めた、論理実証主義にあったことははっきりしている。

論理実証主義が、その活動目的として、ドリーシュ型の立論を根本から批判しようとする視程をもつものであったことは、『時間と生命』に書いておいた（第八章）。論理実証主義の運動が始まってすぐ、ドリーシュ思想を批判する論文がいくつか発表された。そのなかで、もっとも核心に迫る批判を行なったのが、新世代の研究者、ベルタランフィ（Ludwig von Bertalanffy: 1901～1972）であった。彼は、「生命問題に至る道としての形態形成の事実と理論」『*Erkenntnis*』第一巻（1930/31）という論文のなかでこう述べている。『時間と生命』に訳出した部分を再掲する。

最近、ドリーシュが考え出した説を検討してみると、われわれは、エンテレヒーが不自然であるばかりか、正しいものではないという結論に達する。ドリーシュはこう主張する。「任意にとりだされ、生命の全体性を攪乱された細胞には〝総合化全体性 summenhafte Gesamtheit〟があり、このような現象は、エンテレヒーの発現とすることでのみ、解釈することができる。」しかし、このような前提は維持しえない。実験的に分離されたり、移動させられた調節能力のある胚は、統合化全体性を持たないし、細胞による「統合化する集合体 summerhaftes Beieinander」でもなく、ひとつの統一的なシステムでしかない。細胞の統合化全体性として現われるのではないし、胚細胞が「任意に」移動させられたことで、正常な有機体で多様性の増大が引き起こされるわけでもない。われわれがよく知っているように、分離や移動の後で、システムの初源的な状態が修復されるだけなのである。正常なかたちの修復は、それが可能な場合、疑問だらけのエンテレヒーが、押しつけられたり、分割されたり、融合されて、それが胚で生じるのではない。なぜなら、調節は、細胞における統合化全体性によって可能になるのではないからである。彼の言う、物質的構造の外部から現われる非空間的な生成決定者という推論は無効である。

生気論に反対する根本的な考え方は、本質的に、機械説（Machinentheorie）のような総合的な思考様式で十分である。ドリーシュによると、発生を基本的に特徴づける「分離線」が走っている。それによると、胚細胞は「統合化する集合体」とは互いには依存していない。そこでは、厳格に自己分化する部分に加えてエンテレヒーがあり、エンテレヒーは、ほんらい器官Aにあった細胞が実験的に移された後、器官Bを産み出すよう、自立した発生過程を運転するのである。しかし、実際にわれわれは、まったく別の思考様式を採るべきである。調節能力のある胚全体は、統一的な発生システムと考えるべきである。なぜなら、発生現象は細胞だけから成るのではなく、胚全体の細胞の内にあふれ波立つ、統一的な流れであり、これによって、分離された後に初源的な状態を回復し、定型的な発生を続けることができる。

この関係については、また別の表現も可能である。最近の評論で、ドリーシュはこう述べている。「有機体は、その存在のそれぞれの瞬間において、物質面では化学的に配列された機械であると特徴づけることもできるが、他方で、機械の使用者でもある。こんなことはありえない。」この表現から、生気論は機械説を本質的に克服してはおらず、補助的な仮説としてエンテレヒーを機械の使用者として導入している、と言うことができる。哲学面からは、クリストマンが同様にこう強調している。ドリーシュの「全体原因性 Gansheitskausalität」は本質的に「統一化原因性」の一形態にすぎず、それ自身は全体性を生み出す特殊な原因を提示するものである。機械説は、生気論と同様、有機体を原子論的な部分単位と単位過程に分解してしまうが、両者の違いは単に、生気論が超越論的な方向性の原理を導入する点である。これに対して、試みられるべき思考方法は、われわれの研究過程をつねに明確に見つめることである。

（p.367-369、訳終わり）

ベルタランフィのこの主張は、一九二八年に著した『形態形成の批判的理論 *Kritische Theorie der Formbildung*』のなかで展開された、ドリーシュ批判に対応したものである。この本は、一九三三年にウッジャーが『*Modern theories of Development*』として英訳した。ベルタランフィは、「エンテレヒー抜きのドリーシュ」という思想的立場を貫き、第二次大戦後は、一般システム論の主導者として活躍した。

論理実証学派のなかでのドリーシュ批判の決定打とされることがあるのが、P・フランク（Philipp

Frank: 1884~1966）著『因果則とその限界 *Das Kausalgesetz und seine Grenzen*』（1932）である。ただしこの本は、因果原理一般を扱ったもので、ドリーシュに対する批判は本題ではなかった。その全文は『時間と生命』の二七八～二八四頁に訳出しておいた。フランクはここで、エンテレヒーの、物質でもなく、エネルギーでもなく、力でもない、という否定的性格は実証的な記載という基準に合致しないこと、そして、ドリーシュの体系はスピリティズムでありアニミズムに移行するものであること、生気論は科学理論ではないこと、を列挙してドリーシュの思想を却下している。しかしこの程度の理由づけで、その後のドリーシュに対する激しい嫌悪が説明されるとは思えない。フランクの議論のひとつの鍵は、ベルクソンは科学ではなく哲学思想であるとして、攻撃の対象からははずしていることである。こうしておいて、機械論vs生気論という対立は科学内には存在せず、哲学領域の課題だとして、結果として、ドリーシュの非科学性を力説する形になっている。

実はこの論理は、論理実証主義の活動方針にまでさかのぼるものである。その出発点となった「マッハ協会 Verein „Ernst Mach"」（一九二九年にウィーンで発足。「ウィーン学団 Wienna Circle」とも呼ばれる）の設立趣意書には、この集団の運動目標は「物理学的基礎の上に統一的科学を構築することをめざし、一切の形而上学を拒否する」ことと明記してある（*Erkenntnis*, Vol.1 ,p.74, 1931）。この運動方針はあたかも、生命現象からの抽象化を根拠にエンテレヒーという自然因子を提唱し、この存在を論証するためにメタフィジック（形而上学）へと進んだドリーシュの思想を全否定する意図の上にあるとすら思えるほど、反ドリーシュ色を持つものであった。ただし論理実証主義のメンバーは、ドリーシュを議論をする上での対抗者として遇し、ドリーシュもこれに応じたから、人間関係は決して悪くはなかった。

だが外部からみると、一九三四年にプラハで開かれた国際哲学会議で、R・カルナップ（Rudolf Carnap: 1891～1970）とH・ライヘンバハ（Hans Reichenbach: 1891～1953）とが、ドリーシュと論争した様子が、カルナップ著『物理学の哲学的基礎 *Philosophical Foundations of Physics*』（1966）の冒頭に記されており、第二次世界大戦後に科学哲学の主流になったシカゴ学派が論理実証主義の直系であったため、カルナップの目を通したドリーシュ像が多くの人に印象づけられる結果になった。ナチス政権の下で自由な活動が認められず、事実上、国際的な場に出た唯一の機会がこれであったことも、ドリーシュにとっては不幸なことであった。

ドリーシュの脱神秘化を

もともと科学哲学は、それほど影響力のある研究分野ではない。論理実証主義の影響があったのは確実であるが、ドリーシュに対する、その後の異常な憎悪が、この学派の活動だけで形成されたとはとても考えられない。今日、ドリーシュが徹頭徹尾、拒否される原因の一つは、第二次世界大戦の帰趨そのものにあったと考えざるをえない。六〇〇万人のユダヤ人を秘密政策によって殺害した凄惨なナチ体験を体験した戦後精神は、少しでもナチズムを連想させるものはすべて、危険で邪悪なものとして徹底排除する態度がその核を占めることになった。加えて、ドリーシュに対する政治的な誤解から、悪意とも思えるドリーシュ像が捏造され、これが広まった。第二次大戦後、ドリーシュの著作物すべては非科学的迷妄の産物と裁断され、破産財となった。ドリーシュが一九四一年に死去したこともあり、戦後は彼を弁護する人間は一人も現われないまま、戦後科学啓蒙運動と科学哲学は、ドリーシュの死体に繰り返し鞭を振り下ろしたのである。「啓蒙という残虐」である。

ドリーシュが抱いた世界了解の形は、「見立て違い」であった。彼の構想した哲学的目標そのものも、ドイツ哲学の伝統を継承する「古風」な型のものであった。しかし、先人の知的成果を精査し、これを乗り越えようとする姿勢は、ドイツの誇るべき知的伝統、Kritik であった。事実、ドイツの哲学界は、ドリーシュを独創的な哲学者として評価したのである。論理実証主義派とドリーシュとの論争は、思想史のなかではごく普通にある対立であった。だが、生物学の領域では第二次大戦後になると、ドリーシュの名は完全に黙殺され、ドリーシュの否定が科学者としてとるべき態度とする価値判断が共有されるようになった。戦後の生物学が帯びている、「ドリーシュの否定」という明示されることのない特徴を三つあげてみると、理論的考察の回避、機械論の徹底、目的論の拒否、に集約される。

その第一が、生命現象に関する理論的考察からは距離を置き、これと出会うのを回避しようとする態度である。ドリーシュは、『自然概念と自然判断』の序文にあるように、自らの探求のあり方は理論的生物学だ、と考えていた。だが第二次大戦後の生物学界では、生物学者がこのような考察を試みることは、空疎な観念論に耽ることであり、非科学的な形而上学へ転落する第一歩であるとする考え方が研究者の間に充満するようになった。ただし日本では、マルクス主義の影響下にあった生物学者が、方法論的考察を理論生物学と呼んでいた。ほとんどの生物学者は「生気論者！」というレッテルを貼られるかもしれない恐怖に怯えて、実験に忙殺されている風を決め込み、実験と観察に専心する実証主義の堅い殻の内に閉じこもるようになったのである。ここでの「実証」主義とは、仮説や理論についての考察に従事することを極少にし、実験データに至上の価値を認める態度である。逆に、この時期の生命に関する理論的考察は、数学的意匠を凝らすようになり、数学的な装いに成功した場合だけが、生物学の業績として例外的に認められたのである。

第二は、物理・化学的説明への傾斜である。第二章で述べたように、伝統的にはこの思想は機械論（Mechanismus）である。戦後の一時期、マルクス主義からの機械論批判はあったが、機械論が唯一の生命に対する科学的解釈とする態度が広く受け容れられた。その上に、一九五〇年代末～六〇年代の分子生物学の大成功があり、これを機械論の勝利とみなす見解が現われたが、この解釈に含まれる自然哲学的な問題については、第六章で扱うことにする。

ともかく、ドリーシュが『自然概念と自然判断』で提示した、生命現象と熱力学第二法則との調停困難という問題を、いまだに生命科学の教科書がその冒頭で否定し続けている事実こそ、現在の生命科学が、十九世紀型の機械論の延長線上に立っていることを示す動かぬ証拠である。これは十九世紀精神の残滓なのだ。

第三は、目的論の排除である。生物学において「因果論vs目的論」という対立図式を立て、前者こそが科学的な説明として定位したのも、主としてヘッケルと考えてよい。ドリーシュにとって、本章で述べたように、目的論は哲学的主題ではなく、生命現象の特性を考える際の出発点にある、それが帯びる特徴であった。第二次大戦後の科学啓蒙の思想は、当然、目的論排除の姿勢をとったが、他方で、大戦中にオペレーション・リサーチに従事した研究者たちが、戦後に情報理論を展開し、合目的性を正当な研究対象とすることを主張した。この点についても『時間と生命』で触れておいた（三〇一～三〇九頁）。

見てきたように、ドリーシュの世界構造に対する「見立て」は妥当なものではなかった。しかし、彼が自然科学の領域で主張したことの数々は、基本的に、現在の眼で再解釈が可能なものばかりであり、危険な要素など何もない。ドリーシュ的なるものをすべて解体し排除しなくては生物学は危うい、という第二次大戦後に科学者が抱いた危機感の根拠は消え失せている。生気論＝非科学という反射反応は、枯れ尾花に身構えることと同じであった。そもそも啓蒙にはどこかいかがわしさをともなうものである。二十世紀の科学哲学はどこかで、ドリーシュ批判のし方を間違えたのであり、ドリーシュの諸著作の周囲に漂う神秘性を脱色し、不必要で過剰な警戒を解くときである。

第四章　ダーウィンは合目的性を説明したか
——自然選択説＝エーテル論

二十世紀初頭における生物学と進化論

十九世紀の生物学は「大因果論化」という著しい思潮の波をかぶった果てに、因果分析の手段としての実験導入という哲学の獲得へと向った。この哲学的視点への到達は、記述形態学から因果論的形態学というヘッケルが展開した生物界の進化論的統合を一度経た後に、ここから個体発生の因果論を抽出・濾過するというルーの苦闘の産物であった。十九世紀末に獲得されたこの思想的変換が、次第に生物学全域に浸透してゆき、現在の生命科学という「堅い実験科学」の形へ至るのである。ここで言う「堅い実験科学」とは、生物学から自然哲学が追放され、同時に、実験遂行に合致した生命観が制度と化し、実験データの産出にのみ価値を認める状況が固定されることを意味する。またこの思想的変貌は、生物学研究の中心が、ドイツを核とするヨーロッパから、アメリカへゆっくり移行する事態に対応している。二十世紀初頭から第二次世界大戦後の、ほぼ半世紀の間に進行した生物学のこの変貌を、「ドイツ語生物学から英語生物学への移行」、もしくは「ドイツ語圏生物学からアメリカ生物学へ」と表現することにする。

では百年前のドイツ生物学者は、生物学の達成状況をどのように評価していたのだろうか。実は、この問いにぴたりの証言がある。十九世紀最後の年、一九〇〇年九月十七日にアーヘンで開かれた第七二回ドイツ自然科学者医学者大会で、ベルリン大学の解剖学教授、O・ヘルトビヒ（Oscar Hertwig: 1849~1922）は、「十九世紀における生物学の発展 Die Entwickerung der Biologie im neunzehnten Jahrhundert」という講演を行なった。この研究ポストは、この時代のドイツ生物学を代表するものと考えてよい。ここでヘルトビヒは、十九世紀生物学を展望して、おおよそ次の四つを成果として挙げている。①細胞説の確立と細胞学の発展、②進化論の登場と科学的議論の拡大、③生理学の発展と物理・化学による生命現象の説明可能性の追究、④意識という現象をどう説明するか、である。

そのなかで進化論についてはこう述べている。

……その功績が後世になってやっと認められた「ラマルクなどの」先駆者たちと比べ、ダーウィンは幸運であった。彼の学説は、準備がすっかり整った土壌に蒔かれた種であったため、熱狂をもって迎えられ、ダーウィニズムという科学的な思想運動がわき起こった。その中にはヘッケルという、解剖学と発生学に深い学識をもつ強力な支持者が含まれ、この領域に向けて首尾よく拡張された。こうして新しい生物種がどのように生じるのかという謎について、真の形成原因が発見され、進化論は選択説によって説明可能である、と確信されるようになった。生存競争、適者生存、自然選択という形で、生物界の現在進行形の状況として説明されるようになった。ただし、この新しい学説には賛成者と同時に反対者も現われた。科学的仮説ではお目にかかったことがないほどの激しい論争があちこちで起こった。そして、ダーウィニズム、ウルトラ・ダーウィニズム、反ダーウィニズム、ヘッケル主義者（Haeckelianer）、ワイズマン主義者（Weismannianer）という考え方に分裂した。ワイズマンはダーウィンを通り越して「自然選択の万能性 Allmacht der Naturzüchtung」を公言し、これに対してハバート・スペンサーは「自然選択の不十分性」をもって対抗した。

政治問題は生存競争で分かりやすく説明できるとしても、科学における特徴的な現象の問題についてはどうであろうか？　少なくとも私には、説明の形として生存競争、適者生存、自然選択は表現として漠然としすぎており、実際の科学的意義は、具体的な場に適用されてはじめて見えてくるはずのものと考える。（中略）一般的すぎる表現では個々の場合を説明できず、せいぜい説明らしきものが与えられるだけで、真の因果連関は不明のまま放置される。科学研究の使命は、ある観察された作用に先行する原因を、正しくは唯一ではない諸原因を、確かめることにある。

確かに、自然の原因で生物界に生じる事実は、異様に込み入った難題であり、魔法のような手段をもって解決できるはずのものではない。かりにそう主張するなら、あらゆる疾病に万能薬を処方するのに似た愚行である。自然選択の万能性を公言しているワイズマンですら、他方でこう告白せざるを得ないのである。「ある適応を、つねに自然選択という説明で理解できる事態になるわけではない。」このことは、特定の現象を引き起こす原因の複合体について本当はわかっていないことを意味する。だからこそスペンサーが、「自然選択の不十分性」をもって対抗するのである。

(O.Hertwig、別刷第二版、p.13-15, 1908.)

この講演から、二十世紀初頭における生物学者の認識としては、生物の世界が進化の産物であることについては議論の余地はないのだが、その説明原理として自然選択説がどれほど有効であるかは不明、とするのが一般的であったことが推定できる。これに対して現在は、進化は総合進化説に集約され、説明原理は自然選択説一本で立っている。ここに含まれる認識論的な問題点については、後ほど議論する。

ヘルトビヒの講演からわかるひとつのことは、この時期に進化論研究の第一人者を挙げるとすれば、それはワイズマンであったことである。『種の起原』は、ナチュラリストのダーウィンが、自然誌的記録から拾いあげてきた「状況証拠」集に、「説明原理」案として自然選択説が最後に添えられた形のものである。この時代は、因果論的説明こそ真の科学的説明と考えられていたから、ダーウィンの自然選択説は、もちろん進化現象を説明する有力な候補ではあった。ただし当時の生物学では、成体の形態形成とその由来が主要関心事であり、形態形成の過程を扱う発生学や遺伝学は、進化研究の主領域と考えられた。この時代、発生学や遺伝学はまだ未分化で、解剖学講座が扱う諸課題のうちでとくに形態形成の過程に関わる領域という位置づけにあった。そんな中、遺伝・発生学については専門ではないダーウィンが考え出した説明仮説のパンゲネシス説は、案の定、失敗作であった。

ダーウィンの死後（一八八二年没）、進化の要因研究を主に担うことになったドイツ生物学者にとっても、むろん自然選択説は、生物の合目的性を因果論的に説明する有力な学説であった。ヘッケルは、進化論受容の第一世代として自然選択説の万能性を主張したが、続く世代のワイズマンも、代表的著作『進化論についての考察 *Vorträge über Deszendenztheorie*』において、こう述べている。

自然選択説の哲学的意義は、**合目的的ではない原理が合目的的なるものを生来させる**（原文はゴチック）ことを示した点にある。何を置いてもこれによって、有機体の驚くべき合目的性を、超自然的な創造者の力の介入を求めるのではなしに、ある程度理解できる状態に到達した。いまや、真の力学的な様式に従い、すでに自然の中で作用している力のみで、全生物の形態が生活条件にぴったり適応するようになり、これに完全に対応できるものだけが生存を維持し、不完全なものは順次、排除されていくことを、われわれは理解するに至った。

（A・Weismann, Vol.1. p.47, 1902/1913）

生物の合目的性の主題化

ただし「超自然的な創造者の力の介入を求めるのではなしに」という表現は、ダーウィン説が画期的であることを強調するためにヘッケルなどが愛用した表現である。確かに、十九世紀前半までの動物学や植物学は記載的性格が強いものではあったが、それが創造説に沿った研究であったと考えることは、史実とは合わない。すでに触れたが、十九世紀以前、すでに自然の世界の解釈権は科学の側に移っていた。ただこの時期、例外的に功利主義的な発想にうながされ、理神論的視点から弁神論を展開したのが、W・ペイリー（William Paley: 1743~1805）の『自然神学 *Natural Theology*』（1802）であった。ペイリーはこの書で、生物の体が極めて機能的で合目的的にできていることについて大量の例を挙げ、これを創造主の御技の証拠だと論じた。この本の冒頭の部分を訳出してみる。

ヒースの荒れ野を歩いていて、一つの石を踏んだとしよう。いつからこの石がそこあったのか、問われたとする。恐らく、いつか分からないがずっと前からあった、と答えるだろう。この答えが間違っていると示すことはそう簡単なことではない。だが、そこに時計を見つけたらどうだろう。どうして時計はそこにあるのかと問われて、先回と同じように、ずっと前からあった、と答える気にはとてもならない。しかし、なぜ石と同じような答えを時計にすべきでないのか？　後者の場合、なぜ前者と同じように考えることができないのか？　まさにそのために、われわれは時計を詳しく調べてみる。すると（石では見つからなかった）、それぞれの部分がある目的のために立案され、組み立てられたものであること、それはある動作を行なうために調整されたものであること、その動作は一日の時間を表すよう規則づけられたものであること、……。……こうして機械を観察すれば、以下の推論が不可避であるように思われる。すなわち、時計を作った者が、いつかどこかある場所に存在しなくてはならないし、彼はいるに違いない。彼は、われわれが現に見つけた答えに応じる、それを作った工作者である。その仕組みを理解し、使い方をデザインした者である。
(p.2-3)

この独創的な弁神論は、この時代のイギリスでは、それなりに成功を収めたが、この本が進化論史の研究でとりあげられるのは、ダーウィンが『自伝』のなかで若き日の読書としてこれに言及しているからである。実際『自然神学』は、徹底して機能論的眼差しで生物の体の仕組みを論じ、その「製作者」の存在を示唆する論法をたたみかけるのである。ただし、ダーウィン直前の生物学が、あたかもガリレオの時代の天文学のようにローマ教会の教義と直結する関係にあったわけではない。神による生物の創造説と、科学としての進化論との対立という図式は、ダーウィン以降の十九世紀の科学啓蒙主義が定番化した、この時代の語り口なのである。後述するが、その統治構造上、「キリスト教vs進化論」という対立が社会のなかに埋め込まれ、今日まで維持されている例外的な先進国が、アメリカである。

重要問題にとり組む当人が、事の重大さを強調しようとするのは自然なことだが、その種の編集によって、それまでは重要視されていなかった課題が考察の対象の中心に押し上げられることがある。その例が生物の合目的性である。長い間、生物の合目的性はありふれた特徴として、特段、説明の対象とはならなかった。しかし、ダーウィン進化論の登場によって、生物が帯びる合目的性一般が、科学的説明が要請されるものと考えられるようになったのである。

生理学者・ジェンセンの始原合目的性

前章で見たようにドリーシュの場合は、秩序を顕現させる、古典物理学を超える構造をもつ世界の構造を、論理的に述べることに主眼があり、生命現象の合目的性は副次的にしか扱われなかった。このような情況にあれば、ドリーシュの生気論を否定しながら、生命現象の合目的性を自然科学の問題として正面から扱おうとする生物学者が、当然、現われる。それがP・ジェンセン（Paul Jensen: 1868~1952）である。ジェンセンは、イエナ、フライブルク、ビュルツブルク、ベルリンで医学を学び、ブレスロー大学教授、ゲッチンゲン大学教授へとのぼりつめた。ブレスロー大学教授時代に書いた、『生理学の観点から見た有機体の合目的性・進化・遺伝 *Organische Zweckmäßigkeit, Entwicklung und Vererbung vom Standpunkte der Physiologie*』（1907）は、生命現象の合目的性を科学がとり組むべき重要課題として論じたものである。現在の生命科学からは大きく逸脱した位置での課題設定ではあるが、これも紛れもない百年前のドイツ生物学なのである。それはある意味で、生物的自然に対する曇りのない、誠実な探求心の発露であり、生理学＝因果論的追求という前提に立って、生物の合目的性問題の全体像を以下のように整理している。その序文を訳出する。

序文　一般的に、生きた自然と生きていない自然との間に一線を画すのを特徴とする生気論（Vitalismus）は、かつてはもっぱら、生物の成体の特徴や、物質交換、エネルギー交換、神経系の反応などを、議論の素材にしていたのだが、ここ十年の間に、論点を有機体の発生の領域に移してきた。有機体の**合目的的な機能と過程の成立とその進化**（原文はゴチック、以下同様）を、新しい生気論（新生気論）は、一元論の弱点とみなしており、この立場はおもに擬似目的論（falsche Teleologie）や終局理論（Finalitätslehre）などの衣装をまとっているのが特徴である。

このように生気論は、有機体の発生と合目的性の説明に焦点をあわせて、それらすべてを読み替えようとしているように見える。このことは、一元論的見解が速やかに浸透するのを阻害し、不安な気分を広めている。だがともかく、有機体の合目的性の成立という生物学的課題は、長い間、学問的関心の中心にあった。ある人はこれを、生物学における「問題中の問題 Problem der Probleme」と呼んでいる。だが、すばらしいダーウィン学説の成果によって、この問題に満足できる解答がもたらされ、納得がえられるようになった。ここで、この巨大でかつ重大な問題の解決策と進化論の一般的問題を、生気論に引き渡すようなことがあれば、一元論の自然解釈は重大な欠陥を抱えることになる。

だが他方で、今日、ダーウィンの選択理論が、生命進化の説明とその固有の合目的性の説明には十分ではないとし、加えて、それ以外の体系的に構築された既知の進化理論に対しても満足はできないとする立場がある。こうなると、進化の問題で、統一的な自然科学的解答を求めるのは不可能のように見えてくる。

このような状況の中で、一元論的自然観を擁護する者は、選択説を統合的なものとして入念に防御する一方で、これに対する反対者は世界観の戦いとみなし、場外の諸事情をこれに対峙させるべきだと信じ始めている。この種のみせかけの代案は、ダーウィン学説について討議すれば、多く面でその真の限界が露呈するはずである。

いまある修正案をも認めない人の立場はこうであろう。自然育種（Naturzüchtung）の学説は、過去にたくさん出された人気のある仮説のひとつであり、恐らくさらに変更を受けるはずのものである、と。確かにそれは避けられないだろうが、普遍理論としての選択説の有効性を限定する立場をとると、他に説明手段を捜し求めなければならなくなる。

多くの生物学者と同様、私も、普遍的な進化理論として選択説は不十分だと考えるのが、やはり公正な態度だと思う。他の説明方法、たとえばラマルクが提示したもので、選択説の弱点を補うことはできない。私の主要な見解を述べておく。私の知る限り、生物学者は、生物界全体の進化についての説明はできてはいない、ということである。

ともかく、いま手中にある選択説でもなく、また、ラマルキズムのような別の仮説でもなく、系統発生的進化を説明するのに十分な何かを求めて論じること、それ自体が必然的に新しい説明原理を示す方向に進むものと、私は思っている。（p.1-3）

これが、進化論の登場によって再発見され、重要問題に格上げされた、生命の合目的性に対する科学的な認識のひとつの形態である。ダーウィンの自然選択説が非常に禁欲的な理論仮説であるがゆえに、かえって『種の起原』を読む側に、さまざまな次元での生命の合目的性に関心を向けさせ、発想の連鎖を促したのである。なかでもジェンセンは、生命の合目的性を、科学が包括的に取り組むべき課題群と考えた。彼が考える、かくも多様な合目的性に対する説明原理として、自然選択説が不十分であるのは当然であった。

ジェンセンは、自然選択説で説明困難な問題を三つ挙げている。(1) 始原合目的性、(2) 生物における非合目的的な特徴の発生、(3) 単純なものから複雑なものへ進む問題、がそれである。いずれもたいへん原理的な課題であるが、ジェンセンは、これらすべてに対して、自然科学はもちろん解答を用意すべきものと考えている。ここでは、始原合目的性についての項を訳出する。

始原合目的性という問題 (Das Problem der primären Zweckmäßigkeit)

まず、有機体の始原合目的性という事実について指摘しておきたい。それは、反論不能の以下のような事実である。かりに、もっとも単純な有機体があったとしよう。その単一の有機体は、すでにそのとき、合目的的な特徴と装置をもっていたと考えられる。それは、最初の有機体で、広く存在し、同時につねに起源となりえ、**最初の生きた物質であり、この時点ですでに自然育種** **(Naturzüchtung)** **の機能をもっていたはずである。**

始原合目的性もしくは基本的合目的性 (Elementarzweckmäßigkeit) が現に存在することは、選択 (個体選択) 説では説明できないのであり、この事態を生物学者は誰も否定できない。プラッテは、精力的に選択原理を研究してきたが、最近この問題にとり組んでいる。彼は、有機体の合目的性の始原性は、選択説によっては完全には説明できないと考えている。彼はまた、この始原性がさまざまに表出した、全生命に特有の合目的性を、同化、成長、刺激反応性、収縮、呼吸、生殖の六つに分類している。プラッテは、こうして設定した、有機体の合目的性の六つの概念をさらに三つに集約して、反射的―、養生的―、機能的―合目的性をあげ、生命の起原に関わるこれらの合目的性もまた、選択的な育種の作用によるのではないと考えている。プラッテは、有機体におけるさまざまな形の合目的性は互いにはっきりとは区別できない、という意見である。さまざまな条件の下で、有機体の維持に寄与するはずの装置が萎縮するのは、また別のものである。この現象はすでに有機体の概念として成立している。

これら始原合目的性もしくは基本合目的性という観点からすると、ダーウィンの選択説が扱うのは、「二次的な合目的的なるもの sekundär-zweckmäßigkeiten」、学問的意義としては、いわゆる間接的な「適応 Anpassung」にかかわる特性であり、高等動物の器官や器官系にみられる高い機能性、維持能力、再生能力についての理論である。二次合目的的な装置の、尋常ではない多様性や複雑性は、これによって有機体はその生活条件全般に対してみごとに適応しているようにみえるのだが、この多様性と複雑さは、また、始原合目的性が強化され変形して現われたものである。そこにおいて、個体は、始原合目的性の特性として、さまざまに変化する環境に適合するのであり、こうしてよりよく適合したものがより多く生き延びる。ここに、始原合目的性の意義についての最大の問題が存在する。つまり、ダーウィンの自然育種説がおもに該当する、二次的合目的性もしくは「適応」についての説明は、始原合目的性が説明されないかぎり、その基盤は存在しないことになる。ただしこの点は、プラッテが、二次的合目的性が該当する個々の適応もしくは装置は、選択説なしには生じなかったであろうと想定しているのを考えると、あまり強調すべきではないであろう。われわれは留保なしに、こう結論づけるべきである。**有機体の合目的性の問題の核心は、始原合目的性が成立して以降、有機体の合目的的な装置の出現が、選択説に従うのか否かという問題である。**

これら始原合目的性の問題を、多くの生物学者は認識しているようには見えず、その視野を遠くまで広げようとはしない。ラマルク、ネーゲリ、ダーウィン、ヘッケル、ワイズマン、アイマー、O・ヘルトビヒ、ド・フリースによる進化理論は、私が見るかぎり、すべてが、始原合目的性の特性をもった原始有機体の存在をあらかじめ前提としているのだが、これ自身についての説明はない。ただし、これらの著者はこの問題を承知しており、いくつかの可能性を試みてはいる。たとえば、プラッテはこう言っている。「始原合目的性にあたる装置について、われわれは、生きたプロトプラズマ（Protoplasma、細胞質）が最初に形成された、その瞬間に、これらも生じたという考え方を、受け容れなければならない。」ただし、これは一面で、非常に不満足なかたちのまま、新生気論のような二元論的な方向で片付けようとする試みでもある。

この種の特別な手法は、まったく不必要である。有機体の始原合目的性の問題を扱おうとする立場はすべて、以下については同意見である。すなわち、始原合目的性の発生と進化の問題は、有機体の発生と進化の問題と一蓮托生の位置にあること。そこで、始原合目的性の特性は、最初の有機体に与えられるべきであり、有機体という概念にとっては不可欠である。実際、有機体の進化に関して生気論的（目的論的もしくは終局因的）な説明を採るさまざまな生物学者たちは、また始原合目的性の出現に対しても、また他方で、有機体の合目的性一般に対してもこの説明を用いることを、われわれは知っている。

始原合目的性の問題はまた、選択説は有機体の合目的性の説明としては不十分であり、それは二次的合目的性もしくは適応の起原を説明するものではあるが、始原合目的性の特徴を説明できないことを示している。

選択説の拡張、たとえば、ルーによる「有機体における部分の闘争」や、ワイズマンの「生殖質選択」があるが、この問題の解決の助けにはならない。それは見込みのない試みであろうし、わたしの知識で試してみることもできない。

それゆえに、有機体の合目的性の発生に関する、満足できる科学的説明はまだ存在しないことになる。生気論的および新生気論的な説明は不適切である。」

(p.5-8)

こうしてジェンセンは、合目的性概念について整理したのちに、これを生命現象に適用していく。少し長めに訳出してみよう。

(合目的性概念の) 有機体への適用　有機体の合目的性の本質

これまでに、合目的性概念の適用と、これを機械に適用するときの有用な定式化を行なった。機械の場合、何らかの形で目的作用因 (Zweckfaktor) が関与している。そのうえで、生物学における合目的性原理を扱うのであるから、じゅうぶんな成果が期待できる。有機体においては、何らかの目的原理の発動に関して考慮なしに、だがしかし、その合目的性は真に客観的であると特徴づけることができる。有機体と生命過程における合目的的という客観的特性は、それが有機体の維持と支援に役立っている事実によって認めることができる。

有機体の複雑性の種類と程度は、合目的性の客観性の指標となるものであり、それをより詳しく見ていくことにする。この場合、重要なのは、有機体における合目的的な装置とその機能は、個々の生体の維持と支援で奉仕しており、また、その装置と過程は完全に客観的なものと特徴づけられ、それは有機体の自己維持能力（Selbsterhaltungsfähigkeit）もしくは持続能力（Dauerfähigkeit）を生み出している、という点である。これについては、ともかく明示する必要があり、これに関してはW・ルーによる業績が大きい。

この自己維持能力は、作業機械と比較することで、はっきり特徴づけられる。機械は外部からの支援（加熱など）を介して応答することができるが、その仕事は自身には役立つものではない。これに対して有機体は、次のような特徴をもっている。必要な運転エネルギーをみずから供給し、自身の機能のために利用する。自身の筋肉運動を介して、自身の維持に必要な栄養を採り、こうして供給された栄養はふたたびその筋肉運動を可能にする。このような自己維持能力は、正常もしくは良好な外的条件のときだけ生じるのではない。有害な変化を被った場合も同様に生じ、この作用を受けた場合、一般的には有機体は回避運動を起こす。これが不可能だったり、十分ではないときは、しばしば有機体自身が変化し、みずからの保持を保証する。有機体が害を受けると、一定の自然治癒の範囲内で、たとえば再生や傷の補修が起こる。機械は、このようなことはいっさいできない。さらに、有機体は、独特な内的過程を通して、維持能力もたいへん独特な特徴を示す。有機体でなくても、ちょうど複雑な結晶のように、維持能力を示す場合があるが、それほど目立つものではない。しかし、有機体にとって維持能力は、外部の不安定なシステムとの間での不断の物質交換とエネルギー交換を結びつけ、決して留まることなく、結局は死に至るまで発生に向けてかりたてるものである。

それゆえ、**有機体の合目的性の成立と発生に関する課題**は、このような問題に変換される。すなわち、**非常に複雑でかつ、外部の不安定なシステムと結びつき、高度な自己維持能力をもちながら、同時にゆっくり前進する変化の過程、このような生命の過程はいかに生じうるのか？** そしてここにわれわれは、議論の余地はあるが、有機体の合目的性の成立の問題を扱うための、有力な手掛かりを見つけることができる。この問題について有用な定式化が欠落していることはとくに、この分野で意見がさまざまに拡散し錯誤を生んでいることに、責任があることになる。いまのわれわれの目には、生命現象の説明に目的論的方法を用い、徹底してその終局性と合目的性を語る、ラインケによる不明確な法則が目に入るくらいである。「一般的に、自然科学の認識対象は、ものの間の関係でしかない。ある現象の関係が、将来の、もしくは同時的と見える現象をつなぐものであるとすると、それをわれわれは**因果的関係性**（Kausalbeziehung）と名づける。もしそれが、方向性をもつ目標、一定の目的、調和の実現、その過程の調節、を示すものであるのなら、それは**終局的関係性**（Finalbeziehung）である。」このように不明確な基礎の上では必ず誤りを犯すことは、最初から分かっている。

「機械論と生気論」に関する、ビュッツリの華麗な著作はまた、合目的性問題について有用な定式化が存在しない現状を、さらに悪くするものである。

有機体の合目的性の説明についての一般論――二元論的説明への批判

こうしてわれわれは、目的と合目的性の本質を明らかにした後、まずは、確実な基盤のうえに、有機体の「合目的性」の説明に示唆を与えることができるだろう。いまや問題はこう表わされる。すなわち、**有機体は、そのすべての特徴として「合目的性」を完全に確実で客観的な基盤のうえに表わしうるのだが、それはある種の目的作用因（Zweckfaktor）による作用によって出現し、その過程、とくに発生過程は、この要因の支援の下で進むのか、あるいはそうではないのか？**

最近の表現にそったひとつの回答は、一元論的（monistisch）というものであろう。本質的にこれと類似の視点は、一般的には「力学的 mechanistisch」と表現される見解である。しかし、この言葉は、今日の自然科学における一元論的見解を表わすものとしては狭すぎる。ここでは「単一因果的 einheitlich kausal」、もしくは「単一合法則的 einheitlich gezetzmäßig」という表現が用いられる。この型の説明の努力は、ラマルク、ダーウィン、ワイズマン、アイマー、ゲーテらによって提出された、いわゆる進化理論がある。これらに対抗して二元論的見解、すなわち生気論もしくは新生気論があり、この場合は擬似目的論（Pseudoteleologie）で表わされることになる。

二元論的と呼ばれる、目的作用因を認める進化仮説には、ただちに反対論が出されるであろうし、他方、目的作用因を介するある種の過程、たとえば目的行為についての一元論的説明には反論が出されることになる。二つの立場の原理的な相違は以下である。目的行為は、機能する神経系が存在する場合は、経験上は目的作用因なしには生じない。経験に反して、神経系を欠いている場合にも目的作用因を認めるとすると、際限のない無原則の事態が出現する。こういう観点にたつと、目的作用因が、存在しない四肢の場合にも合法則的な関係をつかさどることになる。しかし、こんなことは非科学的である。同様に、目的作用因による作用によって自ずと発生する始原的な有機体によって起こる系統発生や、卵から固体へと発生する個体発生の過程を想定する権利は、われわれにはない。目的作用因のように作用する、仮説的な要因を発見できるのか、あるいは、有機体の合目的的な進化は、このような要因の介在なしに、一般的な自然科学的原理によって説明できると考えるか、あるいは、双方ともありえないのか。以下、これらの問いを考えてみよう。

目的作用因の介在による有機体進化の説明を二元論的と見なすことは、目的作用因の採用によって、該当する関係に未知の要素の導入を求めることでもあり、それはその過程に対する統一的な見方を毀損するものである。つまり、落下する石は、人間が落ちる場合のように、落ちる意思をもつというのは、ばかげた考え方のようにみえる。

進化仮説において、目的作用因もしくは同様のアナログ的な量を認めて、擬似目的論的と特徴づけることは、一般には明確に否定されている。つまり、統一的もしくは一元論的見解が、二元的原理に対して優位にあるとするのに特段の根拠は必要ない。ただし、一元論的見解を力まかせに貫徹させることで満足が得られないのも、また自明である。いまのところ一元論的な世界が明確に構築できていないから二元論に肩入れする、というのは短絡すぎるように思える。まだ完全には明らかにされてはいない連関の欠陥を、恣意的な二元論的要素で埋め合わせるのは容易すぎる態度である。

生物学者の大半は、有機体における合目的性の発生についての説明に関して、明確に一元論的視点に立っており、まじめな自然科学者であれば強烈な根拠でもないかぎり、この立場は放棄しないだろう。もちろん、多くの生物学者がとるこの立場も困難を多数かかえており、この難題を正確に把握し、処理できないでいると、一方的な教条主義に陥ってしまう恐れがある。たとえば、「始原合目的性」やその他、選択説ではとりわけ扱いにくい問題群がそれである。また、少なくない生物学者たちは、有機体の合目的性の発生の説明として、選択説が十分なものであるかどうか検証しないまま受容し、これに重責をゆだねている。この形式を拡大することは、真の統一的で一元論的な立場にとって良いことではない。進化論の重要課題を見落としたり、無視したり、欠陥のある解決策に安易に走ることは、生物学的二元論に立つ者たちの陣営に攻撃用の武器を差し出すのと同じで、徹底的に利用されることになる。

二元論的な見解は、今日、一般の人間の間で一定の人気を得ている。理由のひとつは、目立つその装いのおかげであり、加えて、一元論的な生物学的説明の万能薬となっている現行の選択原理が、実際には説明力不足であるとする、広まり始めている見解にも一因がある。こんな状況下では、以下の点を明確に認知しておくことが望ましい。つまり、いわゆる二元的見解は、あるものはまったく根拠薄弱であり、またあるものは基本的に誤った根拠のうえに立っていること。他方、一元論的見解もまた、ダーウィン原理それだけでは、始原合目的性ばかりか、有機体の合目的性一般も、また他の進化論的事実といわれるものを説明することはできないのであり、別の明快な原理が発見される余地があることを付言することが、ごく自然であろう。

（p.124-130、訳終わり）

ジェンセンは、何らかの目的論的な作用因を認める立場を一括して生気論と呼び、この類の主張をすべて退けた上で、進化に関する諸説の説明能力について考察する。むろん結論は出ない。だが、生命の現象論上の合目的性を正面から認め、科学的な課題とする態度は、ほんらい自然科学者がとるべきものである。しかしこれ以降、生命の合目的性は、科学的課題として照準を合わせる者はいなくなり、科学研究の視野に入らなくなる。

『自然科学事典 *Hnadwörterbuch der Naturwissenschaften*』第六巻（一九一二年）に、ジェンセンは「生命 Leben」の項を執筆しており、そこでは始原合目的性の意味で「合目的性」を用いている。

生きている系（生きている有機体）と死んだ有機的系（死んだ有機体）との違い　高等生物、とくに高等動物と人間においては、一般的に生きている有機体と死んだ有機体では大きな違いを示すことは、一方では物理的観点から、他方では心理的観点から容易にみてとることができる。

第一に、生きている系の一般的な特徴としては、多面的で広範な「合目的性 Zweckmäßigkeit」、より正確には「自己保持能力 Selbsterhaltungsfähigkeit」と表示することができる。それは一面で、その化学的・物理学的・形態学的な構成として表われるが、また死んだ有機体において維持されることも見られる。だがやはり、生きている系の過程全体に関してはとくに維持されている。しかしまた、生きている系において必ずしも合目的性や保持に有益ではなかったり、無益であったり、有害な特徴であることすらある。

さらに踏み込んで、生きている系と、死んだ有機体の系との違いについて見てみよう。まず、物理的な違いとしては、刺激反応性という特徴、そして物質交換とエネルギー交換の定型的な関係がある。後者は、本質的に系自身の物質とエネルギーの状態を変えることなしに、周囲から不断に物質とエネルギーを取り入れ、置き換え、ふたたび排出する系の状態であり、これが自己保持能力の表現である。さらに系は、興奮状態と静止状態を交互にとり、一定の形態変化を示す。また発生の過程では、前進的な変化を示す。これらの現象を、死んだ系は欠いている。(p.67)

現在の生命科学は、生命の定義は非常に難しいとして、回避する態度が定着している。だが百年前のドイツ生物学では、生命現象の特徴を抽出し、生命を定義することが生物学の使命と考えることに微塵も疑いをもってはおらず、議論の余地はなかった。ではなぜ、『自然科学事典』のなかの「生命」の項目で基本的特性とされた合目的性が、生物学の課題からはずれていったのか。こう問いは立てられたことはない。生物学の研究姿勢が変わったから、としか答えようはないのだが、そのためのひとつの回路は視界を思いっきり拡大してみることである。この章の冒頭で触れた、「ドイツ生物学からアメリカ生物学へ」という二十世紀生物学の変貌が、ひとつの答えである。

モーガンの実験実証主義：ドイツ自然哲学の切除

回り道のように見えるが、もう一度、生物学の基本哲学をふり返っておこう。十九世紀ドイツ生物学においては、理論とは生物的自然の解釈体系のことを意味した。その代表例がヘッケルの『一般形態学』である。ここでヘッケルが行なってみせたことは、生命の形すべては進化論によって因果論的・力学的に説明できるとする確信の上に立ち、実際に、生物界全体を進化の一大体系として論じることであった。その後、生物学の主流は、形態形成の過程についての因果論に、関心が向かった。それを代表するのが、ワイズマンの『生殖質説』という解釈理論である。これは、形態形成の原因を論理的に詰めていけば必然的に想定される原基（Anlage）の、階層的なコントロール体系であり、また同時に、遺伝=発生の理論であり、そうであるがゆえに、進化に関する理論的考察でもあった。

だが、このような研究姿勢や学風から離脱しようする世代が出現してきた。ドイツ生物学の「学説・実験・因果分析」連関の哲学的内容を整理し、発生力学の思想が到達した地点は受け継ぎながら、解釈理論の大部分を余剰なものとして捨象する立場である。それがT・H・モーガン（Thomas Hunt Morgan: 1866～1945）であった。モーガンは、新興国アメリカのジョンズ・ホプキンス大学で、発生学者ブルックス（William Keith Brooks: 1848～1908）の下で学位を取得したが、その後、ヨーロッパから伝わってきたルーの発生力学の思想に魅かれ、一八九四～九五年にナポリの臨海研究所に滞在した。このとき生涯の友となるドリーシュに出会うことになる。こうしてモーガンは『実験動物学 *Experimental Zoology*』（1907）という挑戦的なタイトルの本を著した。冒頭で彼はこう明言している。「実験的方法の核心は、すべての思考（もしくは仮説）は、それが科学的言説と認められる以前に、まず実験に付されることを要求するところにある」（p.6）。そこでモーガンが具体的な研究例として筆頭に挙げているのが、進化の実験研究（experimental study of evolution）である。今日から見るとそれは、交配実験を駆使した遺伝研究のことであった。当時の研究者にとってこの方向は、ワイズマン流の細胞分裂などの振る舞いを観察し、その論理的延長上に進化を論じる学風に対して、体系的な交配実験を行なうことで、眼前で進行しているはずの進化過程を濃縮させ対置することを意図するものであった。

そもそもベーツソンが、「遺伝現象に関する生理学」に、独自の学問として遺伝学（genetics）という名を、提案したのは、一九〇六年にイギリスで開かれた、「交雑と植物育種に関する第三回学会 the Third Conference on Hybridization and Plant Breeding」の開会演説においてであった。ここで用いられた生理学という言葉は、生命現象の物理・化学的＝因果論的探求という十九世紀的な意味あいを、なお残していた。ベーツソンが意図したのは、系統学的な進化研究と、遺伝学との分離である。

私は、今回の会議の討議のために、Genetics（遺伝学）という言葉を提案したい。それは、遺伝と変異の現象を説明しようとする、われわれの努力を明確に表示するものである。それは、家系の生理学（physiology of descent）に対する別の言葉であり、進化論者と系統学者の理論的問題と、動物や植物の育種家の実践的問題を扱うのに用いられる。

（L. C. Dunn; *A Short History of Genetic*, p.68, 1965）

モーガンの言う実験進化学とは交配実験のことであり、同時にそれは、実験用生物を大規模な管理下に置き、生物学の研究を大量の作業労働に変えることでもあった。モーガンは、一九一〇年からコロンビア大学で、研究対象をショウジョウバエに定め、それまでとは桁外れに大規模で体系的な交配実験を開始する。こうして、世にも珍しいショウジョウバエの育種室「ハエの部屋」が出現した。そして一九一五年に、大学院生との共著で書き下ろしたのが『メンデル遺伝のメカニズム *The Mechanism of Mendelian Heredity*』である。この本においてモーガンは、四年間の成果をとりあえず、こうまとめた。さまざまな形質の遺伝の連動のし方は大きく四群に分かれるが、それは四対の染色体に対応すると考えるのが妥当であること、同じ染色体上にあると考えられる二つの原因因子は、染色体が交差する頻度が小さいほど互いに近いと推定されること、である。そしてこれらを総合して、史上初めて染色体地図を作成して掲載した。その序文を以下に訳出する。

序文　古代から遺伝（heredity）は、生物哲学の中心課題のひとつと考えられてきた。

第４-１図　モーガン『*The Mechanism of Mendelian Heredity*』(1915)にある、史上初めて書かれた遺伝子地図

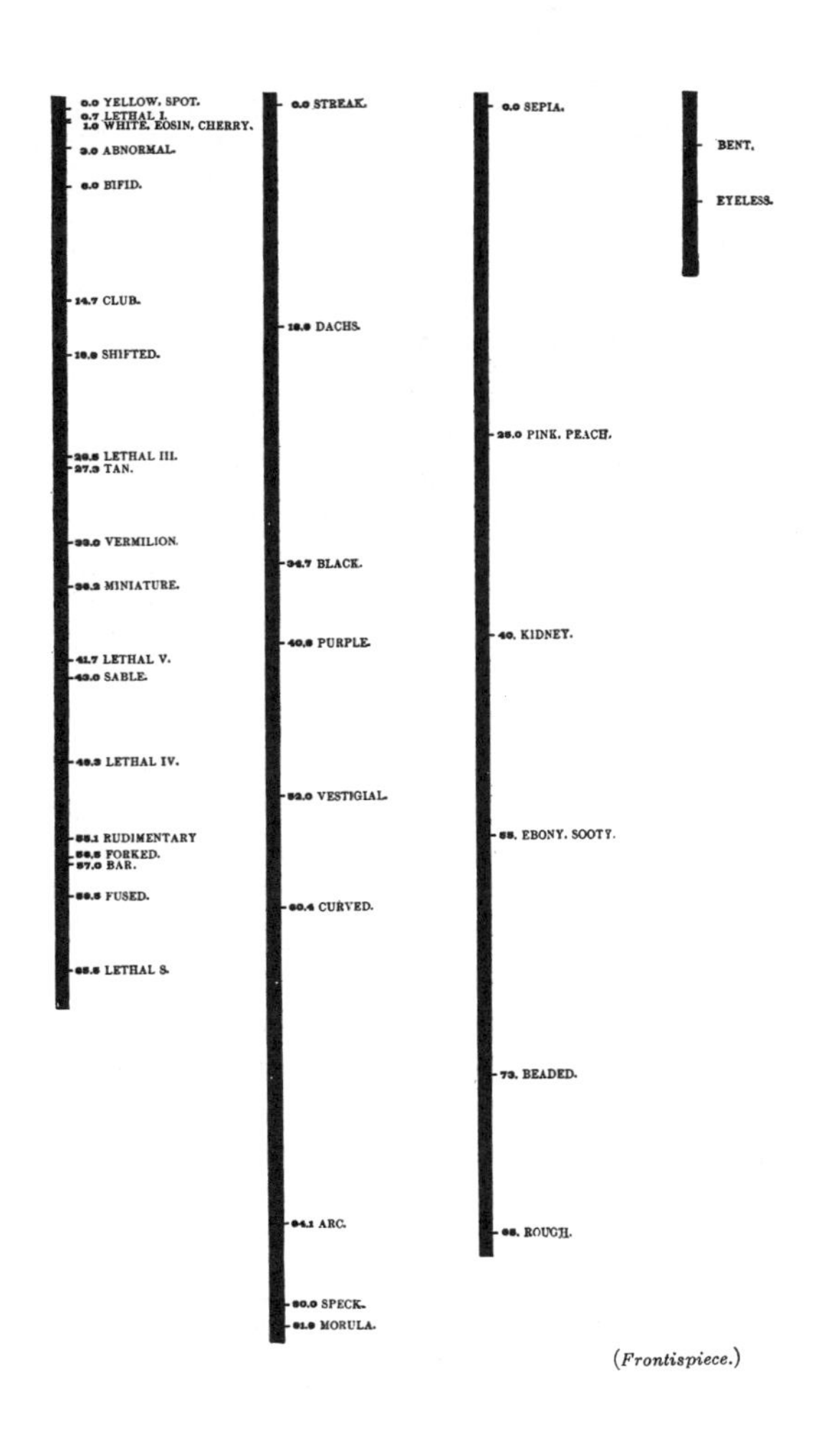

ただし実際には、その関心は実証的というより、おもに思弁的なものであった。しかし、一八六五年にメンデルによって遺伝の基本法則が発見されて以降、いやむしろ一九〇〇年にこの成果が再発見されて以降、不思議な光景が展開されている。自らを「遺伝学者 geneticists」と呼ぶ遺伝の研究者が、動物学や植物学という伝統的な領域からは一線を画し、メンデルの原理と生物発生後の現象に関心を集中させるようになった。これらの研究成果は、特殊な雑誌に発表されている。その専門用語は、外部の動物学者にとって時には、既存の専門的規格から外れた、どこか粗野な研究とみなされている。これは遺伝学（genetics）が、動物学や植物学共通の最重要課題ではなく、特殊な研究者の研究対象であることを示している。これは学問の移行期の特徴であり、生物学者は、この特殊な研究者グループによる新興分野に提供するものはなく、取り込む一方になるはずである。多くの生物学者は、遺伝研究における現在の進歩に関して無知であり、これは不幸である。同様に遺伝学者が生物研究の本流における自分たちの仕事の評価について無関心でいるのもまた、不幸である。動物学や植物学における基本的なこととは共通性が少なく、本質的に難しいものであり、専門的訓練を受けた人ではかえって、事実を理解できないかもしれない。

本書においては、純技術的に重要と思われる課題を抽出して論じる。むろん、これらの事実に対するわれわれの解釈を示すが、すべての観点では意見の一致に至らないかもしれない。しかしその本質的な部分において、現在の共同研究者のほとんどが抱いている見解は変わらないものと、われわれは信じている。われわれは、染色体が遺伝の物質的基盤であることを強調するが、恐らく、いくつか例外はでてくるだろう。ここで述べることが正しいか否かは、将来――たぶん近い将来――、判明するだろう。しかしこの点だけは言っておかなければならない。まんいち、染色体理論が否定されたとしたら、以下に述べるものは、染色体の独立性を扱えていないことになり、空しい成果となる。**というのも、われわれは遺伝に関して、仮説的な遺伝因子（hereditary factors）の担体としての染色体という抽象的な仮説はいっさい立てていないからである**（強調は米本）。われわれは、よくこう質問される。ではなぜ、話を染色体の方にもっていくのか？　われわれの答えはこうである。それは、染色体が、メンデルの法則を喚起する、ある種の正確なメカニズムを備えているからである。そして、染色体がメンデル因子（Mendelian factors）の担体であることを明確に示す情報が、つねに増大しているからである。この明確な関係から目をそらすのは、愚かなことである。そこで生物学者としてわれわれは、まえもって数学的な定式などはせずに、細胞、卵、精子に関する問題として遺伝に興味を向けるのである。（p.vii-ix）

この『メンデル遺伝のメカニズム』は、生物学における「理論」の意味を、一新させるものであった。つまり、ドイツ生物学の自然哲学的伝統をきっぱり拒絶し、実験データのみを凝視する実証主義に立って、現象を支配する自然原則を予断なく抽出しようとするものであった。モーガンは、ドイツ生物学の解釈理論を不要であるどころか有害なものと見なした。こうして彼は、ショウジョウバエの実験結果を、ワイズマン学説を頂点とするドイツ生物学が蓄積してきた遺伝=発生の解釈理論すべてを迂回し、メンデル論文が示す現象論に徹する、実験研究と直結させたのである。事実、モーガンはこの本で、ドイツ生物学界が愛用してきた原基（Anlage）とその類縁である仮説的な単位概念にいっさい言及することなく（その中には、ヨハンゼンが提案したGeneも含まれていた）、メンデルが使用した要因（factor）という表現で一貫させている。かつてネーゲリが、メンデルから論文を受けとった際、「原基についての考察をもっとなさってみては？」と評価しなかったのだが、今度はモーガンが逆の視点から、ドイツ語圏の研究者コミュニティーの圏外にいた孤高のメンデルの課題設定のし方を、評価したのである。こうして、ショウジョウバエを用いた実験遺伝学の成果をメンデルの研究と直結させることで、非常に見通しのよい道筋が開かれることになった。

モーガンは、この五年後の『遺伝の物理的基礎 *The Physical Basis of Heredity*』（1919）において自らの視点でメンデル学説を再構成し、「メンデルの第一法則　遺伝子の分離（segregation of the genes　今日で言う形質分離の法則）」から論を起こし、遺伝子仮説を採る立場を明確にする。そして一九二六年の『遺伝子の理論 *The Theory of the Gene*』に至って、染色体遺伝子説を決定的な学説と主張するに至るのである。余談だが、ワイズマン説を拒否し、実験結果による自然の法則性を重視するという一点において、親友であるドリーシュと思考の型は似ていた。

モーガンの成功は、発生＝遺伝＝進化を一体として語るドイツ生物学の伝統から、遺伝学を独立の学問として分離させる結果となり、またそれは、新大陸の生物学者の主導で新分野が切り開かれる初の例となった。これ以降、モーガン学派の発展は、生物学から自然哲学を削除し、それを「堅い実験科学」へと脱皮させることに、絶大な影響力をもった。とくにモーガンは、一九二八年にカリフォルニア工科大学（Caltech、以下「カルテク」と表現）に生物学科が新設されその主任教授に転身すると、新興のショウジョウバエ遺伝学を、生化学・生物物理学・発生学・生理学と融合させる視点から研究者を集めた。その構想はみごとに成功し、一九三〇年代〜五〇年代のカルテクは、分子生物学の核心的成果を生み出す中核的な研究機関となり、後にノーベル医学生理学賞受賞者を輩出させるようになる。その源になったのが、モーガンの採用人事であった。

そこでやっと本題だが、生物学が新大陸アメリカでこのような変質を遂げる過程で、生命の合目的性という解釈学的な課題意識は、当初、その学問的な視野から消滅していった。つまりモーガンこそ、二十世紀の生物学が、「ドイツ生物学」から「アメリカ生物学」へ転換したことを象徴する人物であった。こうして第二次大戦後には、遺伝学の歴史の視野から、十九世紀末〜二十世紀前半に蓄積されてきたドイツ生物学における発生=遺伝=進化に関する論考の大半が、考慮の対象からはずされる事態となるのである。

生物学の統一と総合進化説

少し時間を戻すと、二十世紀初頭において科学者は、生物進化は眼前で進行中の観測可能な自然現象であることを疑わなかった。それはまさに、ライエル（Charles Lyell: 1797〜1875）の『地質学原理 *Princioles of Geology*』（1830-1833）の斉一説の思想を継承した、ダーウィン進化論が提供した中心的な主張であった。ワイズマンなどが信じたように、自然選択説は、眼前の生物の合目的性を説明する、最有力の因果論的仮説であった。ところが、実験進化学を意図しておびただしい交配実験が行なわれたが、進行中の進化を捕捉することはできなかった。その結果、この研究領域が横滑りを起こし、遺伝学（genetics）として独立の学問に育っていくと、他面で、進化研究を主担とする研究領域が行方不明となり、進化に関する解釈理論だけが空を舞うのに近い状態になった。実際この時代のヨーロッパでは、進化要因論としては獲得形質の遺伝も可能性あるものの一候補として並置するのが、専門家の間での一般的な見解であった。進化論の現代化過程のほとんどの場面に立ち会った、ドイツ出身のエルンスト・マイヤー（Ernst Walter Mayr: 1904〜2005）は晩年、インタビューでこう述べている。

確かに私は、一九三一年にアメリカ自然誌博物館で研究を始めたとき、ラマルク主義者であり、獲得形質の遺伝を信じていたのは事実です。遺伝学史の研究者は普通、この事実を都合よく忘れていますが、それはそれなりの理由があります。一九〇〇年にメンデルが再発見されたとき、遺伝の進化論的側面にとくに興味を持った三人の遺伝学者がいました［註：遺伝学の名称は一九〇六年にベーツソンが初めて提案した］。ベーツソン、ド・フリース、ヨハンゼンです。三人とも形態学者でした。三人とも、新しい種は大きな突然変異による（saltation）と考え、三人とも自然選択を拒否していました。遺伝学者はこの事実を慎重に隠蔽しますが、われわれナチュラリストを自認するものは、実際こういうものと戦っていたのです。われわれは皆、種形成と進化は漸進的な過程と信じていましたが、遺伝学者は飛躍的な突然変異で起こるに違いないと信じていました。われわれは漸進主義に合致する、別の答えを見つける必要がありました。活用可能な唯一の答えが、使用不使用によって新しい形質が次第に獲得されていくとするラマルクの考え方などでした。だから、一九一六年と一九三二年の間に実際に起こった重要なことは、初期のメンデル主義の飛躍的な変異という考え方を、遺伝学者が完全に拒否するようになり、遺伝的変化は非常に小さな突然変異を通して起こりうるのであり、長期間の非常に小さな突然変異が、大きな進化論的影響を起こしうる、と考えるようになったことなのです。

（*BioEssays*, Vol.24. p.969, 2002）

いずれにせよ、二十世紀前半の進化論は全面的に組み立て直されなくてはならない必然性があった。結局それは、進化過程を、直接観察可能な、眼前で進行する因果関係で説明することを、事実上、棚上げにすることで可能になった。ダーウィン以来の漸進主義を数理論化し、科学としての説得力は断固維持するよう、時間スケールを拡大するのである。

十九世紀科学精神の粋である因果論を読み替えた「実験」と「進化論」という、二重の因果思考からなる「実験進化学」こそ進化研究の本道と信じられて開始されたのが交配実験だが、これが遺伝学として分離・独立してしまうのであれば、進化は実験が不可能な自然ということになってしまう。それでもなお、ダーウィンによって獲得されたこの思考枠組みに科学は依拠する以外にないのだとすると、それは理論と実際の野外観察とを合体させる以外に道はないことになる。こういう進化研究の思考過程を科学史として跡づけたのが、V・スモコヴィテス（Vassiliki Betty Smocovitis: 1955〜）の論文、「生物学の統一——統合進化説と進化生物学」（*Journal of the History of Biology,*

Vol.25, p.1-65, 1992. 同名の書（Prinston UP、1996）に収載）である。

スモコヴィテスは、こう言っている。

進化論研究——そして生物学の統合——にとっての重要な動きとしては、進化の実験研究に数学モデルを適用することによって成功の道が開かれたことにあった。数学者とフィールド志向の生物学者の間で、すばらしい相互作用が起こった。イギリスではR・A・フィッシャーとE・D・フォードの間で、アメリカではS・ライトとT・ドブザンスキーの間で、である。確かに他にも、進化の実験研究の試みはあった。たとえば、J・W・H・ハリソンの蛾の黒化の研究、H・C・バンプスによる自然の鳩の研究、W・F・R・ウェルドンの甲殻類の研究、それにワイズマンとダーウィン自身による注目を集めた実験があったが、これらの試みはひとつとして「客観的な」形での知的成果をもたらすことはできなかった。二十世紀の初めに、自然選択・遺伝子浮遊・突然変異に関する変数が数学的に明確にされ、ハーディー＝ワインバーグの平衡原理が定式化されるまでは、そしてこれに加えて、進化におけるいくつかの変数について正式の合意が実現するまでは、自然集団に対してこれを測定し、有効な研究に仕立てることは、そもそも不可能であった。これらの変数が自然集団の中で機能していることが示されて初めて、変数の相互作用の体系としての、フィッシャー、ホールデン、ライトによって構築された新しい数学的道具が、フィールド研究に従事する自然科学者の要望にも合致した方法論として、実際に使用されることになったのである。（p.17-19）

スモコヴィテスは、総合進化説という進化論の現代化が生じた経過として、（1）論理実証主義による「科学の統一」運動の近くにいたウッジャーが、生物学は進化論を軸に統合されるべきと考え、そう働きかけたこと、（2）フィッシャー、ホールデン、ライトの三学者による集団遺伝学の枠組みの完成、（3）ドブザンスキー『遺伝学と種の起原 *Genetics and the Origin of Species*』(1941)による遺伝学と進化論との結合、（4）一九四六年の進化論学会（the Society for the Study of Evolution）の結成、専門誌『*Evolution*』の刊行など、を挙げている。

こうして、自然選択説という進化の説明原理は、集団遺伝学によって変数の体系へと写しとられ、数学的に扱われるものになった。この上に総合進化説が置かれるのだが、重要なことは、第二次大戦後に、研究者の間で、進化の要因に関する見解が一気に集約されたことである。マイヤーは、自らが総合進化説について総括した本、『総合進化説　生物学の統一についての展望 *The Evolutionary Synthesis: Perspectives on the Unification of Biology*』(1980, 1998) の中で、一九四七年のプリンストン会議についてこう述べている。

プリンストン会議　恐らく、総合進化説にとって驚くべき光景は、フランスを除くほとんどの国でこの総合進化説が急速に浸透したことであろう。一九二〇年代、三〇年代に進化論の会議はいくつか開催された。たとえば古生物学者と遺伝学者が集まったチュービンゲン会議がある。しかしこれらの会議すべてで、意見は完全に分裂したまま終了した。進化論の研究者間での合意の程は、国立研究センターが支援し、一九四七年一月二～四日にプリンストン（ニュージャージー）で開かれた国際会議で、再度、試されることになった。プリンストン会議を組織した側は、あらゆる専門分野の代表的人物を選ぶよう、細心の注意を払った。そこには、古生物学者、形態学者、生態学者、動物行動学者、分類学者、遺伝学者というさまざまな専門家が集まった。代表として、アメリカからは E.H.Colbert, D.D.Davis, TH.Dobzhansky、G.Jepsen、E.Mayr、J.A.Moor、H.J.Muller、E.Olson、B.Patterson、A.S.Romer、G.G.Simpson、W.P.Spencer、G.L.Stebbins、C.Stern、H.E.Wood、S.Wright、イギリスからは E.B.Ford、J.B.S.Haldane、D.Lack、T.S.Westoll が参加した。

もしこの形の会議が十五年早く開かれていたなら、朝から晩まで激論が交わされ、お互いに相手の主張を論駁しようと試みたに違いない。しかし、プリンストンではこのようなことは一切起こらなかった。というのも、実際には、参加者の間で事前に非常に深い合意に達していたのであり、論争はまずありえなかった。私の記憶を確かめるために、存命者に質問票を送り、七名から回答をもらったが、私の記憶と完全に一致するものばかりであった。参加者全員の間で、**進化の漸進性と、自然選択が基本的なメカニズムであり方向性を与える力であることについて、本質的な合意があった**（強調は米本）ことを、すべての回答が認めた。（p.42）

行方不明になるメンデル型の遺伝子概念

このマイヤーの一文は、まるでプリンストン会議に招集された英米の学者に、自然の「解釈権」があったかのような雰囲気すら漂わせている。世界の解釈のあり方に関してコンセンサス形成を図ろうとする点では、宗教界における公会議に似ている。時として、科学にもそのような事態がありうるのだ。実際、このプリンストン会議以降、このコンセンサスをもとに進化論を統合しようとする意識が非常にはっきりしてきた。現在の生命科学は進化については総合説に立ち、その総合説は基本的枠組みを集団遺伝学に依拠している。二十世紀に入って、持て余し気味であった進化という重要課題が、生物学では傍系であった集団遺伝学によって数学的に整えられたことは、自然哲学の面でも小さくはない意味をもっている。少なくとも、集団遺伝学が、（1）メンデル型の遺伝子概念を前提としていること、（2）個体を消去し遺伝子頻度の変化に関心を絞った数学的論理を優先したこと、（3）これによって進化の議論が日常的時間から離脱し、進化要因論の重要度が格段に低下した。この三点については、ここに含まれる問題の形を明確にしておくべきであろう。

第一の、メンデル型の遺伝子概念を前提としていることの意味は、現在の生命科学の展開からも重要である。メンデル型の遺伝子概念とは、交配実験によって得られる、遺伝形質の分離の法則と独立の法則（これに優性の法則を加えてメンデルの三法則と言う）という現象から、その存在が推定される遺伝に関する単位因子＝遺伝子のことである。このような仮定の上に立って、遺伝現象について論理的な考察を進めた成果が、W・ヨハンゼン（Wilhelm Ludwig Johannsen: 1857〜1927）の『精密遺伝学原理 *Elemente der exkten Erblichkeitslehre*』（1909）であり、ここにおいて初めて、遺伝子（Gene）、表現型（Genotypus）、遺伝型（Phänotypus）という概念が整理された。要するにメンデル型遺伝とは、明確な表現形質とその責任遺伝子との対応関係が想定できるものである。そしてこの型の遺伝子が染色体上に線状に並んでいることを実証してみせたのが、すでに述べたように、モーガンであった。

論を急ぐが、一九五三年にDNA二重らせんモデルが発見され、これに続いて分子生物学の爆発的な発展によって、DNA→RNA→たんぱく質というDNA配列の伝達の仕組みが明らかになった。これは当時、求められていた遺伝現象の物理・化学的説明に、ぴたりあてはまるものであった。事実、分子生物学は早い時期から、たんぱく質の構造を直接決めているDNA配列を遺伝子（構造遺伝子）と呼ぶようになった。しかし、研究対象がウィルスや大腸菌から真核生物へと広がり、とくに一九九七年にDNA自動解読装置が商品化されてゲノム解読が加速されると、遺伝子発現の制御の仕組みが恐ろしく複雑であることが明らかになってきた。これによって、初期分子生物学が描いていた、DNAがあらゆる表現型を決めるとする解釈図式は、かなり早い時期に放棄された。

ヒトゲノム計画の終了以降、メンデル型の遺伝子概念が行方不明になっている現状を率直に述べたのが、E・F・ケラー（Evelyn Fox Keller）著、『遺伝子の新世紀 *The Century of the Gene*』（Harvard UP、2000）である。ここで彼はこう言っている。

ヒトゲノム計画の最終目標が達成されるのに従って、ゲノムの配列情報さえあればその生物を十分に理解できると期待した人たちは、おそらく失望しただろう。だがヒトゲノム計画は、われわれの考えが甘すぎた事実を白日の下にさらし、生物がいかに発生し、機能し、進化するかについて理解するのに必要な、より現実的な方向性を現在の生命科学研究にさし示した点で貴重であった。遺伝子という一概念に内在するこれまで信じられてきたさまざまな特性の間に、亀裂があることが明確に示された。確かにこれまで、多くの研究がこの種の亀裂を示唆してはきたが、今回新たに獲得された塩基配列データこそは、間違いなく最重要のものであった。

(p.70)

生命のあらゆる領域の基盤を成す、鮮やかで明確な因果関係をもつ作用因としての遺伝子というイメージは、一般の思想にも、科学的思考にも、実に深く浸透しており、これを取り除くには、良心的な働きかけや概念批判などをはるかに超える、格段の努力が必要である。

(p.136)

ヒトゲノム解読に続いて、ヒトゲノムとたんぱく質発現に関する包括的データの構築をめざした国際共同研究、ENCODEプロジェクトの成果は大変に印象的である。『*Nature*』二〇一二年九月六日号の解説記事と論文群によると、約三〇億塩基対あるヒトゲノムのうち、たんぱく質をコードする狭義の遺伝子は、この研究では二〇、六八七個で、ゲノム全体の一・二二%にしか当たらない。他の大部分のゲノムについて、その意味は不明であったが、このプロジェクトによって、八〇%以上は遺伝子発現に何らかの形で関与していることが示された。たとえば、たんぱく質をコードしないゲノムの沈黙領域から大量のRNAが解読され調節を行なっていること、また、遠く離れた位置に多数の調節因子があること、などがそれである。これらが複雑に機能しあって約二万二千個のたんぱく質の解読の時期と量をコントロールして、人体を構成するさまざまな種類の細胞とその機能を生み出しているらしい。こうなると、明確で観察可能な形質（表現型）とそれに対応する遺伝子（遺伝子型）というメンデル遺伝学の前提からは、たいへん遠くにまで来てしまったことになる。総合進化説内部の解釈と構成のあり方も当然、修正が必要になってくる。

中立進化説の迫真性

第二に、集団遺伝学は、メンデル集団を前提に生物個体を消去し、集団内での特定の遺伝子頻度の変化を数理論的に扱う学問的体系である。自然選択説は、この枠組みの下で数学的に定義され、いくつかの仮定の上に数値を入れて計算され、時にその値は観察や実験によって検証されるものとなった。集団遺伝学の成立過程については、W・プロビン（William B. Provine）著『集団遺伝学の起原 *The Origins of Theoretical Population Genetics*』(1971) という定番の研究書がある。非常に簡単に言うと集団遺伝学の骨格は、1918～1932年の間に、R・A・フィッシャー（Ronald Aylmer Fisher: 1890～1962）、J・S・Bホールデン（John Burden Sanderson Haldane: 1892～1964）、S・ライト（Sewall Grean Wright: 1889～1988）の三学者によって、メンデル遺伝学、ダーウィニズム、生物統計学の三つを統合して完成された、特殊な形の遺伝学である。たとえば自然選択という概念は、統計学者・フィッシャーが著した『自然選択の遺伝学的理論 *The Genetical Theory of Natural Selection*』(1930) で、次のように表現され直されることになる。

もし、単位時間 dt が正であれば、適応度（fitness）の全変化 Wdt も正であり、そして事実、遺伝子頻度の総変化に由来する適応度の増加速度は、その集団が示す適応度の遺伝的変異 W と完全に一致する。結局、自然選択（Natural Selection）という基本定理は、次のように定式化できる。**任意の時点での任意の生物における適応度の増加率は、その時点における適応度の遺伝的変異に等しい**（原文はイタリック体）。

（Dover版、p.37）

数学的に正しければ科学理論としても正しい、という物理学の経験に倣って、集団遺伝学もこうして理論化されたのだが、彼らにとっては自然選択説だけが定義可能に映った。その結果、二十世紀初頭には重要課題であった進化要因論について議論は棚上げにされ、第二次大戦後には議論自体が消滅してしまった。この過程で自然選択説は、外の眼には数理論化という城壁で守られた難攻不落の概念という印象を与えることになり、自然選択説を疑問視するほど意欲のある研究者は、ほぼ絶滅してしまった。

だが、集団遺伝学が構築した理論的枠組みが、自然選択説を自動的に説明するものではなかったことは、やがて中立進化説の登場で明らかになる。一九六八年二月十七日号『*Nature*』に掲載された木村資生（1924〜1994）の論文、「分子レベルの進化率」がそれである。この論文が画期的であることのひとつは、方法論の上でダーウィンとは逆のことを行なったからである。一九六〇年代に分子生物学が爆発的に発展したことによって、さまざまな生物種の間で、たとえばヘモグロビンを構成するアミノ酸残基の比較が可能になった。木村は、このアミノ酸の変換速度の計算をしてみたところ、驚くべき結果が出た。（1）ほとんどの生物でアミノ酸の変換速度はほぼ一定である、（2）

この変換には特定の型があるわけではなくランダムである、(3)アミノ酸の変換速度は予想外に早い、ことである。つまり、生物進化を集団遺伝学の枠組みを前提にして、「何らかの理由で突然変異が生じ、何らかの理由でこれが生物種の集団のなかに広がって固定されること」だとすると、少なくとも分子レベルでは、進化の大半は中立的なものであることになる。

くどいようだが確認しておくと、方法論の上で、ダーウィンは、眼前の生命の合目的性を説明するのに自然誌的な状況証拠を集め、これに添えて、自然選択説という仮説を提案した。対して木村資生は、生物のさまざまな分子に着目してその進化速度を計算した結果、そのほとんどは中立的進化であることを実証してみせたのである。これに対しては、生物進化はすべてダーウィン型自然選択の結果であると信じて疑わない「正統派進化論者」から、猛烈な攻撃が向けられた。木村はこれを受けて立ち、こう力説した。中立説は生体を構成する分子の進化に焦点を合わせるものであり、この次元ではもっぱら細胞内の分子の機能が重要であること、他方でダーウィン進化論は、生物個体の突然変異に対する環境の側からの淘汰が決定的要因と考えるのだが、両者の間に矛盾はない、こう主張し続けた。木村はこの考え方を『分子進化の中立説 *The Neutral Theory of Molecular Evolution*』(Cambridge U.P., 1983)にまとめたが、これが決定打となった。中立説の強力な反対者であったジョン・メイナード=スミス(John Maynard Smith)は、この本をフィッシャーの『自然選択の遺伝的理論』、ホールデンの『進化の原因 *The Causes of Evolution*』に並ぶ、第一級の研究成果と認めたのである(*Nature*, Vol.306, p.713-714, 1983)。

日常的時間からの離脱

第三に集団遺伝学は、進化を遺伝子頻度の変化として読み替えたことで、世代交代の時間軸を任意に圧縮して考えることが可能となった。その結果、進化は人間の日常的な時間スケールからはるか離れ、いつのまにか、万年単位以上の時間でからくも顕現し始めるものへと変貌した。物理学では、研究対象が日常感覚から完全に切断されたものであることが普通だが、進化論も同様に体験不能の次元に引き出され、数学的表現をまとう自然科学の概念に変貌した。このことで、眼前で展開する因果論的解釈としての説明要求は薄れ、進化要因論に関する説明の迫真性が失われてしまった。自然選択説に対する、トートロジー（適応したもの＝生き残ったもの）ではないかという批判も姿を消してしまったが、他方で、進化論そのものが現象論的な解釈論にとどまる傾向も出てきた。

結局、集団遺伝学だけで考えてみると、メンデル型の遺伝仮説の上に、進化を遺伝子頻度の変化として読み替えた理論体系であることを認め、その限りでの有効性であることを認めればよいのである。ここに重ねて、その変化が自然選択によるものとする説明は必ずしも必要ではない。そもそも実証例がほとんどない自然選択説を、なぜこれほど重要視するのか、その理由も実は明確ではない。逆に問えば、集団遺伝学による自然選択説の規定のし方で、その外部にいる生命科学の研究者は、これで生命の合目的性は説明されると信じているのであろうか。現在の生命科学の主要な成果が分子次元のものだとすると、すでに触れたように木村中立説は、その大半は遺伝子浮動（genetic drift）による中立的な固定だと指摘しているのである。言い換えれば、ダーウィン自然選択説は分子次元での生命の驚くべき合目的性を何も説明していないのだ！

ではなぜ、いまなお総合進化説で自然選択説が珍重され、論理的に現在の生命科学までもが自然選択説一本で立っているのだろう。この問いについては広範な研究が必要である。とりあえずここでは、「因果論的説明空白の恐怖」と言うべき、十九世紀の自然哲学の残滓を、いまの生命科学は慣性として引き継いでいるから、とだけ言っておく。

一方で、『種の起原』から受ける強い印象は、その慎ましさである。ダーウィンは、種が少しずつ変化してきたことを示唆する大量の状況証拠を積みあげ、最後に自然選択説を示した後に、こう述べている。

> 私は概要の形をとったこの書物でのべた諸見解の正しさを完全に確信しているけれども、しかし私は、多年にわたりすべて私とは正反対の観点でみられた多数の事実を心につめこんでいる、経験深い博物学者たちを確信させられるとは、けっして期待していない。われわれの無知を「創造のプラン」とか「設計の一致」などという言い方で隠し、ある事実を言い換えたにすぎないのに、それを説明したと考えてしまうのは、きわめて容易なことである。……心が可塑性に富み、そしてすでに種の不変性に疑いをもちはじめた少数の博物学者が、この書物によって影響されるであろう。だが私は確信をもって将来に、問題を偏見なく両面から見ることのできる、若くてこれから伸びる博物学者たちに、期待をよせる。種は変化する者であると信じるようになった者は誰でも、自分の信念を良心的に表明することによって、十分な貢献をすることができる。なぜなら、そうすることによってのみ、この主題の上にのしかかっている偏見の

重みをとり除くことができるからである。(『種の起原　下』(八杉竜一訳、岩波書店、二一二頁)。

だが、この本の内容が十九世紀の自然科学が待ちに待ったものであったために、この慎ましさは、たちまち削ぎ落とされ、その後の進化論啓蒙の渦のなかに巻き込まれていった。程なく、進化の事実は完全に科学の側に受け容れられたが、自然選択説は、あくまでも進化要因論のひとつという扱いであった。マイヤーの述懐によれば、第二次世界大戦前のドイツの大学の生物学の講義で、進化のメカニズムに言及するものはほぼ皆無であったとされる(マイヤー「私はいかにしてダーウィン主義者になったか」、p.413~423、『*The Evolutionary Synthesis*』、Harvard UP、1980)。

総合進化説の成立が、論理実証主義が求める「科学の統一」に合致させるべく、なお記載的な性格を持ち、ばらばらであった生物学を統一させようとする運動であったことは、前述のようにスモコヴィテスが指摘していることだが、果たして「科学の統一」という標榜がこれだけ大きな構造的変化を、進化論内部に引き起こす力があったのだろうか。ともかく、自然選択説が唯一の科学的説明だとするネオ・ダーウィニズムという啓蒙運動が、季節はずれの嵐のように、第二次世界大戦後の知的世界を席巻した。不明なものは不明なものと一括して扱う二十世紀の科学思想からいっても、また集団遺伝学の論理構造からしても、かくも切迫感をもって自然選択説を啓蒙しなくてはならない理由はないように見える。結局、この時代のネオ・ダーウィニズムの啓蒙は、十九世紀以来の「因果論的説明空白の恐怖」という漠たる不安が、何らかの理由で再び強くなったと考えるよりない。

生命科学における十九世紀的精神の残響という問題は、別途研究すべき巨大テーマである。たとえば現在の研究では、カトリック教会にとって進化論の扱いは、ヘッケルが図式化した「進化論vsキリスト教」というイメージのものよりは、はるかに慎重で内向きのものであった（たとえば、M.Artigas, T.F.Glick & R.A.Martinez; *Negotiating Darwin*, Johns Hopkins UP, 2006）。つまり歴史の実態を俯瞰すれば、ダーウィン説を否定すれば非科学的な創造説がまたぞろ入り込んでくる、などという状況では決してなかったのである。だが、欧米の、すなわちキリスト教圏の科学者は危機的状況にあると一方的に思い込み、自然選択説を軸に総合進化説を構築することで、自然哲学的な面での精神的安寧を得ようとした、と考えるのが妥当である。一九八〇年にまとめられた『総合進化説』において、各国におけるダーウィニズムの浸透状況が報告されているが、すべてが欧米圏の事情であり、たとえば日本はいっさい扱われていない。これは、欧米の科学者が「因果論的説明空白の恐怖」にとらわれていたことの、間接的な証拠と見てよいのだろう。

自然選択説＝エーテル論

こうしてみると、自然選択説を棚上げにしてよい論理がみえてくる。考え易いように、木村中立説を、物理学における「マイケルソン＝モーリーの実験」の位置に見立ててみよう。十九世紀の物理学は、光を波動と考えるための媒体として、宇宙空間を満たす、質量をもたないエーテル（ether）が存在すると考え、このことを疑ってはいなかった。実際にどのようなものであったかは、湯川秀樹・井上健 編『世界の名著　現代の科学Ｉ』（中央公論社、一九七三年）に、マクスウェルが

『エンシロペディア・ブリタニカ 第九版』(1875)に書いた「エーテル」の項が訳出されている。そのエーテルと地球との相対的速度を検出する目的で考え出されたのが、マイケルソン=モーリーの実験(一八八七年の論文が有名)であった。だが、さまざまに努力を重ねてみても、エーテルの存在は確認できず、実験は事実上、失敗に終わった。この百年前の逸話のなかで、理論的には絶対不可欠の存在であるエーテルを自然選択説に、エーテルの存在を測定によって確認しようとした、マイケルソン=モーリーの実験を、木村中立説になぞらえてみよう。

自然選択説は、生物の由来やその合目的性を説明する唯一の科学的仮説として、総合進化説のなかでは絶対不可欠の概念である。ところが、総合進化説が拠って立つ集団遺伝学の枠組みの下で、生命を構成する分子の変換速度を計算してみたところ、分子進化の大半は中立的であることが判明したのである。進化のメカニズムを説明する唯一の科学的仮説としてすべての基礎に置かれている自然選択説は、エーテル同様、進化論を科学として成立させるための、仮置きの、しかし不可欠の概念なのではないのか。自然科学は時として、こういう状況を抱えていることがある。本書も、進化論の置かれている状況はそうであろうと考え、「自然選択説=エーテル論」という比喩を採用する。

問題はこの先である。物理学では、エーテル概念を無視して、まったく別の発想で理論を組み立てたのがアインシュタインであった。この消息に倣うと、自然選択説を含めた進化の要因論は直接には観測できないのであるから考える対象からはずしてしまい、未知のものとして一括して括弧に入れてしまう道があることがわかる。

実は、日本人初のノーベル物理学賞受賞者、湯川秀樹（1907〜1981）は、前述の、マクスウエルのエーテル論を収載した本のなかで、こう述べている。

自然選択説が、その後の科学および思想全般におよぼした影響は、測り知れぬほど大きかった。むしろ、それが百年後の今日に到っても大多数の生物学者によって、唯一絶対の考え方とされているのが、不思議なくらいである。

（湯川秀樹・井上健「十九世紀の科学思想」、p.28、湯川秀樹・井上健編『世界の名著 現代の科学Ⅰ』中央公論社、一九七三年）

ダーウィンが架けた橋を逆に渡る

こうして進化要因論を括弧に入れた上で、百年前の生物学の問題状況にもう一度戻ってみよう。ジェンセンの『生理学の観点から見た有機体の合目的性・進化・遺伝』（1907）は、生命が合目的的であることを正面から認め、これに対する生理学的（因果論的とほぼ同義）説明を提出することこそが生物学の重要課題であるとする学術書である。このこと自体、眼前の自然をそのまま受け容れるという点で、知的にきわめて誠実な態度である。では現在の生命科学者は、ジェンセンが「問題中の問題」とした始原合目的性を含め、生命の合目的性すべては、自然選択説で説明しうると考えているのだろうか。その公式回答は断固「イエス」のはずである。そうでなければ、現在の生命科学の支える自然哲学は崩れてしまう。だとすれば、現在の生命科学が、自然選択説をそれほどまでに確固とした自然法則であり、かつ生命の合目的性の説明に関する全能の原理であると確信しているのなら、次はその逆解釈を試みるべきなのだ。原理的法則の逆解釈は、自然科学の常套的かつ重要な研究手法であり、おうおうにして新しい視程を開くことになるのだ。

具体的に、どうするか。生命現象の合目的性に着目し、その特性を利用する論理を考え出すことである。生命の合目的性に立脚した課題設定をし、そこでもし、その生命現象が合目的的であることの根拠は、と問われれば、自動的・反射的・形式的に「自然選択の結果である」と応答することに徹する立場に立つのである。言いかえればそれは、生物的自然が無限の深度において合目的的な論理構造から成っているという自然観を選びとり、これに賭けることである。言わば、ダーウィンが架けた橋を逆に渡って、その先に姿を現わすであろう、目的論的論理によってのみ組みあがっている自然と向いあい、それを研究することを決意するのである。

現行の生命科学は、生命の合目的性に関する説明原理として、自然選択説一本に立っている。そこでこれを基点に、あたかも脱いだ手袋を表裏逆転させるように、見覚えはあるが、これまでの因果論的思考とはまったく別象限に展開する自然を探求することにするのだ。しかしやはり、合目的的という表現には恣意性をともなう恐れがある、という不安は消えないであろうから、何か別の表現を導入した方がよい。それをここでは、ダーウィニズムを逆転させるという意味を込めて、「ニウラディズム (Niwradism: Darwin の逆つづり Niwrad + ism)」と表現することにする。これは、進化の結果として存在する、生物の合目的的な構造について探求する姿勢を包括的に指す言葉である。そして、このような深い合目的性を仮定した場合に、その下に展開するであろう抽象論理の可能性については、第七章で考えてみる。

それにしても、眼前に展開する生命の合目的性という紛れもない事実を、あたかも存在しないかのように黙殺し続ける態度、そしてこれにいささかの疼痛も感じない、現在の生命科学の「科学性」とは何なのか。生命科学の教科書を埋めつくす、生体分子の驚くべき合目的性について考察してみようとする気配すらみせない感覚は、どこに由来するのか。それも本書の重要なテーマのひとつである。

第五章　「薄い機械論」と、熱力学第二法則問題＝ブリンカー論

慎ましい理論＝熱力学第二法則

十九世紀ドイツの生物学者の心をつかんだ自然哲学は、機械論（力学主義 Mechanismus）であったことを第二章で論じた。続く第三章では、ドリーシュが「機械論 vs 生気論」の境界線は熱力学第二法則の解釈問題にあることに論点を絞り込んでみせ、この解釈問題をもって新生気論の基盤としたこと、そしてこれを初めて論じたのは『自然概念と自然判断』（1904）であったこと、を指摘した。ドリーシュのエンテレヒーについての研究は皆無に近いが、一般にエンテレヒーについて問題にする場合は、『有機体の哲学』（1909）を挙げるのが普通であった。

後ほど議論するが、今日、主要な生命科学の教科書がその冒頭で、「生命現象において熱力学第二法則は破られてはいない」と断りを入れるのが習慣化しているが、すでに述べたように、この不思議な常套句が挿入されるようになった根元的なきっかけはドリーシュにあった。二十世紀の研究

者や知識人には、ドリーシュの諸著作を系統的に黙殺する傾向がきわめて強く、生命において熱力学第二法則が破られているかもしれないとする問いの起源を、わざわざウイリアム・トムソン（後のケルビン卿）の一八五一年の論文にまで戻すことがある。W・トムソンは「熱の動的理論 On the Dynamical Theory of Heat」（*Transactions of the Royal Society of Edingurgh,* Vo.20, 1851）で、熱力学第二法則をこう定式化している。

「無機的（inanimate）な物質手法を介して、物質の一部を周囲のより低い温度に冷やすことで力学的効果を得ることは不可能である。」（p.265）

だがこれをもって、生命は熱力学第二法則を破っているかもしれないと主張するもの、と解釈するのは、いかにも無理がある。このような理由で、二十世紀生物学を支えた自然哲学を再考するためには、ドリーシュが新生気論に立つことを決断した、十九世紀末の思想的状況にまで戻ってみる必要がある。そしてここでの鍵は、「慎ましい理論としての熱力学第二法則」という基本的な認識である。

ここではともかく、当時の科学者の心を強くとらえた力学主義（機械論）の内容を、耳を澄まして聴く態度が絶対に必要である。そしてそのような姿勢で原典を読んでみると、熱力学を築き上げた当人と、その成果を継承する力学主義の信奉者たちとの間で、理論の有効性についての見解が大きく異なっていたことが判明する。苦労して理論にまで仕上げた当人には、その理論の限界がよく見えていたのであるが、他方で、力学主義者たちはニュートン力学を理想モデルと信じるがゆえに、その理論は地上のあらゆる現象に妥当するはずだ、と強く思い込む傾向があった。そして、両者の間でその有効性の度合いが大きくズレたのが熱力学第二法則であった。

のちのち、「マクスウェルの悪魔」の名で有名になる、架空の理性存在の逸話は、熱力学第二法則が容易に破られてしまうものであることを示すために、J・マクスウェル（James Clerk Maxwell: 1831〜1879）が、その著書『熱の理論 *Theory of Heat*』（1888）の末尾に、それとなく付記したものであった。その部分を訳出する。


結論を述べる前に、考察に値する、分子理論のある側面に注意を促しておきたい。

熱力学で確実に確かめられた事実の一つは、容器に封入された系において、体積の変化も、熱の伝達も共に認められない事態は不可能であること、その系では、温度と気圧はいかなる箇所でも同じであり、また、気圧や温度の不均一を生むには仕事を投入する必要があること、である。これは熱力学の第二法則であり、われわれが対象を質量として扱っているかぎり、これは疑いもなく正しい。われわれは、対象を構成する分子を認識したり、分離させる能力をもってはいない。しかし、われわれは次のような存在者を思い描くことができる。その者は非常に高い感度の能力があり、あらゆる分子の軌道を追うことができる。その者の能力は、本質的にわれわれと同様に有限なのだが、今のところわれわれには不可能なことをすることができる。われわれには、容器を満たした空気の温度は単一だが、その分子はまったく不均一な速度で運動している。しかしそれらの分子の巨大な数を、任意に取り出しても、その平均速度はほぼ厳密に一定である。ここでその容器が、AとBのふたつの部分に分かれ、小さな穴があるものと仮定しよう。そして個別分子を見分けられる者が、この小さい穴を開け閉めして、速い分子はAからBに通し、遅い分子はBからAへのみ通すようにするとする。こうしてこの者は、仕事を費やすことなしに、Bの温度を上昇させ、Aの温度を下げることができる。これは熱力学第二法則に対する矛盾である。

これは、**大量の分子から成る対象についてのわれわれの経験から導かれる結論が、個々の分子を認識し操作できる者の場合に想定できる、より微細な観察や実験に対しては適用できないことがわかる、ほんの一例である**（強調は米本）。われわれは個々の分子を認識はできない以上、問題の対象を質量として扱うときには、運動体の場合の計算である厳密な動力学的方法は放棄し、私がこれまでに述べた、統計手法の計算を採用するのを強いられることになる。

（p.328-329、Dover版）

マクスウェルは、自ら構築した熱理論が〈原理論〉であるがゆえに、その適用はごく一般的な場合にとどまることをよくわきまえていた。現実には、われわれは大量の分子を扱う以外にないゆえに、熱力学の結論からは逃れられない。だが微視的に見れば、この理論が該当しない場面は多々あり、その例を挙げるのは簡単である、こうマクスウェルは考えた。そして彼は、話をわかり易くするために極端な例として架空の小人を持ち出し、理論の弱点を指摘してみせたのである。少なくとも彼はそのつもりであった。

基本原理が確立されたことと、それが基本原理であるからといって際限なく拡張できるかは、別の話である。前提条件を超えて基本理論を適用することは粗暴な作為であり、開拓者は絶対にそんなことはしない。原理論ゆえに強力と思い込むのは、初心者がよく犯す誤りである。それどころか逆に、原理論を過度に拡張すれば、それが前提としたイメージで世界を読み込むことになり、正常な光景を遮蔽することにもなりかねないのである。

ドリーシュによる熱力学第二法則の主題化

そもそも熱の力学的な解釈自体、熱機関の効率性の問題に頭を悩ませている研究者たちを除けば、かなり特殊な課題である。それが古典力学の核に置かれるようになったのは、十九世紀末に今日のような体系的な形に整備されたからである。翻って、現在の生命科学が採る、熱力学第二法則に対する過敏な反応（この点については後述）は、考えてみれば実に不思議な態度である。これはどこに由来するのか。

第三章で述べたように、熱力学第二法則を狭義の熱理論としてだけではなく、自然が無秩序へと一方的に向かう現象論的な主張を含んでいることを指摘し、これが古典力学と生命現象とが相容れないことの核心の一つであると論を展開したのは、ドリーシュであった。実際、『自然概念と自然判断』の副題は、「真の自然科学と経験的な自然科学の分析研究 *Analytische Untersuchungen zur reinen und empirischen Naturewissenschft*」というものであり、ここで「真の自然科学」とは数学的に表現されたエントロピー拡大則を含む古典力学のことであり、「経験的な自然科学」とは現象論的に秩序の増大を扱う生物学を暗示している。そして当時の物理学者も、これが無視できない指摘であるため、この本を高く評価したのである。そして、いま訳出した「マクスウェルの悪魔」に関する原文は、そっくり『自然概念と自然判断』の中の第一七一の文章（p.102）としてドイツ語に訳出されているのだ。

こうしてドリーシュは、熱力学第二法則と生命現象との解釈上の困難が、機械論と生気論との境界を走る破断面を成していることを明確に指摘した。同時に彼にとっては、これが「機械論 vs 生気論」という単なる概念的な対立の問題ではないことは明らかであった。彼にとって世界は、常に無秩序へと牽引される無機的世界と、これに抗する非・力学的な生物的自然との複層構造を示すものであり、であるとすると、世界がこのような存在形態であることを論証してみせる必要があった。事実彼は、その後半生をこの壮大なテーマについて語ることに捧げたのである。彼は、自身の自然哲学的立場を表わすのに、復古的な響きのある「新生気論 Neovitalismus」という表現を、意図して用いたのである。ドリーシュは『自然概念と自然判断』を書いた翌年に、出版社の求めに応じて『生気論の歴史』（1905）を著し、続いて、生命に対する見解を体系的に語り下ろしたのが『有機体の哲学』（1909）であった。さらにこの本の中の、熱力学第二法則と生命との関係部分を、オストワルドの持論である「エネルギー一元論 energetische Monismus」にぶつける形でまとめたのが、「生命とエネルギー第二法則」（本書一一一～一二二頁）という論考であった。

こうして、がんらい〈慎ましい原理論〉であった熱力学第二法則は、その解釈問題が、生命に関する機械論と生気論との境界を示す重要課題へと格上げされた。つまりドリーシュの知的作業は、「機械論 vs 生気論」という、十九世紀型の自然哲学上の二者択一問題に、新たな論理を付与し、その再構成を強いるものであった。そして以後今日に至るまで、「生命は熱力学第二法則を破っているか」という問いが、繰り返し立てられることになる。ただし、第二次世界大戦後は生気論が完全駆逐されたため、この問いだけが、持ち主不明の問答として残り続けることになった。

そして現在は、機械論の側が生気論の存在を前提にして採った、「未知のものには無機的自然を仮置きする」という姿勢だけが、生命科学の基盤として一般化することになった。本書はこれを、薄く広く浸透する意識されない機械論という意味で、「薄い機械論」と呼ぶことにする。同時に「薄い機械論」は、過去百五十年の論争史の過程で、暗黙のうちに、十九世紀機械論（力学主義）が前提にした「物質＆エネルギー」という二項概念の発想を、その基底に継承してきている。これについては後述する。

いまの生命科学は浸透性の「薄い機械論」に立っている。言い換えれば、生気論にだけには絶対に陥るまいとする思考的慣性をもっている。だからこそ、その経緯を確認しないまま、「生命は熱力学第二法則を破っているか」と自問自答する光景があちこちで見られることになる。この所作は、生気論者ではないことを自らに言い聞かせる「薄い機械論者」ゆえの特性であり、それは前世紀の遺物と見做して良い。

脅迫めいた自然観

だがもし、ドリーシュという人間一人が、熱力学第二法則と生命現象との矛盾を言い立てただけなら、この議論はこれほどまでは広がらなかったであろう。生物学内部での論争とは独立に、物理学の本流において、熱力学第二法則の至高性を力説する研究者が、その後いく人か現われたのである。その代表的人物が、エディントン卿（Sir Arthur Stanley Eddington: 1882~1944）である。世界的な天体物理学者であるエディントンは、一九二七年にエディンバラ大学で開講されたギュフォード・レクチャーとして連続講演を行ない、それを『物理学的世界の本質 *The nature of the physical world*』（Cambridge UP、1927）という本にまとめた。この事情も、ドリーシュの『有機体の哲学』同様、ギュフォード・レクチャーが二十世紀前半の自然哲学に小さくはない影響を与えた好例である。この本のなかでエディントンは、たとえば次のように述べる。

エントロピーはつねに増加する。われわれは、世界の一部分を切り離し、この問題で理想的な条件を仮定すれば、その増加をおし止めることはできる。しかし、減少する方向に戻すことはできない。この世界には普通の自然法則からの逸脱よりずっと悪性の何かが内包されている。それは、偶然一致の不可能性（improbable coincidence）とでも言うべきものである。エントロピーはつねに増大するという法則は、自然の諸法則のなかで最高位に位置する。もし誰かが、あなたのお気に入りの宇宙に関する理論が、マクスウェルの方程式と矛盾することを証明したとすると、それはマクスウェルの方程式にとって都合の悪いことである。もし、それが観測と矛盾することが見つかったとすれば、その実験者が何度か間違いを犯したことを意味する。まんいち、あなたの理論が熱力学第二法則と矛盾することが判明したなら、私は、あなたに絶望を通告することになる。最悪の不名誉な事態に転落する以外、道はないからである。このように第二法則を最重要視するのは不合理なことではない。こういう確信に値する法則は他にもあり、それに反する仮説はありえないことをわれわれは強く感じている。……　(p.74-75)

この世界は、時間の進行とともに必然的に究極の熱的死に向かって突き進むものという、一般の人間にとってはやや脅迫めいたこの自然観は、物理学的必然として、当時は繰り返し力説された。そんな中で、生命は熱力学第二法則を破っているという指摘も時折なされ、これに対する反論も科学雑誌にしばしば掲載された。たとえば、ユニヴァーシティ・カレッジの無機化学の教授、F・G・ドンナン（Frederick George Donnan: 1870~1956）が「生命の活動と熱力学第二法則」というレターを、一九三四年一月二〇日号の『*Nature*』誌に寄せている（p.99）。ここでドンナンは、物理学者のJ・H・ジェーンス卿（Sir James Hopwood Jeans: 1877~1946）が書いた、『科学の新しい背景 *The New Background of Science*』（1933）に論評を加え、ジェーンスがその最後で「生きている生物は、熱力学第二法則を破る何らかの手段を持っているに違いない」（p.280）と言及している点について、「しかし、全体としてエントロピーは増大しているはず」と批判した。

シュレーディンガー『生命とは何か』の自然哲学的意味

熱力学第二法則の解釈問題は「機械論vs生気論」の境界線の課題となって以降、かなり扱いにくい問題になってしまったのだが、これを物理学者の立場からあえて手掴みして論じてみせたのが、

E・シュレーディンガー（Erwin Schrödinger: 1887～1961）の『生命とは何か』（1944）であった。量子力学の成立で中心的な役割をはたしたシュレーディンガーは、一九三三年にノーベル物理学賞を受賞したが、ナチスの政治的圧力を逃れ、中立国アイルランドの首都ダブリンで、孤独な亡命生活を送っていた。彼のポストは、一般聴衆に向けて講演を行なう義務があり、これを機会に、生命についての持論をわかり易く展開した。これをまとめたのが、名著『生命とは何か 生きた細胞についての物理学的視点 *What is life? The physical Aspect of the living Cell*』である。この著作は出版としても大成功をおさめた。一九四八年までに六五編の書評が書かれ、十万部以上が売れた（M.F. Peruts, Physics and the riddle of life, *Nature*, Vol.326, p.555-557, 1987）。

この本については、若手研究者を物理学から生物学へ転進することを鼓舞し、分子生物学の発展に大きな影響を与えたとする、上記ペルツのような指摘がある一方で、分子生物学の核となったファージグループはこの本の出版以前に発足しており、そこではこの本を話題にすることはほとんどなかったとする、両極端の評価がある。ヨクセンはこの問題について詳しく資料に当った末に、（1）いく人かの若者（たとえば、Maurice Wilkins, Francis Crick, J.D.Watson, Alfred Hershey, Salvador Luria, Seymour Benzer ら）が生物研究に進むことを鼓舞した、と同時に（2）理論的には、「非周期的結晶 aperiodic crystal」という表現で遺伝子の分子的な具体像を提供した、が（3）それ以上に生命現象における「秩序の維持」と古典物理学との関係を研究することを促した、と総括した（E.J.Yoxen: Where does Schroedinger's "What is life" belong in the history of molecular biology?, *History of Science*,Vol.17, p.17-52, 1979）。ヨクセンはさらに、一九五三年以降に、分子生物学者が読んでみて、遺伝子の分子次元の議論を恐ろしいほどに的確に言い当てており、事後的に評価が高まったと指摘している。これが事実に近いのだろう。

だがここで注目すべきは、シュレーディンガーが、ドリーシュの生気論を激しく嫌悪する一方で（上記 Yoxen, p.33）、統計力学とは矛盾するように見える、生命における秩序の維持と増大の問題を正面から扱ったことである。この点について、M・テイクは別の本の書評のなかで、こう述べている（Mikulas Teich, *History of Science*, Vol.13, p.264-283, 1975）。

シュレーディンガーの本は〈物理学の危機〉に触れてはいない。しかし危機は、電子の波=粒子性という実験事実や量子論の数学的形成に関する説明に直面した、物理学者が感じていることだった。この本は、戦間期の十年間に起こった、主として物理学者、天文学者、哲学者、そしていく人かの生物学者までをも巻き込んで、ときには火花を散らした論争と切り離してみることはできない。科学の進歩を広い視点から憂慮する、これらの科学者の集団を刺激した課題群には、以下のようなものが含まれていた。古典物理学と量子力学との差異、〈不確定性原理〉の名で知られるハイゼンベルクによる一般的理解、統計学に依拠した法則の確実性、秩序と無秩序、そしてそれと無機的世界と生物的世界との関係、熱力学と進化論との関係の意味、そして最後にこれも軽くはない問題だが、偶然と必然という永遠の課題、決定論と自由意思、自然と神。

（p.276-277）

さらに加えるとすれば、『生命とは何か』という表題自体、当時の英語圏においては、ドリーシュの生気論やナチスの生の哲学を連想させる、いかがわしいもの、という空気を漂わせるものであった。これらを承知の上で、シュレーディンガーは物理学本流に立つ者として、生命現象と物理学の矛盾という難問をとりあげたのであり、それには勇気が必要であった。
シュレーディンガーはその第一章で、「ナイーブな物理学者 naïve physicist」という表現で、自らを含めた物理学者が生命現象を説明しようとすれば、物理学の法則は大量の分子を対象とするもので必然的に統計学的な近似とならざるを得ないのであり、この点で生命体の原子配列はまったく異なるものであることを、まず指摘する。このことは自ずと、第六章の「秩序、無秩序、エントロピー」が最重要の章となっていることと対応している。その前の章で、デルブリュックが行なった、遺伝物質に対する分子論的な考察を踏まえた上で、こう述べる。

遺伝物質に関するデルブリュックの一般的な図式に従うと、生きているものは、今日までに確立された〈物理学の諸法則〉を免れることはできないが、いままでに知られていない〈物理学の別の法則 other laws of physics〉を含んでいるらしい。しかし、それがひとたび明らかにされてしまえば、既存のものと並んで科学の重要な一要素として統合されていくことになるだろう（原書、Cambridge UP版、p.68）。

そしてその先で、生命がエントロピー拡大則をまぬがれ、秩序を維持しているのは、「生物が食べているのは負エントロピー」（同、p.71）だからである、という有名な一言を述べるのである。ただし当時、これが非常にトリッキーな表現であることは明らかであった。そうであるからこそ、遺伝の分子的実体を追究してゆけば、新しい物理法則に出会うはずである、と科学的な含意を示唆したのである。結局、シュレーディンガーは孤独のなかで、この時代の生命と物理学との間の中心的課題を平易な形で論じてみせたのであり、それが自然哲学に直結する課題であるゆえに、それぞれの視点によって評価が大きく分かれるのは避けられないことであった。

生命科学における熱力学第二法則問題の謎

さて、現在の生命科学の教科書を見てみると、いまもなお、細胞内の反応が熱力学第二法則を破っていないことを熱心に説いている。たとえば代表的な細胞分子生物学の教科書にはこう書かれている。（B.Alberts, A.Johnson, J.Lewis, M.Raff, K.Roberts & P.Walter 著、『細胞の分子生物学 *Molecular Biology of the Cell*』第五版　2008）

生物学的秩序は細胞からの熱エネルギーで可能となる

無秩序に向かうという事物の一般的傾向は、物理学の基本法則である熱力学第二法則が示すところである。これに従えば、宇宙もしくはすべての閉鎖系（宇宙の他の部分から完全に隔離された物質の集まり）では、無秩序の度合いは増加するのみである。この法則は、すべての生物に対して、別の表現に言い換えることができる。

第5-1図　細胞生物学の教科書の冒頭にある
無意味な熱力学第二法則の説明

たとえば、第二法則を、統計の言葉を使えば、系は最大の確率である配列に向けて自動的に変化する、と表現される。もし、箱の中の一〇〇個のコインがすべて表であったとすると、この箱を何度か揺すると、表が五〇、裏が五〇の混ざった状態に移行する傾向が出てくる。その理由は単純である。個々のコインが表裏五〇：五〇となる可能性が異様に大きい反面、すべてのコインが表を保つ確率はたった一つであるからである。表裏五〇：五〇の混交が最大の確率となるから、それを最大の無秩序と表現する。これと同じ理由で、われわれの生活空間も、意識的に整頓しなければ、どんどん無秩序になっていくことは、日常的に経験している。無秩序に向かう運動は、これを周期的に取り除こうと努力をしないかぎ

り、**自律的な過程**〔原文ゴチック〕である。

ある系の無秩序の量は、系のエントロピーと表現し、数量化できる。無秩序が大きくなれば、エントロピーは大きくなる。このように熱力学第二法則の別の表現は、系はより大きなエントロピーの配列に向かって自律的に変化する、というものである。

生きた細胞は、生存し、成長し、複雑な有機体となることで、秩序を生み出している。これは熱力学第二法則を逸脱しているように見える。どうしてこのようなことが可能なのか？ 答えは、細胞は隔離された系ではないからである。細胞は環境から食物の形でエネルギーを得るか、太陽からの光子のかたちで（もしくは、ある種の化学合成細菌では、無機分子のみから）エネルギーを得る。そして、このエネルギーをそれ自身の秩序を生み出すために使用する。秩序を生み出す化学反応の過程で、細胞はその一部を熱に変換する。熱は細胞の環境に放出され、それを無秩序にする。それゆえ、細胞とその周囲の全エントロピーは、熱力学第二法則に従って増加する。

このようなエネルギー転換を支配する法則を理解するためには、宇宙のその他の部分を代表する物質としての、細胞を取り囲む海を考えなければならない。細胞が生き、成長するとともに、内部に秩序を構成する。そのことはまた、分子を合成し、細胞の構造と同化させることによる熱エネルギーを、常に放出している。熱は、分子のランダムな衝突となった、最も無秩序なエネルギーの形態である。細胞が熱を海に放出すると、そこでの分子運動の強度（熱運動）が増加する。これによって海のランダムネスもしくは無秩序は増加する。細胞の内側の秩序の増加は、比較してみると、周囲の海の物質の秩序が減少（エントロピーの増大）した分の方が大きいため、熱力学第二法則は妥当している。（p.66-67）

この本は一三〇〇頁にも及ぶ、現在を代表する細胞生物学の教科書であり、全編が最新の細胞分子生物学的な成果で埋め尽くされている。だが、いま引用した個所だけは、木と竹を接いだような別種の文章が挿入されている印象を拭えない。ともかくここでは単に、細胞は熱力学的に開放系であると言っているにすぎない。問題なのは、細胞内の反応や構造についての説明と論理的にはまったく無関係であり、ここにある必然性は無いにもかかわらず、これだけの長文が割かれており、しかもこの重みづけに、著者たちがまるで疑問を感じていないことである。

同種・球形微粒子vs多種多様の複雑な分子

ではなぜ、生命現象が熱力学第二法則に違反しているか、という問いが無意味なのか。その理由はきわめて単純である。そもそも統計熱力学が、同種・大量の球形微粒子が空間を飛び回る理想気体をモデルとしている理論だからである。考察対象が理想気体という原イメージから離れれば離れるほど、熱力学第二法則の適用は、当然、不適切となる。たとえばシュレーディンガーは『生命とは何か』の冒頭で、「生物のもっとも重要な部分の原子の配列やその相互作用は、物理学者や化学者がこれまで実験的・理論的な研究の対象としてきた原子の配列とは根本的に異なったものです」（同書、p.4）と明言している。それから半世紀以上経ったいま、われわれは生物的自然を構成する分子は、当時とくらべてさらに格段に複雑・多様なものであることをよく知っている。シュレーディンガーでもこれほどまでに複雑・多様であるとは想像すらしなかったはずである。

レフとレックス（Harvey S.Leff & Andrew F. Rex）は『マクスウエルの悪魔 *Maxwell's Demon*』（Princeton UP, 1990）の巻頭の総説で、八種類のマクスウエルの悪魔の説明図を集めている（本書三〇八頁の第7－5図を参照）。彼らが問題にしているのは、分子に対する観測手段と小孔を開閉する操作との関係である。だがわれわれにとって重要なのは、「マクスウェルの悪魔」を図示した二十世紀の科学者の原イメージである。こうして、図示されることで、図らずも二十世紀末においてすら、「マクスウェルの悪魔」の議論は、同種・大量の球体微粒子が空間をランダムに飛び回る、理想気体のイメージで論じられてきていることが確認できる。このような気体運動論の分子のイメージの上での議論と、たとえばグッドセル（David S. Goodsell）が『生命の機械 *The Machinery of Life*』（Springer, 2009）で芸術的に描き出してみせた、大腸菌内の分子構造の図と比べてみれば、生物と非生物物は、分子次元で完全に異質の自然であることは、嫌でも理解できる。むしろ、この単純な指摘が今日までされなかったこと自体、たいへんに奇妙である。その理由は「薄い機械論」のイデオロギー性の強さに帰すより、良い説明は、いまのところ見当たらない。

つまり、二十世紀前半までに存在した「機械論vs生気論」という堅固な対立図式から、生気論が追放された結果、「未知の自然はとりあえず無機的なものと仮置きする」とする自然哲学的な姿勢が、対抗者不在となったことで際限なく広がり、生命科学全域を貫徹する現在の光景が出現した、と解釈することである。この姿勢の別表現が、「生命現象は熱力学第二法則を破ってはいない」と

第５－２図　大腸菌内の分子構造（口絵参照）

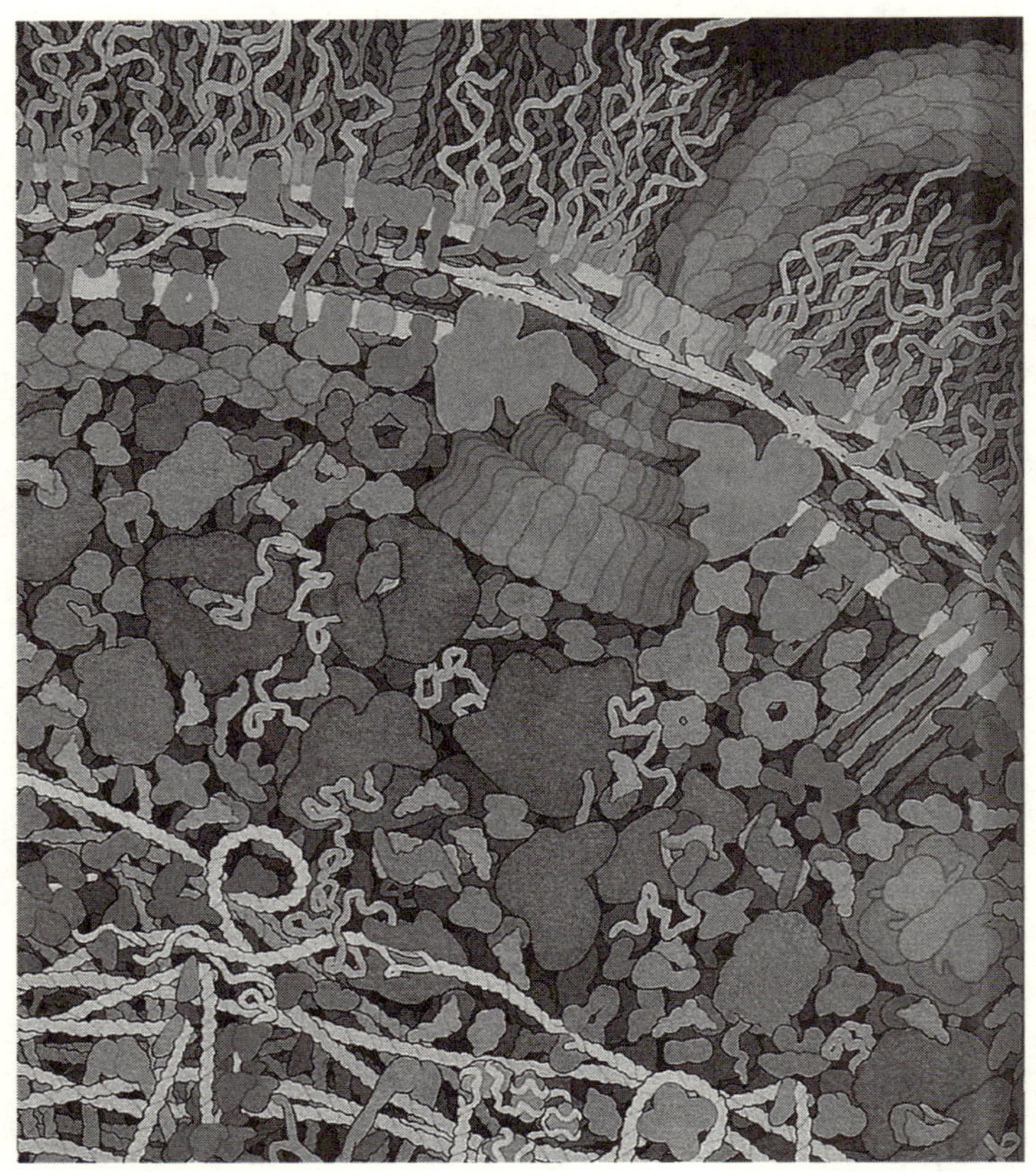

このグッドセルの作品は、細胞内の分子状態が、無機化学が前提とするものとは、いかに違うかを直感的に説明するものとしては抜群に秀れたものである。しかしここにはいくつか実際とは異なった点があり、注意が必要である。第一に、熱運動が停止した、便宜的な絶対０度の世界であること。第二に、分子に色はついていないこと。第三に、最も分子数の多い水分子が捨象されていること。

いう言説である。さらにこの問いの底には、生命現象を無機科学によって説明し尽くそうとする、十九世紀機械論（力学主義）の大構想の残滓が横たわっているのだが、これについては後述する。

熱力学第二法則問題=ブリンカー論

事はこれで終わりではない。むしろ出発点である。熱力学第二法則問題が、十九世紀機械論の「臍の緒」として、現在の生命科学の教科書にはっきりと刻まれている現状は、ちょっとした話題提供などにはとどまらない、重大問題をはらんでいる。生命的自然は無機的世界とは異質である、と科学者が素直に受け取る感覚を強く阻害しているからである。ほんらい、こんなに感覚的・心理的阻害因子が科学の領域にはあってはならないものなのだが、自覚されてこなかったぶんその根は深い。この事態は、「副作用」と表現すること自体が正しくないのかもしれない。「熱力学第二法則不破の原則」こそは、生気論には陥ってはならないとする「薄い機械論」の基本教義であり、だからこそ、現在の教科書の冒頭に置いてあると見るべきなのであろう。

そこで本書は、「熱力学第二法則問題=ブリンカー論」を採る。ブリンカー（blinker、遮眼帯）とは、馬の視野を制限する馬具のことである。馬はほぼ三五〇度の視野をもっており、後方で動くものに敏感である。そのため気の弱い馬は、馬車や競馬の最中に思わぬものに驚いて、御者や騎手の制御が効かなくなる恐れがある。それを防ぐためにブリンカーは、馬の両目に皮やプラスチックでカップのようなものを装着し、前方に関心を集中させる道具である。

いま、生命科学の教科書の冒頭に熱力学第二法則問題が書かれているのは、「薄い機械論」から逸脱しないよう誘導するための経文と言ってよい。それは一見、不要で無害な挿入文のようにみえるが、その実、読む者の視野を限定するブリンカー作用がある。分厚い『細胞の分子生物学』(B. Alberts ら著)で生物学を学ぼうとする者は、引用箇所を読み進んでいく過程で、以後に現われる生体分子の驚くべき秩序性や合目的性には関心を払わぬよう眼隠しを着けられ、訓化されるのだ。「熱力学第二法則不破」のマントラ(mantra)が唱えられることで、細胞内の分子的自然が無機世界とはまったく異質であり、驚愕すべき秩序に溢れているという、明明白白な事実に対して、無感動で無反応な「薄い機械論者」として鋳型にはめられていく。「目に入れども見えず」というこの洗脳状態こそ、現在の生命科学が、たとえばP・ジェンセンのような合目的性に対して知的に誠実な関心を払う態度をいっさい排除する、「薄い機械論」の信念集団であることを示している。

古典力学の適用不適な空欄

H・ベント(Henry A. Bent)は、熱力学第二法則にのみ焦点を絞ったユニークな教科書、『第二法則 *The Second Law; An Introduction to Classical and Statistical Thermodynamics*』(Oxford UP, 一九六五)を書いている。そこで彼は、われわれが日常的に慣れ親しんでいる自然を扱うのに適当な物理理論を、ほんとうは手にしていないことを率直に言い表わしている。

その「第Ⅲ部　統計熱力学への序論」の序にある一文を訳出してみる。

物理科学は、物体(particles)と呼ばれる非生物を研究の対象とする。それは想定する物体の数、物体の大きさ、物体の速度に従って、次のように区分される。
(p.136)

第5-1表 ベントの表

	非常に小さい	中程度	非常に大きい
物体の数	ニュートン力学	χ	統計力学、化学
物体の大きさ	量子力学、化学	ニュートン力学	古典天文学
物体の速度	統計学	ニュートン力学	相対論

ベントの、この整理のし方はたいへん興味深い。非生物的な物体(particles)を扱う物理学のなかで、対象物の数が中程度の場合、これを扱う適当な理論が見当たらないのである。ベントの表の興味深い空欄に、ここではとりあえず、ギリシャ文字χを入れておこう。

古典力学の代表であるニュートン力学は、対象が三個以上になると多体問題と言われ、計算は格段に複雑になってしまう。そして、対象物の数が格段に大きい場合は統計力学の出番である。しかし、その原イメージにあるのは、「理想気体」であり、そこでは均一で球状の微粒子が飛び交うのが前提となる。

ベントは、この表に続いて、ボルツマンの関係式をとりあげ、こう述べている。

J・C・マクスウェルとL・ボルツマンによる熱の数学的力学的=分子モデルに対して、一九〇〇年の終わりころ、有名なオストワルドも属する学派から、激しい攻撃が加えられた。彼らは〈仮説を立てない科学〉を標榜する立場から、原子論を拒否し、その上でこう主張した。数学的過程は可逆的であるが、熱の過程はそうではないのだから、熱現象を内部に想定される数学的変数で説明することはできない。

この〈可逆性パラドックス〉の問題に対して、ボルツマンは明快な解答を与えた。彼は、力学的過程は粒子の数が十分に大きければ不可逆であることを指摘した。黒の玉千個と白の玉千個をいっしょにして激しく振れば、ランダムな混交物となるが、さらに振り続けてもこの過程を介してもとには戻らない。この種の観察をさらに精密に論じ、ボルツマンは、今日、古典熱力学の概念と分子統計学のそれとの間に架橋するものとみなされる数式を定式化した。その、エントロピーは、微細な視点における無秩序と関係するといわれてきた。その、エントロピーSと無秩序との間の量的な関係は、

$$S = k \cdot \ln\Omega$$

である。この等式は、ウィーンの中央墓地にあるボルツマンの墓石の碑銘の上に刻みこまれている。ここで、k（ボルツマン定数）は、気体定数をアボガドロ数で割ったものに等しい。

（同書、p.136）

本章でわれわれは、同種・多量の球形微粒子をモデルとする統計熱力学を、多種多様で複雑な生体分子が濃密にせめぎ合う生物的自然、つまり細胞内の分子的状況に適用するのは不適切であることを直感的に説明してきた。加えて、「生命は熱力学第二法則を逸脱しているか」という問い立ては、現在の生命科学が「薄い機械論」に立つゆえの、今となっては空疎な「偽問題」であるとする

解釈を述べてきた。たいへん単純な論理だが、不思議なことに、これまでこのような議論は行なわれて来なかった。では、これまでえんえんと論じられてきた、古典物理学と生命との関係はいったいどう考えれば良いのか。

十九世紀機械論の「臍の緒」と分子像

そろそろ、古典物理学と生命現象との関係を整理するときに来たようである。先ほどのベントの表にχと書き入れたことの意味を考えてみよう。ここに、かつてシュレーディンガーが予想した、「既存の物理学の諸法則を免れることはできないが、まだ知られていない物理学の別の法則」（前褐、p.68）が入る事態は起きなかった。後で述べるが、デルブリュックらは、物理学から生物学の領域に転進し、ウイルス（大腸菌に感染するファージと呼ばれる一群のウイルス）遺伝子の分子的実体を追究して、今日の分子生物学を確立させたのだが、その輝かしい成果のなかに、新しい物理学法則の発見はなかったのである。だが、彼らが転戦してきたもともとの動機は、生物学の領域において新しい物理学法則を発見することにあった。この点に限ると、シュレーディンガーの見立てははずれたように見える。

ではχの位置には何が入るのだろう。実は、『第二法則』（1965）の巻頭頁の左側に、非常に興味深い挿絵がある（第５－３図）。上方に向かって落ちて？（のぼって？）いく大きな球形の物体から必死で逃げている人が描かれている。ベントは、古典力学的にはありえない光景——たとえばエントロピーの減少——を示すものとして、これを掲げたに違いない。『第二法則』の教科書としては、

第5－3図

これはこれで明快な自然哲学の主張である。だが、この挿絵のようなことは本当に起こらないのだろうか。ベントのあの表の空欄を念頭に、挿絵の左右を逆転させ、落下する物体を極端に大きくしてみたのが、第5－4図である。

確かに左右を逆転させた図は、われわれのよく知る自然であり、古典力学が内包する自然哲学が表わされている。だが微視的に見れば、さまざまな理由で逆の事態は起こりうるのではないのか。否むしろ真理は逆で、微視的には逆向きの現象、たとえば流体における「カルマンの渦」に似た状態が生じるのが一般的ではないのか。左向きに落下していく大きな世界が古典物理学の領域であるのに対して、これに反するように見えるのが生物的自然であり、こちらの図こそ実際の世界なのではないか。反転した図の方が正しいとした場合、古典力学に反するように見える微視的自然がどうして生じ、それをどのように考えるかは次章に譲

第5-4図

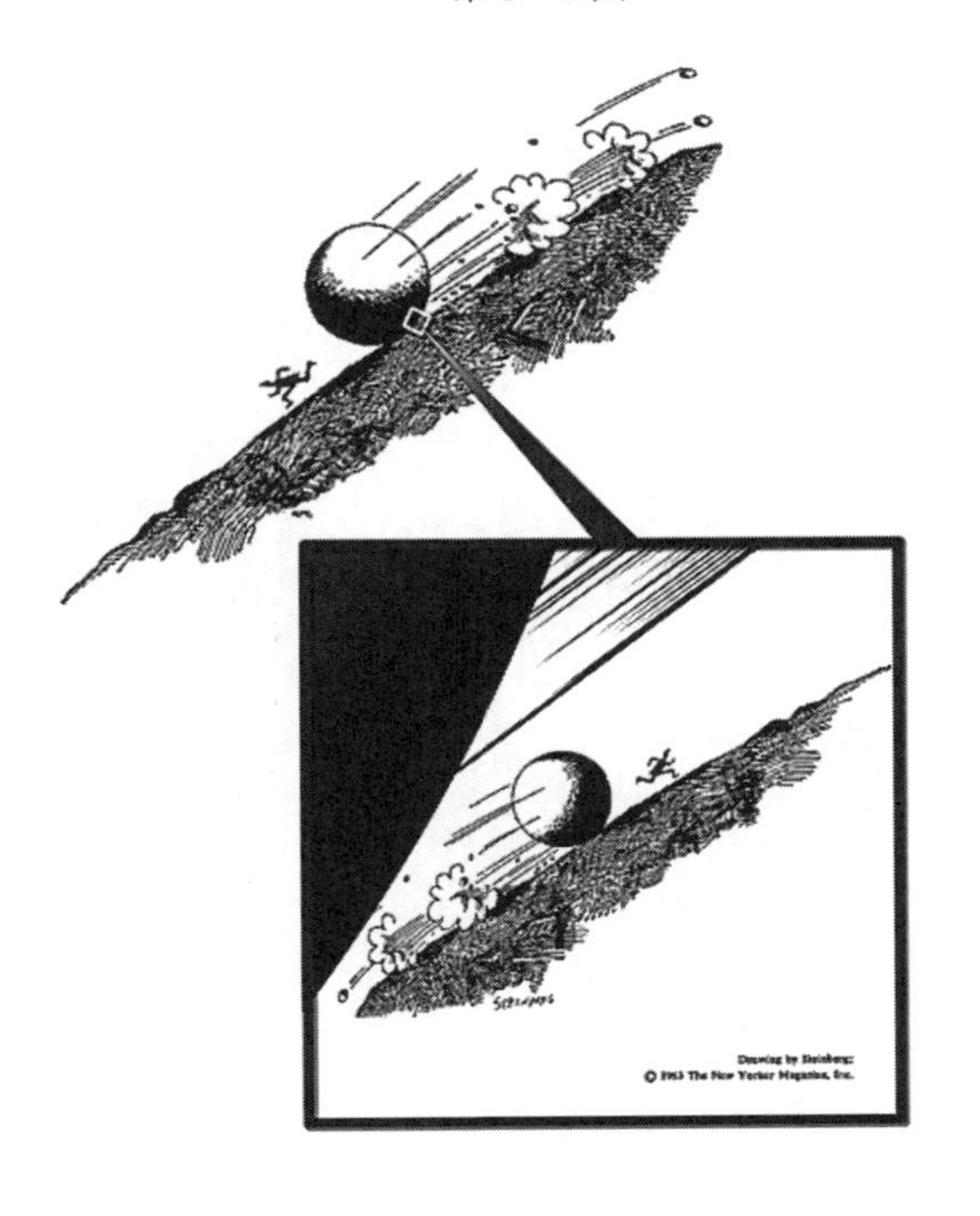

微視的に見れば逆流現象は一般的

ることにする。

ただし、少し先回りすれば、先の空欄の χ に含まれるものとして、安定的に熱力学第二法則に抗するような分子の組合わせの体系があり得るはずである。そのなかの機能的な分子の体系のひとつが、爆発的に進化・発展したのが現在の地球型生命ではないか、こういう解釈が可能になる。

ここでの鍵は、安定的に熱力学第二法則に抗するような「分子の組合わせの体系」という表現にある。実はすでに、「薄い機械論」は十九世紀機械論が前提とした「物質&エネルギー」という二項概念を継承していることを匂わせておいた。この「物質&エネルギー」という思考の型もまた、現在の生命科学の発想を強く縛っているのである。

第二章で述べたように、ニュートン主義を生命現象に適用したのが、十九世紀機械論(力学主義)であったが、その基盤には、自然は「物質とエネルギー」もしくは「物質と力」の二つの概念から成るという基本的な考え方がある。この考え方に立つと、古典力学以外に何ものかが存在する、と発想すると自動的に、もうひとつ別の力、すなわち生命力(Lebenskraft)を挙げる方向に進んでしまうように見える。このような「思考の型」であったことを論じる目的で、第二章では十九世紀の自然科学を「大因果論化の時代」と特徴づけ、因果論的説明の一種としてほぼ自動的に発想されてしまう生命力についての議論を、少し詳しく紹介したのである。

そして現在の生命科学も「薄い機械論」の上にあるために、生命は物理・化学だけでは説明できないとする主張に出会うと、反射的に、十九世紀的な「物質とエネルギー」の二項概念の上に立ち、生命力やこれに類似の作用因を主張するもの、という解釈に傾いていってしまう。しかしここで空

欄の χ に含まれる可能性があるのは、「熱力学第二法則に抗するような、分子の安定した組合わせの体系」であり、それは新たな力や物理法則を必要とするものでは、断じてないのだ。この発想のズレはどこから来るのかといえば、それは「薄い機械論」には本質的に、生体分子に対してその複雑さを過小評価する傾向が内包されているからである。再度力説するが、機械論が拠って立つ熱力学は、その対象を球体微粒子と見なす、モデル上の便法を採った上での理論である。そして二十世紀初頭に独立した学問になった有機化学も、生体分子を無機分子の延長線上にある程度の複雑さのものとしてしか想定してこなかった。それは十九世紀的な化学的思考の惰性であり、生体分子の研究は、そのあまりの複雑性に、研究者の側がつぎつぎ裏切られる歴史であった。

たとえば、J・ケンドリュー（John Cowdery Kendrew: 1917～1997）は、X線解析技術を駆使して、たんぱく質の立体構造を長年にわたって追究してきたが、彼が最初に明らかにしたのは、クジラの精子のミオグロビンであった。クジラのミオグロビンである理由は、大量に均質な試料が得られたからである。その記念すべき論文の末尾で、ケンドリューはこう述べている。

この分子のもっとも注目すべき形態は、その複雑性、そして対称性がないことであろう。その配列は、われわれが直感的に予測できるような規則性をまったく欠いており、さらに、どんなたんぱく質構造理論が予測したものより、はるかに複雑であった。

(p.665)

第5-5図

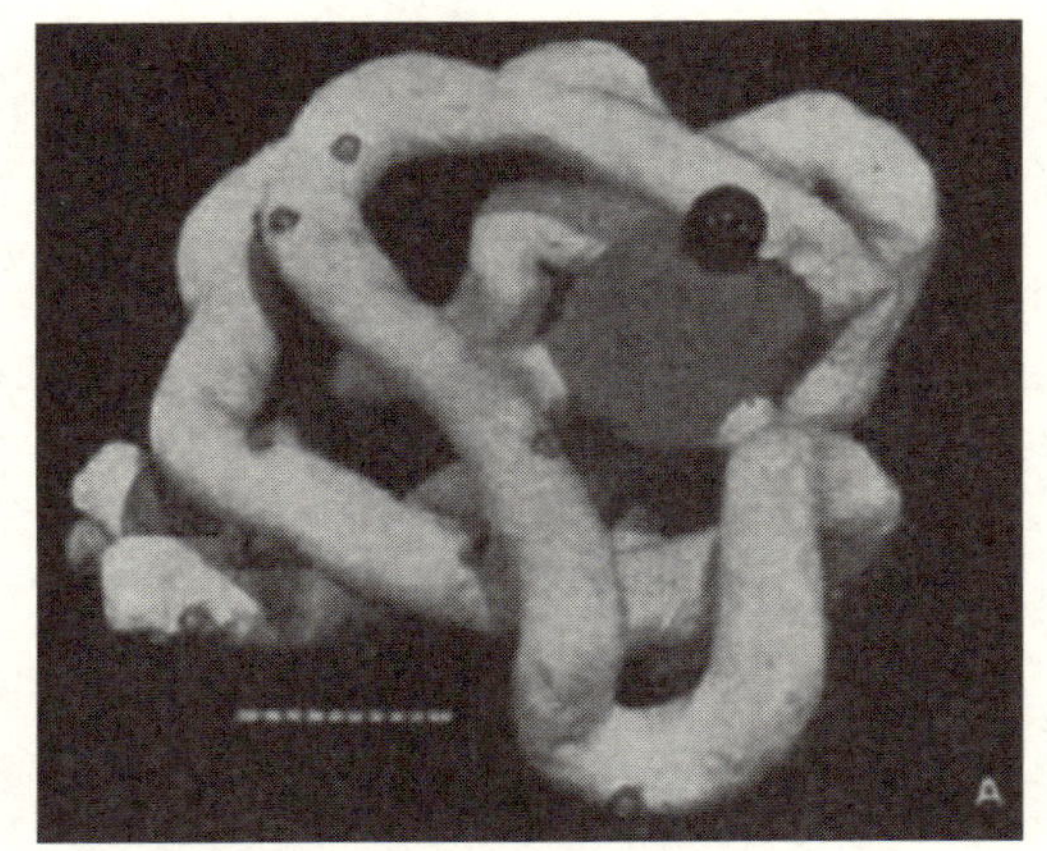

出典）J. C. Kendrew, 他; *Nature*, Vol.181, p.662-666, 1958.

それから半世紀後のいま、われわれはグッドセルが描いた細胞内の分子的世界よりも、生命の実体はさらに複雑であることを理解している。われわれは、分子次元の生物的自然についての認識モデルを、全面的に改めるべき時に来ているのである。

第六章　「C象限の自然」の再発見

細胞内の自然＝「C象限の自然」の再発見

前章の内容を要約するとこうなる。

熱力学は、理想気体（ideal gas）をモデルとして出発した理論である。だからこのような球形微粒子を前提に組み立てられた理論を、これとは真逆の、複雑で多様な分子が充満する細胞内の自然（くどいようだが、グッドセルの図をもう一度思い出してほしい）に適用することは、そもそも不適切であり、無意味なのだ。にもかかわらず、生命現象に関して〈熱力学第二法則不破原則〉を確認しようとする試みが繰り返し行なわれてきている。この事実は、現在の科学が「薄い機械論」という自然哲学の上に立っていることの、紛れもない証拠である。実は、生命に向けて熱力学第二法則不破原則を問うのは、無益で無害なことのように見えるが、すでに述べたようにこれには一種のブリンカー（遮眼帯）作用があり、実際、現在の生命科学の視野からは、自然のいくつかの側面が消去されている。そのひとつの例が、P・ジェンセンが指摘した「始原合目的性」の体系的黙殺である。ただし、このような自然哲学的な性格の強い視野欠損については、ここでは取り上げない。なぜ微視的には熱力学第二法則に反する現象が起こるのか、という問題に戻ろう。その理由はばかばかしいほど単純で、生命は熱力学がモデルとした球形微粒子とは別種の、複雑で多様な分子が充満した自然だからである。

もう一度、ベント著『第二法則』から改作した図を見てほしい。この図で左に向かうのが、われわれが日常的なスケールで体験する自然である、古典力学の領域である。だがその中心にある熱力学は、球形微粒子を原イメージに置いて組み立てられた理論の体系である。この前提から離れ、複雑で多様な分子が充満する状態の自然であれば、「慎ましやかな」法則であったはずの熱力学第二法則に反する現象は当然、ふんだんに生じてしまう。この図をじっと睨むと、右向きに進行する微視的規模の自然が、熱力学第二法則に反する分子の組合せを局所的に実現させたのが生物である、と推測することが可能である。これまで、このような推論を行なうことは、自然に関する洞察（＝自然哲学的活動）ではなく、形而上学的な思弁（speculation）として拒絶され、徹底的に排除されてきた。

議論の筋道をはっきりさせるために、ここでひとつの作業仮説を述べておく。

地球が誕生するのと並行して、複雑な分子が形成されてその蓄積が進み、ある水準に達すると、局所的に熱力学第二法則に抗する、反応回路の安定した組合わせが形成され、そのなかのひとつの特殊な解答例が現在の生命の起源であろう、と考えるのである。こうして局所的に生じた、安定的に熱力学第二法則に抗する高度な分子の組合わせの系が、長大な時間の流れの中で進化し、眼前の豊かな生物界を作りあげた、という解釈に立つのである。

これは一見、「生命の起原」論のようにみえるが、そうではない。この立場は「原始生命」の出現を所与のものとし、それ以降の生命に関して、そこに内在する論理構造を読み解こうとするものである。これはあくまで作業仮説である。そうである以上、それはより単純で明確な表現の方が良いから、もう一度、言い直しておこう。

参考図

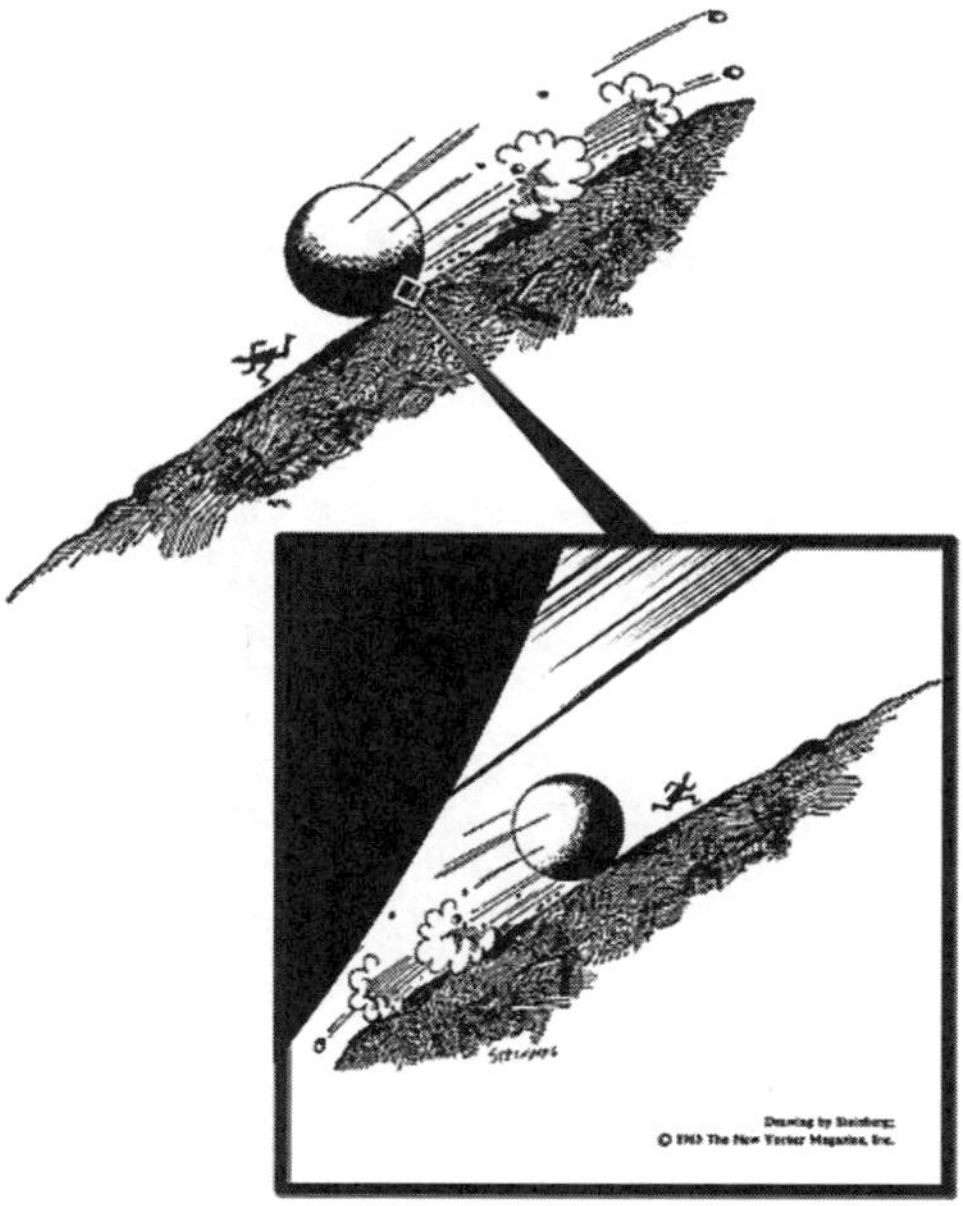

Drawing by Steinberg;
© 1963 The New Yorker Magazine, Inc.

第6－1図の、左に向かう大規模な自然が古典力学的世界である。生命とは、その中にある格段に小規模な自然で、分子次元で熱力学第二法則に抗する（以後、抗・熱力学第二法則性と表現する）組合せを実現させた自然である。こうして、抗・熱力学第二法則性を安定的に実現させている、つまり〈常時回復的〉な非・古典力学的自然を成立させている、任意の分

第６－１図（口絵参照）

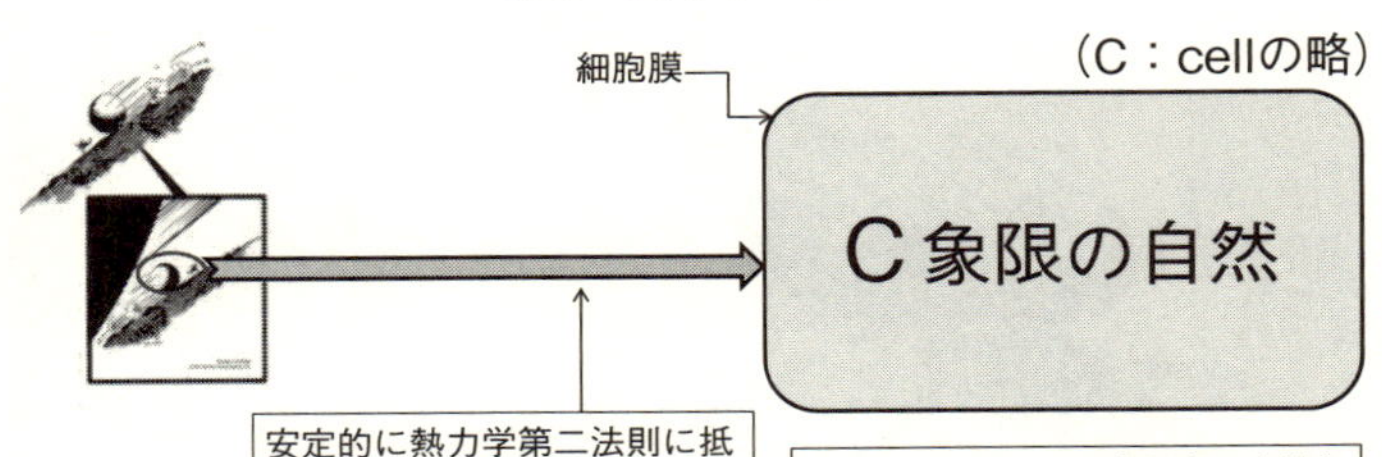

子的世界を、「C象限の自然」と呼ぶことにする。ここでCとは、細胞（Cell）の頭文字であり、「細胞内で展開する自然」という含意がある。これには、生物はすべて細胞からできているとする「細胞説」に関して、これまでとは別角度からの解釈を与える可能性が含まれている。

抗・熱力学第二法則性を実現させたこの自然のドメインは、分子に関して、第一に、抗・熱力学第二法則性を安定的に実現させるだけの多様な分子の種数、第二に、それらの分子の有効な組合わせ、そして第三に、それらの意味ある有効な密度、が維持されなくてはならない。これら「C象限の自然」が成立する条件については、まったく未解明である。だが、未知のものは未知のものとして仮置きし、前へ進むことはできる。これは、現代の科学がしばしば採用する有力な戦略のひとつである。ここで「C象限の自然」が成立する条件を「L条件」と呼ぶ。Lとはlifeの頭文字である。L条件のうち、第三の、意味ある密度が維持されるためには、その全体がまとまって封入されていなければならない。「C象限の自然」は何らかの形で仕切られた内側ではじめて実現する自然であり、生物学はこの仕切りを細胞膜（cell membrane）と呼んできた。

われわれはいま、あるトートロジー（同義語反復）の環の中に入っている。だが、原理的議論がトートロジーの形態をとるのは、やむを得ない。

「C象限の自然」を認知することを生気論と見なす「薄い機械論」

つまり、細胞膜によって区切られた内側に展開するのが「C象限の自然」なのだが、これは、「細胞膜の内部は外部とは別種の自然である」という主張と同価である。細胞の内と外とは異質であるとする見解は、一九五〇年代あたりまではごく普通のものであった。だがこの見解はそれ以降、生気論とみなされるようになり、激しく非難される見解になった。一九七二年に、現在の細胞膜の基本モデルである「流体モザイクモデル」が提案される（S. J. Singer & G. L Nicolson: The Fluid Mosaic Model of the Structure of Cell Membranes, *Science*, Vol.175, p.729-731, 1972）。これは燐脂質たんぱくが親水性の球形部分を外側に、疎水性の二本の炭水分枝を内側に向けた二層の膜構造を形成し、その間に機能たんぱくが浮遊しているモデルである。

この細胞膜のモデルは現在、完全に確立されたものになっている。ただしこの時の議論はあくまで細胞膜の分子構造に関するものであり、この膜が存在することの意味や、その内部と外部での違

第6－2図

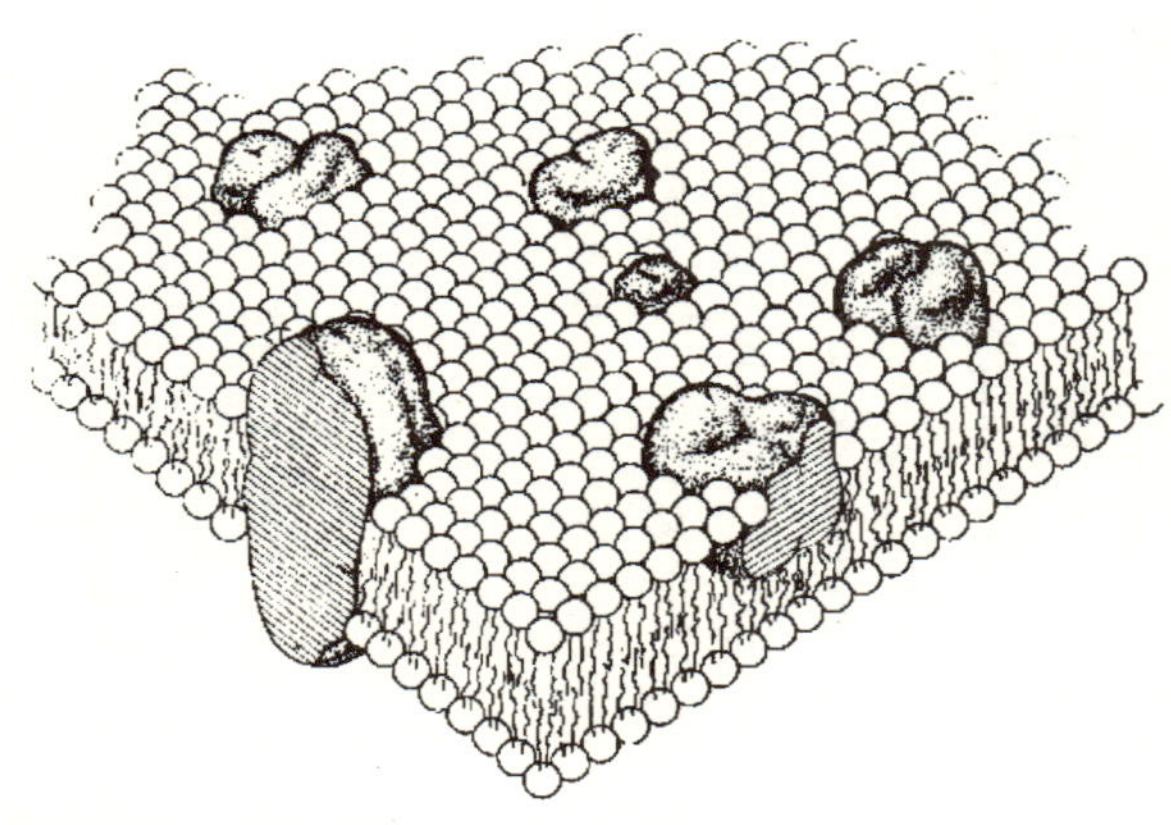

燐脂質が二層に並び、親水性の頭部を外に、疎水性の尾部を内側にした流動性の膜モデル

細胞膜の燐脂質たんぱく・モザイクモデル

出典）S. J. Singer & G. lL. Nicolson, *Science*, Vol.175, p.723, 1972.

いについてはいっさい考察の対象となってはいない。その理由は、古典力学的には細胞膜で仕切られた内部も外部も差異はなく連続的であるからである。本書は、古典力学の概念をそのままの形で細胞内の自然に摘用する立場を「薄い機械論」と呼ぶのである。この考え方は前に述べたように、十九世紀ドイツ生物学が構想した機械論（Mechanismus）に起源があり、もともとラプラスの悪魔がその理想にある。さらにその基層には、自然は究極的には球形微粒子の運動に還元されうるとする自然哲学的な要請があり、取り組むべき問題はすべて「物質&エネルギー」もしくは「分子&エネルギー」という二概念の上に組み立てられることになる。この思考枠組みに立つと、「分子&エネルギー」以外に項目を立てる立場に対しては、反射的・自動的に、〈生命力〉（もしくはその類似物）を導入するもの、と判断することになってしまう。しかもその場合、批判というより生理的嫌悪に満ちていることが多い。だがすべてを「分子&エネルギー」の二項に集約する思考の枠組みは、前項の分子に関して格段に多様で複雑であることが判明している現在、細胞内の自然を扱うには不適切であり、実際そのような問題の立て方はもうしていない。そうではあるが、「薄い機械論」は、「C象限の自然」について語ろうとする態度とは相容れないのだ。

比喩を述べるとこうなる。目の前に速い流れの大きな河がある。これを渡ろうとして足元にある石を投げ込んでいるのが〈機械論〉である。石を投げ入れる行為は対岸に渡る——この場合は生命現象の解明——という目的に沿っているように見えるのだが、投げ入れられた石は視界から消えた深みで、下流へ流されてしまう。

ここ三十年ほどの間に、生命科学における分子像は激変した。この事態は当然、生命科学の基盤を成してきた、分子次元の認識と方法論に関して、総点検を行なってみるべきなのだ。だが、それを阻止しているのが「薄い機械論」という自然哲学なのである。

「薄い機械論」という自然哲学を形作ったのは、一九五三年にDNA二重らせんモデル発見したワトソンとクリックをはじめとする初期の分子生物学者たちである。分子生物学によって明らかにされ始めた自然を、自然哲学的にどう咀嚼し、結果的にどのように「薄い機械論」へと織り上げられていったかは、別途論じる必要がある。ともかくここでは、分子生物学者たちが「C象限の自然」について、どのような解釈を採ってきたか、確認だけをしておく。その代表例として、J・ワトソン(James D. Watson: 1928〜)の文章を引用しておく。言うまでもなくワトソンは、F・クリック（Francis Harry Compton Crick: 1916〜2004）とともに、ＤＮＡ二重らせんモデルという、世紀の大発見をした一人である。彼はそれ以降、分子生物学が爆発的に生産し始めた成果内容を統合することが重要だと考え、教科書を書く立場に回った。それが圧倒的な影響力をもった名著『遺伝子の分子生物学 *Molecular Biology of the Gene*』（1965）である。この本はこれまでに五回の大改訂が行なわれ、いまも標準的な教科書のひとつになっている。その初版の第二章は「細胞は化学法則に従う Cells obey the laws of chemistry」という見出しがつけられている。その冒頭を訳出してみる。

ダーウィンの時代、化学者はつねに、生きた細胞では無生物の系と同じ化学法則が働いているのか、問題にしてきた。彼らによって、細胞は生きる物質として特有の原子を含んでいるわけではないことが明らかにされた。また早くから、生物学が扱うほとんどの型の分子においては、炭素が主な構成要素であり、その圧倒的な役割が認識されていた。生きる物質にみられる炭素を含む構成物質と、それ以外の分子とを区別する初期の傾向は、現代の化学も、有機化学（炭素原子を含む物質の研究）vs 無機科学、という区別として残滓をとどめている。現在、われわれは、この区別が人為的なものであり、生物学的な根拠はないことを知っている。ある化合物が合成されたのが、細胞の中なのか、化学実験室であるのかを決める、純粋に化学的方法は存在しない。

にもかかわらず、二十世紀最初の四半期においては、多くの生物学や化学の実験室で、化学法則以外の生命力か何かが、生物と非生物との違いを示していると強く感じていた。このような〈生気論 vitalism〉が生き延びた理由の一部は、生物学的志向の強い化学者（いまでは普通に生化学者と呼ばれるが）が成功を収めていたことに関係している。有機化学の技術はグルコースのように比較的小さな分子の構造を扱うにはじゅうぶんであったが、細胞内のほとんどの重要な分子は非常に大きく（いわゆる巨大分子）、最有能の有機化学者ですらこれらを扱うのは不可能という意識が広がっていた。（p.32-33）

さらに「分子生物学の目標」の項目はこう書かれている。

つい最近まで、生命の特徴のうち、遺伝はつねに、もっとも神秘的なものと思われてきた。DNAの構造は、これらすべての基本的な仕組みが実際に分子レベルで理解可能にしたのであり、最近獲得されたこの認識はきわめて重要である。われわれは、化学の法則が、たんぱく質の構造を理解するのにじゅうぶんであるばかりか、既知の遺伝現象すべてに関しても該当するということを知るようになった。本質的にすべての生化学者が、生きる生物の他の特徴（たとえば、細胞膜を通過する際の選択的浸透性、筋肉収縮、神経伝達、聴覚と記憶過程）はすべて、低分子と巨大分子の調整された相互作用によって完全に理解されると確実に考えるようになっている。さらに、これらより単純な現象については、さらに徹底した遺伝の研究によって、生命を形作る本質的な仕組みを完全に記述する能力がわれわれに与えられるであろうという確信が、確実に広まっている。（p.67）

「細胞は化学法則に従う」という見出しは、現在の版にも受け継がれている。このワトソンの細胞内の自然＝「C象限の自然」に対する態度こそ、代表的な「分子生物学的生命観」である。これはこれでくっきりした一つの自然哲学の開陳であり、それをここでは先回りして、「薄い機械論」と呼んできた。

生物学研究と死体学原理

だが当然、十九世紀以来、機械論に同意しない立場も存在してきた。そのなかで本書の文脈で重要なのが、N・ボーア（Niels Bohr: 1885～1962）の考え方である。彼は、生体内の分子の振る舞いについての観測不可能性を指摘し、細胞内の分子的世界（すなわち、C象限の自然）の異質性を示唆し続けた。ボーアは、一九一三年に「ボーアの原子模型」を確立して名をなした。その後、一九二一年にコペンハーゲンに理論物理学研究所（後のニールス・ボーア研究所）を開設し、世界から有力な物理学者を受け入れてコペンハーゲン学派を形成して量子力学の確立に大きく貢献した。また、量子力学が内包する自然哲学的な意味について、「コペンハーゲン解釈」と呼ばれる、観測を上位に置く自然解釈を提示し、自然の〈本質〉を重要視するアインシュタインと論争になった。ボーアは、ハイゼンベルクの不確定性原理を観測問題に読み替えた相補性原理を唱えたが、さらにこれを生命にも適用して、生命現象が物理・化学的手法では解明しえないことを強く示唆した。

一九三二年八月十五日、国際光治療会議の開会で、ボーアは「光と生命 Light and life」という講演を行ない、こう述べた（*Nature*, p.457-458, 1933年4月1日号）。

……しかしながら、生命体の機能における原子の基本的状態が重要であるという次元の認識では、生命現象を包括的に説明するためにはまったく不十分である。それは、物理学的な経験を基礎にして生命を研究するとしても、自然現象の分析で何か基本的な特性を、なお欠落させているのではないかという問題なのである。実際、汲めども尽きぬ豊富な生命現象からはずっとかけ離れているとは言え、作用量子の発見されたことの意味は大きい。それはわれわれを規定し、すでにわれわれの思考に深く浸透してきており、物理学的説明をもってわれわれが理解するところの内容を検証することなしには、この問いに答えることはほぼ不可能である。一方で、生理学研究の場で常に展開される素晴らしい現象が、無機の領域で判明していることとは非常に異なっており、この事実から、多くの生物学者は、純粋物理学を基盤にして生命の本性は理解できるのか、と疑いを抱くことになる。その一方で、生気論（vitalism）として知られるこの見解は、物理学的には未知の特殊な生命力（vital force）が生物すべてを統御しているという古びた仮定を置く以外に、適切な表現をなしえていない。自然科学の真の基礎は、同一条件下にある自然はつねに同一の規則性を示すとするニュートンの見解に、われわれ全員が同意するものと、私は考える。だとすれば、生命のメカニズムに対する分析が、原子の振る舞いに対するのと同様に進められるのであれば、無機の現象とは異なった特性は何も見つからないはずである。

眼前のこの矛盾を念頭に置きながら、他方で、われわれは、生物学者と物理学者をとり巻く状況は直接比較することはできない事実を、つねに心に留めておかなければならない。**なぜな**

ら、生物学者には、対象を生かしたまま研究しなくてはならないという条件を強いられるのだが、物理学者にはそのような強制はいっさいないからである（強調は米本、以下同じ）。つまり、われわれが生体の機能における一原子の役割を記述しようと望むのであれば、その動物を必ず殺さなくてはいけないことは明らかである。だから生体における実験はすべて、それが従う物理条件に関して不確実性が必ず残ることになる。この解釈に立つと、言わば、生体を対象とした場合に許される、これほど極端に小さい自由度は、究極の秘密を隠蔽するのに十分な大きさとなってしまう。この見解によると、生命の存在は説明できない基本的な事実と見なされなければならなくなり、同時に、単位粒子の存在を考えた場合、古典力学の視点からすると非合理的要素として現われる**作用量子が原子物理学の基礎を形成するのと同様に、このような状態を生物学の出発点としなければならないことになる。生命に特有な機能を物理・化学的に説明するのは不可能であると強調することは、この意味において、原子の安定性を理解するには力学的分析では不十分であることとの間で、アナロジーが成立する。**

だが、このアナロジーをさらに進める場合、問題は本質的に物理学と生物学では異なった側面があることを忘れてはならない。原子物理学においては、われわれは第一義的に、物質の特性のうちで最も単純な形態に関心をもつが、生物学においては最も初源的な生物ですら多数の原子を含むから、われわれが関心を払うのは物質系としての複雑性であり、これが基本的に重要である。原子物理学で用いられる測定装置を考慮に入れたとしても、古典力学の広大な適用分野では、非常に多くの原子を含む物体を記述する場合、作用量子にともなう相補性をほぼ無視できるという事実に立脚している。しかしながら、原子物理学における基礎実験において外的条件がコントロールされるのと同様に、生物学者たちが、研究対象のうちの特定の一原子の外的条件をコントロールすることなど絶対に不可能である。実際、われわれは、どの原子がある生物に属すのか、すら言明することはできない。なぜなら、あらゆる生物機能は物質交換をともなっており、これを通して常に原子はとり込まれたり、生物を構成する組織から排出されているからである。

このような物理研究と生物研究の基本的な違いは、生命現象に対して物理学的な考え方を適用することに関して、境界を明確に定義づけることはできないことを意味している。このことは、因果論的な力学的記述の領域と、原子物理学における正当な量子現象との間の違いに対応するのであろう。しかしながら、この事実が前述のアナロジーに対して強いる限界は、本質的に物理学や力学という言葉をどう用いるかという点に関わってくる。一方で、もし物理学という言葉の原義にそって、自然現象の全記述を理解すべきであるのだとすると、むろん、生物学内部における物理学の限界という問題は意味を失ってしまう。他方で、もし一般に使用されているように、力学という言葉を現象についての手堅い因果論的記述を指すことに対してのみ用いるべきだというのであれば、原子力学などという表現は意味を失う。

ここでは、この問題の純論理的な側面にこれ以上は踏み込まないが、上述のアナロジーの本質は、物理学的分析が要請される分野と、自己保存や個体増殖という生物学において特徴的な現象との間に存在する相補性の典型的な関係であることは、言いそえておく。実際、物理学的分析とは無縁の目的概念が、生命の本性を考慮せざるを得ない問題では一定の意味ある適用範囲があるのは、こういう事情によるものである。この点において、生物学でなされている目的論的な議論の役割は、作用量子を原子物理学における論理に合致させようとする努力に対応した議論の性格を、なお保持している。……（p.457-458）

このボーアの見解を積極的に支持する人間はあまりいなかったが、これに全面的な賛意を表したのが、P・ヨルダン（Ernst Pascual Jordan: 1902〜1980）である。ヨルダンは、量子力学の数学化や量子場の理論で貢献し、その後は量子力学の生物学への応用に向かった。しかし、かれは早くからナチ党員であり、戦後はベルリン大学教授職を解かれることになった。ヨルダンは学問上の実績があるため、論理実証主義派の理論誌である『*Erkenntnis*』も、彼の論文投稿を認めた。実際、「生物学と心理学に対する量子力学的考察 Quantenphysikalische Bemerkungen zur Biologie und Psychologie」（*Erkenntnis,* Vol.4, p.213-252, 1934）という長文の論考が掲載されている。ここでヨルダンは、全面的にボーアの考え方を受け継ぎ、「生物学的相補性」という表現で、ボーアの指摘をさらに明確にした。該当部分を訳出する。

第４章　生き物における観測問題

ミクロ物理学の観測問題に関してわれわれが得た新しい認識はまた、生物学において昔からよく知られた問題にまったく新しい観点をもたらすことになった。まず、ボーアがその基本的な考え方を述べたが、この点はこれまでに一度も理論的にも原理的にも意味ある形で述べられたことはない。われわれはこれを確実な真実と信じ、ここに新たな光が当てられて議論が起こった。その単純な事実とはこういうことである。生命の内的状態をより正確に知ろうとする試みはすべて、**その生命を殺す**（もしくは深刻な傷を与える）**ことを避けようとするかぎり**［原文はイタリック］、たいへん厳しい限界に直面することになる。ボーアは、ここにもまた一つの自然法則上の相補性関係（naturgesetzliche Komplementaritätsverhältnis）を認めるのである。それは、生命にとって本質的な特徴なのであろう。すべての研究は、生物の死体を介してのみ示され、生命というものは侵襲的な観察からは覆い隠され、強烈な光を当てられると消え去ってしまう存在なのだ。いまやわれわれは以下のことを知っている。ミクロ物理学の対象における観察の過程は、マクロ物理学のそれとは違って、本質的にただ認識主体において進行するものであり、対象は不可触の過程の一部と見なすべきなのだ。つまり、観察の過程は、**対象そのものに対する介入**（ein Eingriff in das Objekt selbst）であることを、われわれは知っている。

このようなボーアの考え方に対しては、生きた体の内部の状態に向けては、将来はさらに良い観測装置が発明されることが期待される、という反論がある。「明らかに、生きた人の心臓能力は電気的に検査できるし、脳皮質の電気的機能は調べることができる。そしてこのような方法によって場所を特定したり、病気をみたり、特徴的な形態に注意が向けられることになる。さらに、誘導や他の指標によって、脳内の流れの分岐が認識できる機械が開発されることが考えられ、その流れの質まで認識することも、原理的にできないわけではないはずである。」

(Berger、Kornmüller、Bleuler などの説)

これに対するわれわれの見解は、以下のとおりである。疑いもなく将来は、生体内の流れの観察装置は大いに進歩し、今日のものより良くなるだろう。しかしながら、こう問うことができる、このような観測行為を改良させ完成させることは、(それに十分な時間をかけたとして)原理的にどこまでも続けることができるのか。あるいは、それには自然法則の基盤として一定の**限界**(Grenze)があるのか。そうだとすると、つねに改良を考えたとしても、決してそれを超えることはできない。今日の生物学**だけ**からの経験からすると、そこに至るのは困難で、ただ当面は改良が続くかも知れない(もしくは他の方法を検討する)。これに対して物理学の場合、その関係性が明白で、観察状態が完全に**数学的に厳密かつ確実**(mathematischen Präzision und Sicherheit)にその成果として得られる形の科学であるため、自然の観察可能性について一定の限界があることが知られている。しかしわれわれは、生物体内部の観察可能性の問題について、非常に慎重に判断し精査できるような状態にはない。だが、そうだとしてしまう可能性もある。

また、現在および理性的に将来期待される生命の内定状態に関する観察方法について、これを精査しようとする場合、ボーアの考え方が拒否される根拠は一切ない。ブロイラーによる電気的手法で得られる内容は、本質的に〝広範な領域〟の効果であり、将来にはより重要で望ましい研究結果が得られるとしても、**個々の脳皮質細胞**の内部の状態が調べられるほどまで感度があがることは、あり得ないであろう。**生命体を傷つけることなし**にその内部状態を観測できるほどに、最高度に完成した技術を追い求めるのであれば、**透過性**というのは常に不可欠の補助手段であるだろう。いま論じているボーアの命題が誤りだとするなら、それはまた**原理的に**（すなわち、物理学的および生物学的な自然法則を犯すことなしに、まともな百万人分を凌駕する知性と、技術の歴史という前提の下で）、生命を傷つけることない研究がさらに深められ、人間が個々の原子を観察するまでになり、**原子物理学的**相補性という観察の法則的限界に到達するであろう。人間がここに接近すると（とりわけ、コンプトンの反射効果 $hν/c$ による透過性を考えると）、恐らくボーアの推論は否定されることにはならず、逆にこのような観察によって、ひ弱な生命体は死体へと変えられてしまうであろう。そして、生命体の観察における**生物学的相補性**（biologische Komplementarität）は、そもそも有機体は原子からできており、その各々の原子は量子力学の法則に従うという厳然たる事実の上に、多くの厳格な限界が作動しているはずである。

どこに、どのような限界があるのか。これらは当然、将来の踏み込んだ研究によって探し出されるはずのものである。ただし一般的には、すでにボーアによって概念化された生物学的相補性は、それ自体**ひとつの**命題として、生物学的・生理学的な研究において重要で生産的な一時代を成してきた。今日、特殊な問題として、医学目的で行なわれる透視〔註：レントゲン照射のこと〕で引き起こされる障害が、生物学的な観察限界を示す証拠であるのか、あるいは、それは単なる二次的なもので、原理的効果をもたらすものではなく、照射を下げることで基本的に自然科学的な障害となるものではない、という問いについては決着はついていない。この

問題についての私の見解は、まだ十分に練れていない。　　　（p.244-246）

今日から見ても、じゅうぶん考察に値する考え方である。だがこういう姿勢は、生命を物理学と化学で説明し尽くそうとする機械論からすると、生気論の間接的な擁護以外の何ものでもないように見えてきてしまう。若い研究者の多くは、ボーアのこの講演に敗北主義と生気論への接近を嗅ぎとり、それを遠巻きにする道を選んだ。そんな中、〈量子力学の父〉ボーアによる指摘を断固拒否したのが、十五歳年下のJ・ニーダム（Joseph Needham: 1900～1995）であった。彼はこのとき、気鋭の生化学者であり、ボーアが機械論的方法論の限界を指摘したことに反論すべき代表者的な地位にあった、とみてよい。ニーダムは『秩序と生命 *Order and Life*』（1936）のなかで、ボーアの主張を「死体学的原理」と名づけてこう批判した。

こんなアナロジーに対する唯一の答えは、それは有効ではないと、ただちに却下することである。ここからはごく単純な議論すら展開できないし、可能であったとしても、それは研究を不毛にさせる効果しかなく、拒否されるべきである。その主張の基本にある誤解について、ここで詳論する必要があるとは思わない。この例は、死の本性に関する実に素朴な見解の表明でしかない。正常な機能が停止すれば、一匹の後生動物に死が訪れる。また、そこから採取された組織片で解糖作用や呼吸作用が停止すれば、別の死が訪れる。さらに細胞を分解した酵素反応系で、適切な酵素作用が停止すれば、第三の死が訪れる。さきに引用したボーアの言葉の二つめの文にある仮定は正当化されえない。
それゆえ、有機体の体勢の本性は原子におけるそれと同じであるとしたことで、物理学における不確実性や非決定性の原理が、生物学理論の死体学的限界（thanatological limitation）と何らかの関係があると示されたことにはならない。
（p.32-33）

ニーダムは、観測技術の開発が続くかぎり、観測限界はどんどん縮小していくから、この種の分析手法上の問題に煩わされるべきではない、と考えた。その後、この問題についてとくに議論は深められないまま今日に至っている。科学者の大半は、ニーダムと同様の技術の進歩という楽観主義を決め込んできた、と考えてよいのだろう。

生物学的相補性と熱運動相補性

「生化学の圧勝」状態にある現在の生命科学では、生化学実験のマニュアルに従って細胞を分解して、つまり「C象限の自然」を分解・解体し、それを構成する分子について研究することが当然のものと考えられている。実際、生化学的実験の標準的なマニュアルを引用してみよう。堀尾武一・山下仁平編『蛋白質・酵素の基礎実験法』（南江堂、一九八一年）の冒頭はこうなっている。

第I章　基本操作　I・1　細胞破壊と細胞内顆粒の分画

精製すべき酵素などの蛋白質（目的蛋白質）が細胞内に存在している場合には、まず、細胞を破壊し、細胞内成分の懸濁液（ホモジネート）を作成する。そして、このホモジネートから、たとえば目的蛋白質が可溶性の場合には可溶性画分を、また、目的蛋白質が特定の細胞内顆粒に局在している場合はその顆粒を分離しなければならない。……　(p.1)

この後に、「細胞の破壊方法」の項目が続き、そこでは、ホモジナイザー、ブレンダー、音波処理、加圧型細胞破壊装置、擂潰法、酵素処理、その他という順序で、生化学研究で確立されている細胞の破壊手法が説明されている。続いて、細胞内顆粒（たとえば核、ミトコンドリアなど）の分離へと進んでいく。マニュアルであるから当然と言えば当然なのだが、何の躊躇も断り書きも無く、細胞を破壊し、要素に分離する方法がたんたんと述べられている。

これが生化学の研究というものであり、「生化学とは分子レベルでの生命の研究である」(Donald Voet & Judith G. Voet: *Biochemistry*, 2004) と明確に意識されているかぎり、問題はない。だが現状は、世界の名だたる細胞生物学の教科書がすべて、いっさいの説明無しに、生化学的な説明で埋め尽くされている。この光景はやはり「薄い機械論」と呼ぶのに値するはずである。

少なくともここには、論じるべき課題が二つある。ひとつは、一九六〇年代以降に展開された分子生物学的生命観である。この時点でなされた議論が、分子生物学が繰り出す膨大な成果を自然哲学的にどう咀嚼すべきか、という問いに対する回答のモデルとなり、以後の議論の方向性を事実上決定してしまった。その代表がワトソンであり、前述のように、彼の「細胞は化学法則に従う」という表現がその象徴である。

もうひとつ論ずべき点は、生化学的な手法を経ることによって、「C象限の自然」の解釈に歪みが生じるのは不可避であることである。科学的認識としては、当然これを補正する手段を案出すべきなのだが、この問題に関心を払う態度そのものが遮断されてきた。生化学的手法を経ることは、細胞を殺して分子にまで解体することと同義である。八〇年前ボーアが指摘した「生物学的相補性」という自然認識の中を貫く巨大断層のありかを、現代に求めると、今それは生命科学の視界の外に押しやられている。あえて言えば、それは生命科学の研究所群のビル群の直下という、見えないところを走っている。つまり生化学的手法は、現行の生命科学の研究体制そのものなのである。さきに引用した堀尾・山下編『蛋白質・酵素の基礎実験法』の初版が一九八一年であったことを思い起してほしい。生物学は、一九六〇年代にライフサイエンスと名を換え、これ以降、生物学／生命科学の研究室に生化学の関連機器（超遠心機やフリーザー）が配備されるようになる。これを支えているのが「薄い機械論」である。そしてこのような設備投資の姿勢そのものが、ボーアが指摘した認識論上の亀裂に関心を払う感覚を麻痺させる作用があり、それゆえに、これは真性の自然哲学なのである。

ここまで来れば、次に打つべき手は、生化学的手法を経ることで現行の生命科学の認識に編み込まれている〈構造的な歪み〉を発見・認定し、その補正手段を考え出すことである。先回りして結論を述べると、「薄い機械論」という自然哲学の上に立つ現行の研究体制には、その視界から熱運動に当たる自然の振る舞いをすべて脱落させてしまう機能が、体系的に組み込まれている。本来なら、生化学という学問が経てきた自然認識の歴史的過程を追体験してみるのがよいのだろうが、ここではとりあえず、現時点の問題の形を洗い出してみよう。

法医学的証拠の積み上げ

いま、細胞内の自然はどう理解されているか。言うまでもなくそれは、生化学的な反応の体系としてであり、これに加えて、細胞内の微細構造に着目する方向性が明確である。前者は、Donald Voet & Judith G. Voet著『生化学 *Biochemistry*』(2004)の五五〇頁にある「典型的な細胞の主要な代謝回路地図 Map of the major metabolic pathways in a typical cell」のように、細胞全体を生化学的な反応連鎖と見なす研究姿勢である。現在、個々の研究室は、これより格段に詳しい生化学的な反応回路図を壁に貼って、その中の特定の生理機能を担う過程について深掘りをしている場合が多い。もうひとつは、複雑な膜構造や、細胞内骨格と呼ばれる構造体とその機能を研究する方向である。ただしこれも、広くみれば分子次元に焦点を合わせた生化学的研究であるが、最先端の観測技術を動員して明らかにされる生体分子の立体構造は驚くほど複雑であり、現在、構造生物学と言えばこの領域の研究を指すことが多い。

結局、すべて生化学的な成果である以上、生体分子を個別に抽出して、試験管内(in vitro)で確認されたその振る舞いを、生化学的反応回路図に照らしてその機能を確定したものである。細胞内での位置を確認した(in situと表現する)、といっても、その場合、細胞は「固定」され、殺されている。ほぼ唯一の例外は、下村修(1928〜、二〇〇八年ノーベル化学賞を受賞)が発見した緑色蛍光たんぱく質(GFP: green fluorescent protein)を、遺伝子組替え技術で特定のたんぱく質につなぎ

第６－３図　典型的な細胞における主要な代謝回路図

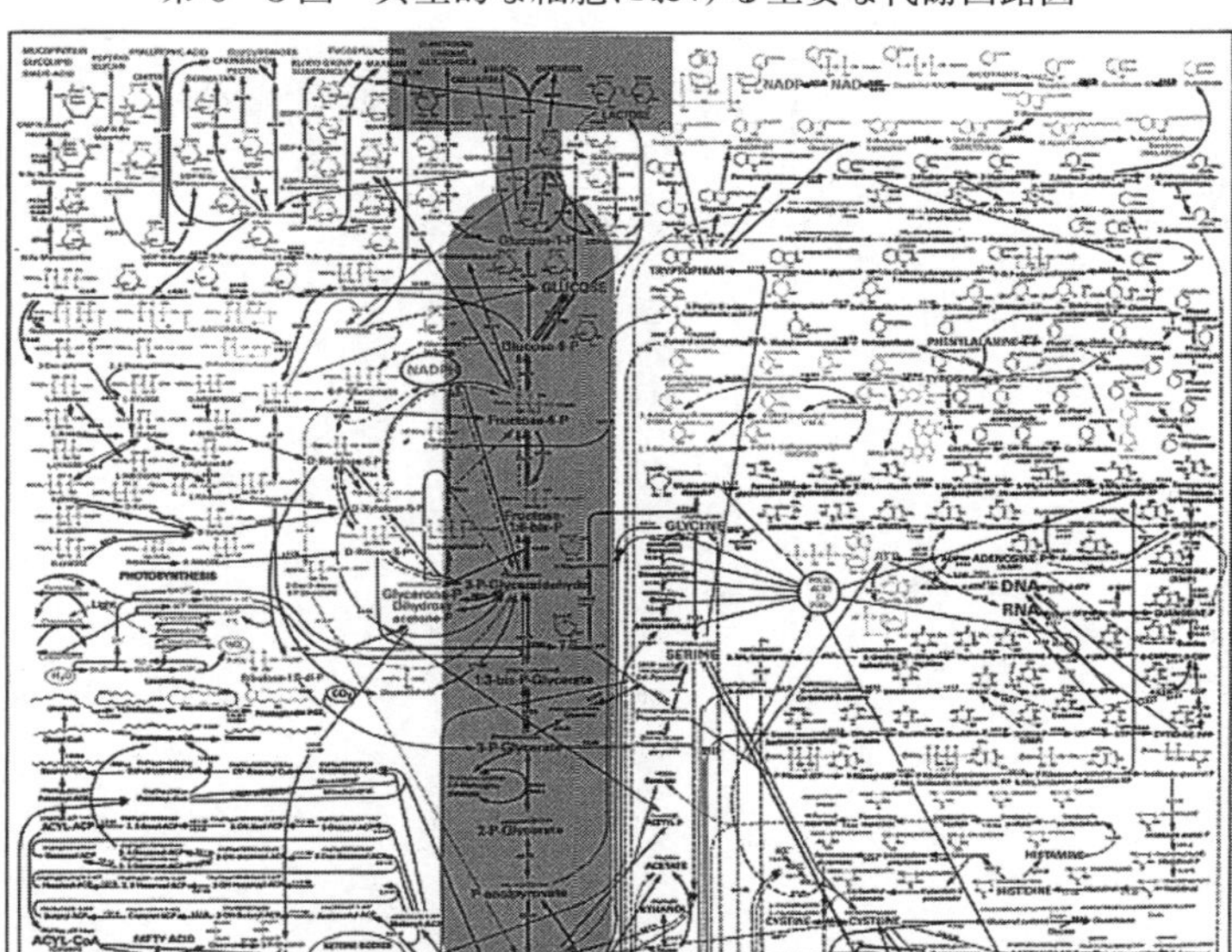

出典）Donald Voet & Judith G.Voet, *Biochemistry*（3rd）, 2004, p.550.（部分表記）.

合せて作った生物の場合である。うまくいけば、紫外線をあてると生きたまま、特定のたんぱく質が発現している位置が長期にわたって観察できる。現在ではGFPを加工して色を変え、複数のたんぱく質の発現が生きたまま観察可能になっている。これら少数の例外を除けば、現行の生命科学の成果は、細胞を解体する手順を経ているものがほとんどである。言わば現代科学は生命に関する「法医学的証拠」を日夜、積み上げているのだ。

生命科学のこのような研究の実像については、先に触れたように、B・ラトゥールとS・ウルガーが、『実験室生活——科学的事実の構成』(1979) という問題作で最初に研究の対象とした。ラトゥールらは、一九七五年十月~七七年八月の間、チロトロピン放出因子 (Thyrotropin Releaseing Factor: CTRF、ホルモンの一種) を追究していた研究室に入り込み、これを文化人類学者の眼で観察し、分析した。このような問題意識に立って参与観察をした研究は初めてであり、科学社会学に新しい研究の形を生み出した記念碑的著作である。この著作が、われわれにとって重要なのは、生命科学の研究活動が、試料の抽出と調整 (bioassay)、データのクリーニング (cleaning up ot the data) という手順を経ること、これらの成果をどういう考え方で表現し論文という形に仕上げるかの検討に時間をかけること、を明確に切り出してみせた点である。そしてこれらの過程全体を通覧して、ラトゥールは、「科学者 (この場合は生命科学者) は科学的事実を構成する」と特徴づけたのである。生命科学研究に対するこの見方は、論理実証主義のテーゼを、実証をもって、正面から批判するものであった。

「薄い機械論」による「C象限の自然」の抹消

われわれの問題意識を絞り込めばこうなる。研究者は、実験ノートの記載の山のなかから、実験の結果を仲間との討議に付すために、ある分子の振る舞いをホワイトボードに書き移す。そしてその一瞬の行為のうちに、認識論上の断層を横切ることになる。この点にこそ、巨大な問題が含まれている。

議論をわかり易くするために、ここで作業仮説としての「C象限の自然」の議論に戻ることにしよう。先ほど、触れずにおいた部分があるからである。

繰り返しを厭わず言えば、「C象限の自然」とは、熱力学第二法則という無機的世界の基本原則に対して、ちょうどカルマンの渦のように、局所的に分子次元で抗・熱力学第二法則性の組合わせを実現させたものという、解釈仮説上の自然の中でのドメイン〈領域〉を指している。言うまでもなくそれは、細胞を念頭に置いている。自然界になぜ熱力学第二法則に逆行する現象が起こるかと言えば、そもそも熱力学が球形微粒子を原イメージとする理論の体系であったからである。分子が複雑な構造をとり、その多様性が増し――一般的な表現をとれば、構成要素個々の非対称(asymmetry)性が増し――、熱力学が前提とする原イメージから離れれば離れるほど、それだけ、抗・熱力学第二法則性をもつ分子の組合わせが形成される可能性は増すことになる。つまり、分子が何らかの構造をもつことは、熱力学第二法則の進行をほんのわずか〈歪める〉契機をはらんでいる。「薄い機械論」は〈熱力学第二法則不破原則〉を信じたがるのだが、それは、考察の対象すべてを球形粒子として近似できる程度にまでに視野を大きくとれば、その普遍性はつねに保たれているのだから安心してよい。逆にみると、これまでしばしば、生命現象に関して神経質なまでに〈熱力学第二法則不破原則〉を確認しようとしてきたのだが、それは内容のともなわない偽問題なのであり、生気論に対する過剰な怯えに由来するものである。

さて「C象限の自然」成立のためには、一定以上の多様な分子とその組合わせ、そしてその濃度を維持することが必須であり、必然的に「C象限の自然」は何らかの形で区切られていることが要請される。ところで、「薄い機械論」が自らの見解に疑問を持たない一因は、「C象限の自然」の内部と外部が、「分子&エネルギー」の二項目に限れば段差がなく、連続的であるからである。この「C象限の自然」と内部と外部との連続性を、〈開放系〉とか〈動的平衡〉と表現してみたところで、細胞膜の意味を無化する効果こそあれ、その言明が古典力学の延長線上にある以上、新しい展望をもたらすものではない。これでやっと、「C象限の自然」のエネルギー水準とその駆動力について語るべき地点にたどり着いた。

先に結論を述べておくと、本書は、「C象限の自然」の内部は常温の熱運動をエネルギーの基底とし、全体が、抗・熱力学第二法則性を実現する方向にあるブラウンのラチェット（Brownian ratchets）の連鎖体系を形成しており、ATPを主要なエネルギーの供給源とする、極端にエネルギー効率の良い、穏やかな反応系である、という仮説的解釈を採る。たとえば、分子生物学の初期からその当事者であり、深い洞察力をもつS・ブレンナー（Sydney Brenner: 1927〜）は、後述するように、生体内の反応を「非常に低いエネルギーの物理学であり、宇宙のこの小さな一隅で展開されている特殊な化学」（『*A Passion for Science*』Oxford UP, 1988, p.101）と表現している。

「C象限の自然」内部をこのように穏やかな分子反応世界と見なすには、それ相応の正当化が必要である。ただしそれ以前に、本書が基本におくのは、生命は進化の過程で自然として可能なあらゆる可能性を試み、いったん採り込んだ機能についてはその完成度を高めてきた、とする自然に対する解釈学的姿勢、もしくは自然哲学の上にたつものである。これを「完全ブリコラージュ原理」(ブリコラージュ原理については拙書『時間と生命』三五二頁を参照)と呼ぶことにする。

さらに、先行して「C象限の自然」について一般的な表現をしておけば、「C象限の自然」の外部における分子の振る舞いは意味を帯びないが、その内部では、すべての分子は抗・熱力学第二法則性という意味の体系の一部を担うことになる。

それ以前に、「C象限の自然」は、どのような構造で、認識の過程から消去されるのか。

現行の生命科学研究の場では、ごく当然の手順として、細胞を解体してさまざまな分画に分け、目的とする生体分子を抽出して分析装置にかけ、その結果を研究室の討議にかけるために、探求中の生体分子に関して何ごとかをホワイトボードに書きつけることになる。この瞬間、すでに、分子の熱運動や媒体としての〈水〉は抹消されている。その理由は、いま述べたような過程として、現在の生命科学が共通マニュアルの体系で固められ、生化学的手法の体制内化が完成しているからである。このような方法論的過程に注意を向けないで、その産物としての説明を〝分子還元主義〟として論じるのが、これまでの科学哲学のひとつの型であった。

ホワイトボードの真理＝便宜的絶対０度の世界

繰り返すが本書は、「C象限の自然」は「常温の熱運動を基底エネルギーとして、全体がブラウン・ラチェットの連鎖体系を形成している」という仮説的解釈に立つものである（「汎ブラウン・ラチェット仮説」については後述）。こういう自然哲学の側から現在の光景を眺めると、その生命に関する語り口は、瞬間的にすべての熱運動を静止させた、思考上の極限状態にある分子イメージのものにすり代っている。それをここでは、「ホワイトボードに書きつけられる真理は便宜的絶対０度の世界である」と、表現しておく。このような、熱運動を思考過程から消去する態度は、十九世紀機械論（Mechanismus）、なかでもその化学的な思考様式に由来するものと考えられる。この思想が「分子&エネルギー」という二項概念と重なっており、しかもそれが巧妙に熱運動を消去する本性のものであったからである。そして、分子生物学の成立過程で速成された生命の語り方が、徹底的に生化学的手法に立脚するものであり、この生化学一元論に立つ生命の理解のし方に対して、批判が向けられることがないまま、今日に至っている。

常温のブラウン運動については、R・ジョンズ（Richard A. L. Jones）著『ソフト・マシーン *Soft Machines; Nanotechnology and life*』（Oxford UP, 2004）の一節を引用しておく。少し長めになるのは、現在の生命科学が、これだけ巨大な自然の領域を構造的に抹消し続けることの問題点を、強く感じてもらいたいからである。

ブラウン運動

ナノスケール（十億分の一m）の世界では、水は、われわれがよく知っている日常世界のように自由に流れる流体ではない。水中にあるナノ次元の物体は、どの方向に動くのもたいへんに困難で、粘っこい蜜の流れの中にあるようにもみえる。このことは、ナノ次元の世界は静かで、高速で動きまわるものはいっさい存在しないことを意味するだろうか？　実は完全に逆である。ナノスケールのものはすべて、一定方向に向かうことは困難なのだが、それとはまったく別種の、ランダムな運動の下にある。非常に小さなものに目を凝らすと、飛び込んでくるのは絶え間のない揺れである。この動きはブラウン運動と呼ばれ、ナノスケールのものはこれから逃れられない。それは、ものが原子と分子でできている以上、不可避の帰結なのだ。（中略）

ブラウン運動の説明は、ものは分子から構成されており、分子は一定の運動状態にある、という考え方に立脚している。われわれが、物質の温度と見なす形のエネルギーは、まったく単純に、その物質を構成する分子の無方向でランダムな運動エネルギーなのである。もし大きめの物体が、液体か気体のなかに停止しているとすると、それは無秩序なダンスを始めるだろう。小さな分子がその物体に衝突するからである。平均すると右からと左からとの衝突は同数になるが、短い時間では、分子が粒子であり、あらゆる方向から衝突するため、不均衡な運動を生じさせるのだ。（中略）

ブラウン運動に起因するすべての粒子の平均エネルギーは、温度にのみ依存し、しかもある物質の力学的エネルギーはその質量に比例するから、一定の温度における粒子の平均速度は粒子の大きさに強く依存する。常温での水一分子について、その熱エネルギーによる平均速度を計算するのは簡単で、それは秒速約二六〇ｍ、時速では九六〇ｋｍになる。静かなグラスの内側で、水分子はジェット機のスピードで動きまわり、つねに互いに衝突し、進路にあるものにぶつかっている。また一〇〇ナノメートル（〇・一ミクロン）の小型の細菌は、平均秒速五〇ｍ、時速一九〇ｋｍで自動車なみのスピードで動いている。だがミルクの脂肪の塊は急ぎ足程度であり、秒速一・七ｍ、時速換算で六・四ｋｍほどの速度である。つまり、小さいものほど速く動いているが、さほど遠くまでは行かない。高速で動きまわる分子が濃密に詰まっており、すぐ何かに衝突し、来た方向に跳ね返される。ナノスケールの光景は、絶え間ない、エネルギッシュで、無意味な運動に満ちた世界なのである。（中略）

だから、微小な物体のブラウン運動をとり除く唯一の方法は、冷やして周囲の一切から隔離するしかない。この場合、冷やすと言っても冷蔵庫に入れる程度の話ではない。微粒子の平均のブラウン速度、もしくはナノスケール次元でのブラウン運動量は、絶対温度の平方根に従う。つまり、ブラウン運動を除くためには、絶対温度三度、もしくはマイナス二七〇℃にまで下げる必要がある。（p.60-64）

これが、「C象限の自然」は常温の熱運動エネルギーを基底とすることの意味である。そして、生化学的手法で抽出された分子をもって、細胞内の自然を説明する現在の教科書が提示する科学的真実とは、〈便宜的絶対0度の世界〉のことである。これが本書の直感的な説明である。では、眼前に存在する膨大な生命科学の成果は、「C象限の自然」とどのような関係にあるのか？　これまでの成果はすべてアーティファクトなのか？　問題がここまで煮つまってくれば、現在の生命科学研究における反省の弁に耳を傾けるのがよいだろう。『時間と生命』にも引用したが、マサチューセッツ大学のＬ・ギーラッシュ（Lila M. Gierasch）とＡ・ゲルシェンソン（Anne Gershenson）の論評、「ポスト還元主義のたんぱく質科学、もしくはハンプティー・ダンプティーを再び元に戻すこと Post-reductionist protein science, or putting Humpty Dumpty back together again」（*Nature Chemical Biology*, Vol.5, p.774-777, 2009）は、「Ｃ象限の自然」の中にあるたんぱく質の振る舞いが、個別分子の研究成果とは別物であることを正面から認めるものである。ネイチャー誌グループが発刊する生体分子研究の専門レビュー誌が、「盲目的で熱狂的な還元主義の時代は終わった」と主張する光景は印象的である。

（冒頭）　われわれは、生化学のポスト還元主義者（post-reductionist）の時代に到達したという認識に達している。たんぱく質科学にとって、それは集団的意識にまで達しており、たんぱく質の機能を調べるためには、その生理学的環境（physiological environment）を考えなくてはならないということについて、広い合意があることを意味している。さらには、あるたんぱく質を理解するためには、細胞内の複雑なネットワークの相互作用を調べる必要があることを、われわれは認める。過去十年の間に、基本図式は根本的にひっくり返り、皮肉なことに逆に、明確に定義された個別の分子や複合体の詳細な研究を擁護しなくてはならなくなってすらいる。多くの人が、メカニズムに関する深い洞察のためにも個々の生化学分子の研究が必要であることに同意はするのだが、同時にわれわれは、生体内（in vivo）の世界の複雑さを認め、その機能に関する生来の環境（native invironment）の側からの影響を考える必要があるのだ。

最も重要なことは、盲目的で熱狂的な還元主義（blind, fervent reductionism）の時代には生化学者と物理学者は分離した生体分子が研究できるよう徹底的な純化に向かったのだが、そういう時代は終わったことである。たんぱく質は分離された状態のような作用はしないこと、そして、たとえばリガンド〔註　たんぱく質と特異的に結合する物質〕や触媒活性や安定性など、もっとも基本的な性質は、それら間での相互作用や溶解している環境によって影響を受けることは、明々白々である。少なくとも、生物的活性をもつ物質はその通常の対応物質との複合状態において研究すべきであり、理想的には、生物学的機能の化学的側面を研究する場合は、細胞内の環境の複雑性を完全に含む手法を開発すべきである。この課題はきわめて挑戦的なものである。マザー・グースのお伽噺にあるハンプティー・ダンプティーの物語のように、「ハンプティーがいったん捕まってしまった後は、王のすべての馬も兵士も、ハンプティーはもうその下に集めることはできなかった」。生体内の環境をなぞらえることは、ハンプティーが兵士らを集められなかったように、本質的には不可能である。その代わり、細胞内の複雑さと反応回路を再構成することは可能であり、これをもってその要約とみなすことはできる。もっと努力を重ねてうまくいけば、生体内における生化学的な現象を、ハンプティーが捕まる前の状態のような、細胞の複雑性を乱さないで研究する強力な接近法を開発される可能性は、むろんある。（中略）

ほぼ二〇年前、ポウル・スレルのような先見性のある少数の科学者は、同僚の研究者たちに、生化学的な反応回路は組織化されて存在しているのであり、細胞内のたんぱく質は、微弱な反応の集りによって偏向を受けることを信じさせようとした。同じころ、マッコンケイは、これらの特別な微弱な相互作用を「五番目のもの quinary」と呼び、これは生命システムに特有なもので、それらは細心の細胞解体手順に従ったとしても、いとも容易にかく乱されてしまうものであることを指摘した。当時、このような考え方はあまり受け容れられなかったが、今ではこれらの科学者の方が正しかったことがわかっている。たとえば、ドレクとウオルサーは最近の研究で、二つの型の相互作用のネットワーク、すなわち代謝回路マップと、たんぱく質=たんぱく質相互作用ネットワークを比較している。これらのネットワーク機能の同時発生は、かつてポウル・スレルが正確に述べたような、代謝ネットワークを介した効率的な物質の流れを有利にする、たんぱく質=たんぱく質相互作用が進化した、という議論に必然的に至ることになる。ブルース・アルバーツは、それをこう雄弁に表現している。「生命を可能にしている化学は、われわれ学ぶ側が考えるいかなるものより繊細で精密なものであるがゆえに、われわれは働くことができ、話すことができるのだ。たんぱく質は細胞の乾燥重量のほとんどを占めている。しかし、細胞は個々のたんぱく質分子のランダムな寄せ集めではない。細胞内の非常に単純な過程であっても、一〇かそれ以上のたんぱく質分子の組合わせによって進行する。生物学的な機能が進行する場合は、それぞれのたんぱく質は、他のたんぱく質の巨大な複合体との相互作用が組み合わされる。つまり細胞全体は、個々には大きなたんぱく質機械のセットから成る、相互に連動した組立てラインの精密なネットワークを含む工場とみなすことができる。」

たんぱく質の表面は不活性からはほど遠い。粘着性があり、側鎖がむき出しになり、多様な他の表面と相互作用をもつ背骨集団を保持している。たんぱく質の表面にある物質群は、隣り合うたんぱく質に対して、静電気的、ファン・デル・ワールス的、水素結合の、疎水性の、相互作用を提供するという事実を含んでいる。これらの相互作用の総体は、あるたんぱく質との組合わせには有利に作用し、他の場合には組合わせに反発する。これらの方向性をもつ微弱な相互作用は、進化の上での自然選択の対象となる。これらは、繁殖相手との可能性を増したり、細胞という機械やそのネットワークの自己組織化を促進して、進化を「調節」するのだろう。

以上述べてきたように、信号伝達回路、代謝ネットワーク、遺伝子発現調節因子、たんぱく質包摂促進因子などの構成要素は、しばしば微弱な変換相互作用も介して集合し、巨大な多たんぱく質複合体を形成する。しかしこれらの機能的な複合体やネットワークを越えて、細胞内の構成要素には、自己組織化という注目すべき能力がある。さらに細胞や細胞類似の構成要素は互いに、ライオンの分割といわれる、自由拡散やランダム混交の概念を細胞内の現象に当てはめるのは不適当であるような、ランダムではない層を形成するのである。

(p.774-775)

さきほどの問いに、とりあえず答えるとなるとこうなる。「ホワイトボードの真理」という現行の教科書の体系は、細胞内の分子の振る舞いについての生化学的説明であり、そのかぎりにおいての近似的解釈である。いまのところ、細胞内の native な状況における個々の分子の振る舞いを直接調べる手段はない。観測技術の限界に由来する「生物学的相補性」の断層は、現在ここを走っている。

「C象限の自然」と「汎ブラウン・ラチェット仮説」

引用したギーラッシュとゲルシェンソンの論評の鍵は二つある。ひとつは、細胞内の生体分子の環境を、「生体内 in vivo」でもなく、「その場において in situ」でもなく、「生来の native な」という表現を用いていることである。これはもう「C象限内の」と言うまでに、あとほんの一歩である。もうひとつは、生化学的手段で積み上げられてきた複雑な反応回路が、未知の同調性を有しているはずであるという指摘である。これは、「C象限の自然」は生体分子の立体構造とその濃度によって保証された、流体状のブラウン・ラチェット連鎖系を形成しているとする、「汎ブラウン・ラチェット仮説」を予言するものと言ってよい。

「ブラウンのラチェット Brownian ratchets」は、現在の生命科学研究の最先端の課題のひとつであり、いまここで一括して述べられる段階にはない。もともとラチェットとは、歯車に歯止めをつけ、一方向だけに動くようにした装置のことである。「ブラウンのラチェット」とは、その分子版のことだと思えば良い。本書において鍵となるこの課題への導入として、二冊の本に触れておきたい。一冊はM・ホウ（Mark Haw）の『ミドルワールド *Middle World*』（2007、三井恵津子訳あり）であり、もう一冊はずばり、P・ホフマン（Peter M. Hoffmann）の『生命のラチャット　分子機械はいかにしてカオスから秩序を引き出すか *Life's ratchet; How molecular machines extract order from chaos*』(2012) である。

ホウの本は、ブラウン運動研究の歴史にはじまり、分子運動や高分子の研究の重要性を述べたものである。ここでは同じホウによる評論、「アインシュタインのランダム・ウォーク Einstein's random walk」(*Physics World*, 2005年1月号、p.19-22) の一節を引用しておく。

(ブラウン運動の分子論的意味を明らかにした) アインシュタインは、ブラウン運動の真の重要性が明らかになる時代まで長くは生きなかった。晩年の彼は、一般相対論を通して統一理論の研究に没頭した。アインシュタインにとって、自身のブラウン運動の研究は重要ではないものに映った。彼は物理学者というよりは哲学者であり、彼にとってブラウン運動の哲学的意義は相対論に比べればずっと小さいものに思えた。

だがもし、今日生きていれば、彼は考えを変えたに違いない。一八〇年前にロバート・ブラウンがクラーキア・プルケラ (マツヨイグサの一種)[の花粉] を初めて観察して以来、さまざまな専門領域の科学者が、すべてとは言わないまでもわれわれの周囲のほとんどの現象で、ランダム運動が重要な基本原理であることを明らかにしてきた。ブラウン運動なしでは、どんな層の行動も、たんぱく質の折りたたみも、細胞膜の作用も、種の進化も起こらなかっただろう。われわれはやっと、分子モーターや細胞膜のような複雑なシステムのわずかな作用から、その不思議な深みを理解し始めたところなのだ。 (p.22)

第６－４図

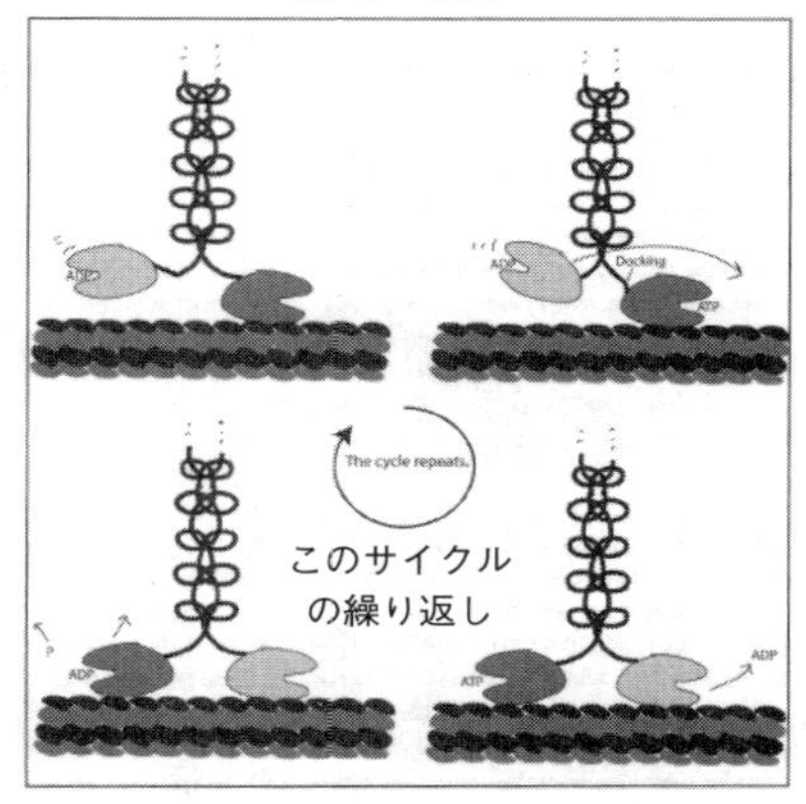

出典）Peter M. Hoffmann, *Life's Ratchet*, 2012, p.180.

キネシン１は、ATP分子１個を消費してマイクロチューブル上を８ナノメートル進む。

一方、ホフマンの著書は、生命力概念の歴史から始まって、現在までに明らかになっている、さまざまな分子モーターについての説明に頁が割かれている。有名な例が、キネシン1という運搬機能をもつたんぱく質が、マイクロチューブル（細胞内骨格）というガイドにそって、二本の足でＡＴＰを消費しながら（ＡＴＰ一分子で一歩、八ナノメートル進む）進んでいくメカニズムである。また生物がどれほどエネルギーの消費効率がいいものかを示す計算として、人一人が、最終的に熱として環境に捨てている量は一二〇ワットであり、大型の白熱灯一個ぶんのエネルギー消費であると指摘されると、無機的世界のエネルギー効率とのあまりの違いに、深い感動を覚える。ホフマンの一節を引用しておこう。

ラチェット

進化における偶然と必然の相互作用は、分子機械の作用の中での「分子の嵐 molecular storm」という偶然と「構造と物理法則」という必然との相互作用のかたちとして反映している。熱力学第二法則は、いっさいはランダムな均一に向かうことを予言する。だがわれわれの周りにある、驚くべき複雑さが生みだされる事実は、それにみあう自由エネルギーを支払うかぎり第二法則を侵犯するものではないことを見てきた。この複雑さを出現させるには、何らかの自由エネルギーを燃焼させる機構が必要である。そして事実、細胞の中では、分子ラチェット――分子機械、酵素、分子モーター――は、その非対称的構造と自由エネルギーの消費によって、分子嵐のランダムな運動を訓化して秩序を生みだすことができるため、これによって一方向の運動、つまり〈合目的的 purposeful〉な動きを作り出せるのである。進化もまたラチェットである。突然変異というランダムな入力を訓化して、出現可能な膨大な種数の生物を生み出してきた。これらの訓化は自然選択によってなされるのである。このように、進化とその産物である分子機械の間には格好のアナロジーが成立する。

さらに分子の嵐と進化の間には、もっと直接的な関係がある。デルブリュックのグリーンペーパー〔註――X線照射によって突然変異が生じる確率から遺伝子の分子的大きさを推定した一九三五年の論文〕――これからシュレーディンガーは直感をえて『生命とは何か』を書くことになったのだが――によると、熱運動が突然変異の主な作用因である。さらに言えば、DNAの複製と修復は分子機械によってなされるが、これらは分子の嵐の中にあるため、めったにないことだが、稀に間違いを犯す。これらの間違いは、地球上で進行中の生物進化の在庫を補填する。……

これ以外にない

こうして分子機械を展望すると、これらの機械が存在するようになったのは進化による以外にはあり得ないという確信に至る。すでに見てきたように、生命は、物理的世界のあらゆる側面、たとえば、時間と空間、ランダムな熱運動、炭素化学、化学結合、水の特性、を徹底的に利用している。これが人工の機械とは異なる点である。機械は、限られた物理的性質を組み合わせて、外部からのすべての影響に抵抗するよう設計されている。一方、分子機械はこれに抵抗するのではなく、カオスを利用するのであり、それは進化に対して強靭に抵抗する。なぜか？　もし生命が奇跡によるのではなく、自ら発生したのであるのなら、分子スケールから出発しなければならなかったはずである。分子次元の世界はつねに分子の嵐が渦巻いている。カオスに抗しながら生命が統合的に機能していく一部として、ランダムな熱運動とともかく協調するという生命の能力は、生命が下から上への過程であることに反映している。それは決して上から設計されたものではない。もし上から設計されたものであるのなら、生命を基本的に大きくすることで、分子嵐に抵抗するという熱運動の厄介な面を、簡単に回避できたはずだからである。このことは、人類が機械を作る過程のひとつとして、ナノテク研究者が微小な機械を作ろうとして、生命のナノ機械を調べて、最近になって学んだことである。

分子機械がその分子環境に優美に適応している事実は、進化を強く支持する議論となる。進化は改良（tinkering、註――鋳掛屋の作業）であり、生物学的構造はゆっくり改良され、さらに適応していく。生命の歴史は長い。進化は、生体の中で働いている驚異的なまでに物理学を駆使した機械を作りあげるのに、長大な時間をかけてきた。このように完璧に近いものを作るには、ダイナミックに設計がされる長い過程が不可欠である。一時の設計では不十分である。

（p.225-227）

ホフマンのこの見解は、生命は進化の過程で自然のあらゆる可能性を試み、いったん採り込んだ機能についてはその完成度を高めてきた、とする本書の「完全ブリコラージュ原理」とほとんど同じである。C象限の自然＝汎ブラウン・ラチェット仮説を、支持する素材は急速に増えているのだが、あと三つ、その例に触れておこう。

ブラウン・モーター群のなかで強い作用力をもっているのが、ＤＮＡからＲＮＡを写し取るＲＮＡポリメラーセの場合である（J. Gelles & R. Landick, *Cell*, Vol.93, 1998, p.13-16）。ＲＮＡポリメラーセそのものが、形は異なっているが、キネシンやミオシンなみの分子モーターとして、ＤＮＡからの転写を強力に推進する。もうひとつは、ミトコンドリアの中にたんぱく質が運び込まれる過程である。ミトコンドリアは進化過程の初期に、原始的生物が細胞の中に組み込まれ、エネルギー生産を担う機能に特化していった細胞内小器官（organelle）である。そのため他とは違って二重の異なった膜で区切られており、ミトコンドリアが必要なたんぱく質はこの二つの異なった膜を通りぬけなければならない。目的のたんぱく質が外側の膜にとらえられた後、たんぱく質はひも状に解かれながら二つの膜を通過するのだが、この作用が、膜の振動（ブラウン振動）で自動的に移送されるとする説と、エネルギーを使って内側から引っ張り込まれるとする説がある（W. Neupert & M.Brunner; *Molecular Cell Biology,* Vol.3, p.555-565, 2002）。だがどちらにしても、分子形態の未知の相互作用によって、細胞内の分子系が一方向に進むことに、違いはない。

最後は、たんぱく質が正しく折りたたまれるのを支援する、シャペロンという特殊なたんぱく質についての説明である。現在では、多くのシャペロン機能を担うたんぱく質が見つかっているが、いまから十数年前、細胞分子生物学の教科書は、このように慎重な表現をとっていた。G・カープ（Gerald Karp）の『細胞と分子生物学 *Cell and Molecular Biology*』（第三版、2002年）からの引用である。

このシャペロンの作用の機構は〝偏向分散 biased diffusion〟と呼ばれ、またシャペロンは〝ブラウンのラチェット〟として作用しているといわれる。〈ブラウン〉という言葉はランダム分散を意味し、〈ラチェット〉は一方向のみの運動を許す道具である。シャペロンの作用に対するこの見解は、現在における思弁的考察（speculation）にとって重要な課題である。（p.325）

生命は熱運動をどこまで利用しているか

現行の生命科学の認識を「ホワイトボードの真理」と言い、「便宜的絶対0度の世界」と少し皮肉っぽく表現してきた。ただし、その意図するところは、厳として共有されている自然哲学を可視化することにあり、決して生命科学研究を否定するものではない。ともかく、研究資源が最適に配置されるためにはつねに、体系的懐疑の眼が注がれていることが必要なのだ。穏当な表現に変えれば、科学に対する本質的な論評を行なうセクターが絶対に不可欠である。

現在の生命科学の自然哲学的な検証にまで議論を戻すと、少なくともつぎの三つの自然の側面を捨象してきた事実は素直に認めるべきであろう。第一に、分子構造に由来する分子固有の振動、第二に、媒体である水分子の存在とその機能、第三に、三八億年の生物進化の末にある細胞内の分子環境「C象限の自然」の独自性である。

ホフマンも論じるように、そもそも生命は、〈分子の嵐〉の中から生まれ、ブラウン運動に完全に適応して、これを訓化してその上に機能的な分子の仕組みをあみ出し、改良し続けてきた存在である。熱運動の上に浮いた、もうひとつの大自然と考えるべきである。その上で完全ブリコラージュ原理を念頭に置くと、複雑な生体分子がもつ固有の振動やこれにともなう微妙な構造の変化を、生命はその本性として、何かの形で利用しているはずである。「便宜的絶対0度の世界」を構成する生化学的解釈の立場は、それを系統的に黙殺してきたことになる。

第二の、生命の説明における水の抹消を、ここでは「水分子の〈黒子〉化」と呼ぶことにする。ともかく、細胞の全重量の七割を占める媒体としての水を、ちょうど歌舞伎の黒子のように、あたかも存在しないもののように扱う今の思考法は、どう考えても、重大な欠陥をもっている。M・チャプリン（Martin Chaplin）の評論、「細胞生物学は水の重要性を過小評価しているか？ Do we underestimate the importance of water in cell biology?」（*Molecular Cell Biology*, Vo.7, p.861-866, 2006）は、たんぱく質の折りたたみや、たんぱく質や核酸の構造安定化などに関して、水は決定的に重要な役割を果たしていると指摘する。実際、ワトソンとクリックがＤＮＡ二重らせんモデルにたどり着く過程で、ウィルキンスから見せられたのが、乾燥状態と水を含んだ状態の、二つの型のＤＮＡのＸ線解析の写真であり、これが重要なヒントとなった。ワトソンのあまりに有名な自伝『二重らせん *The Double Helx*』（1968）から、その一節を引用しておこう。

「そして、彼〔註――モーリス・ウィルキンスのこと。ワトソン、クリックとともにノーベル医学・生理学賞を受賞〕はさらに重大な秘密をもらした。夏の中ごろから、ロージィ〔註――ロザリンド・フランクリンのこと。癌で死去〕がＤＮＡに新しい三次元形態があることを示す証拠を得ているというのである。それは、ＤＮＡ分子の周囲を大量の水が取り巻いているときに生じるのだそうだ。そのＸ線写真模様はどんなふうなのかと質問すると、モーリスは隣の部屋から、彼らが「Ｂ型」構造と呼んでいる新形態を示す写真のプリントをもってきた。

その写真を見たとたん、私はあ然として胸が早鐘のように高鳴るのを覚えた。そこに現れた模様はこれまでに得られていた「Ａ型」より信じられないほど簡単であった。そのうえ、写真のなかでいちばん印象的な黒い十字の反射は、らせん構造からしか生じえないものだった。

……」

（江上不二夫／中村桂子訳、講談社文庫、p.166-67）

第６－５図　水の機能の抹消

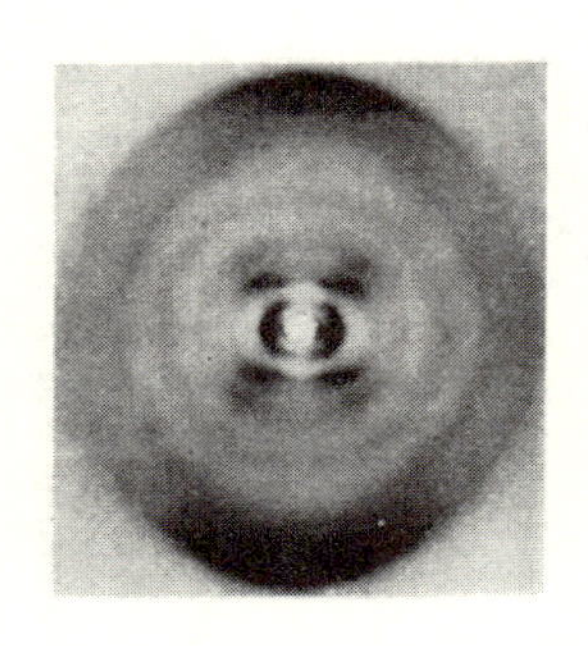

DNAのX線解析写真：A型

出典）M. H. F. Wilkins, *Nature*, Vol.171, p.738, 1953.

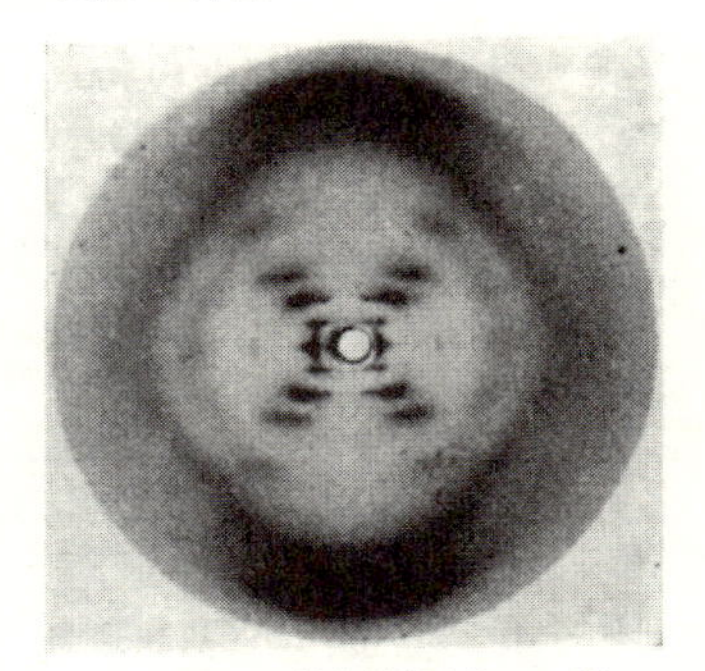

DNAのX線解析写真：B型

出典）R. E. Franklin, *Nature*, Vol.171, p.740, 1953.

水は、常温での、DNA分子の構造を安定化させている。左はDNAの乾燥(dry)、右は水を加えた状態（wet）のX線解析写真。1953年初め、R・フランクリンが撮影し、ワトソンとクリックのDNAモデル発見に重大なヒントとなった。

第６－６図　大腸菌を構成する分子（重量比％）

水		70
たんぱく質		15
核酸	DNA	1
	RNA	6
糖類		3
脂質		2
他の有機物質		1
無機塩		1

大腸菌では、全重量の70％が水。理想媒体として扱われ、研究者の視界からは消えている。

だがいまもなお、水に関する評価とその扱いは、多くの場合、きわめて消極的なものである。

第三の「C象限の自然」内部の独自性の認識については、自然観もしくは自然哲学とはまったく別に、これに並行して方法論の問題が、隣合わせに存在する。さらにここには、観測装置の開発という純技術的問題とは別に、観測の不可能性の問題が横たわっている。これまでの議論からすれば、生物学的相補性（すなわち死体学的原理）と、もうひとつ、熱運動相補性がある。この二つは観測不可能性という点で微妙に重なっている。つまり、C象限内部での生体分子の複雑性な組合わせによる振る舞いに対して、直接的接近が困難であることに加えて、熱運動そのものを観測するとなると、これは非常に難しい問題であることを意味している。ただし量子力学のように、測定不能であることが理論的に確定しているのではないのだから、巧妙な、たとえば手ブレ防止装置のような観測手法か、それに見合う理論が考え出されれば、展望が開かれる可能性は残されている。

いまの光景はこういうことなのであろう。これまでに構築されてきている物理的な観測系エレベーターに乗っているわれわれは、恐しく豊かなもうひとつの自然であるC象限の階に降りようとしても、この中二階に降りるための停止ボタンは**付いていない**のだ。ホウは、横に無限に広がる「分子以上、細胞以下」のこの世界を〈ミドルワールド〉と呼ぶのである。

分子生物学の成果は、どこで読み間違えられたか

生命現象を物理・化学の法則で説明しきろうとしたワトソンやクリックの立場は、いま振り返れば、細胞膜の意味を積極的に無化する、その意味で明快な自然哲学であった。ただし、分子生物学

第6-7図　物理的観測エレベーター

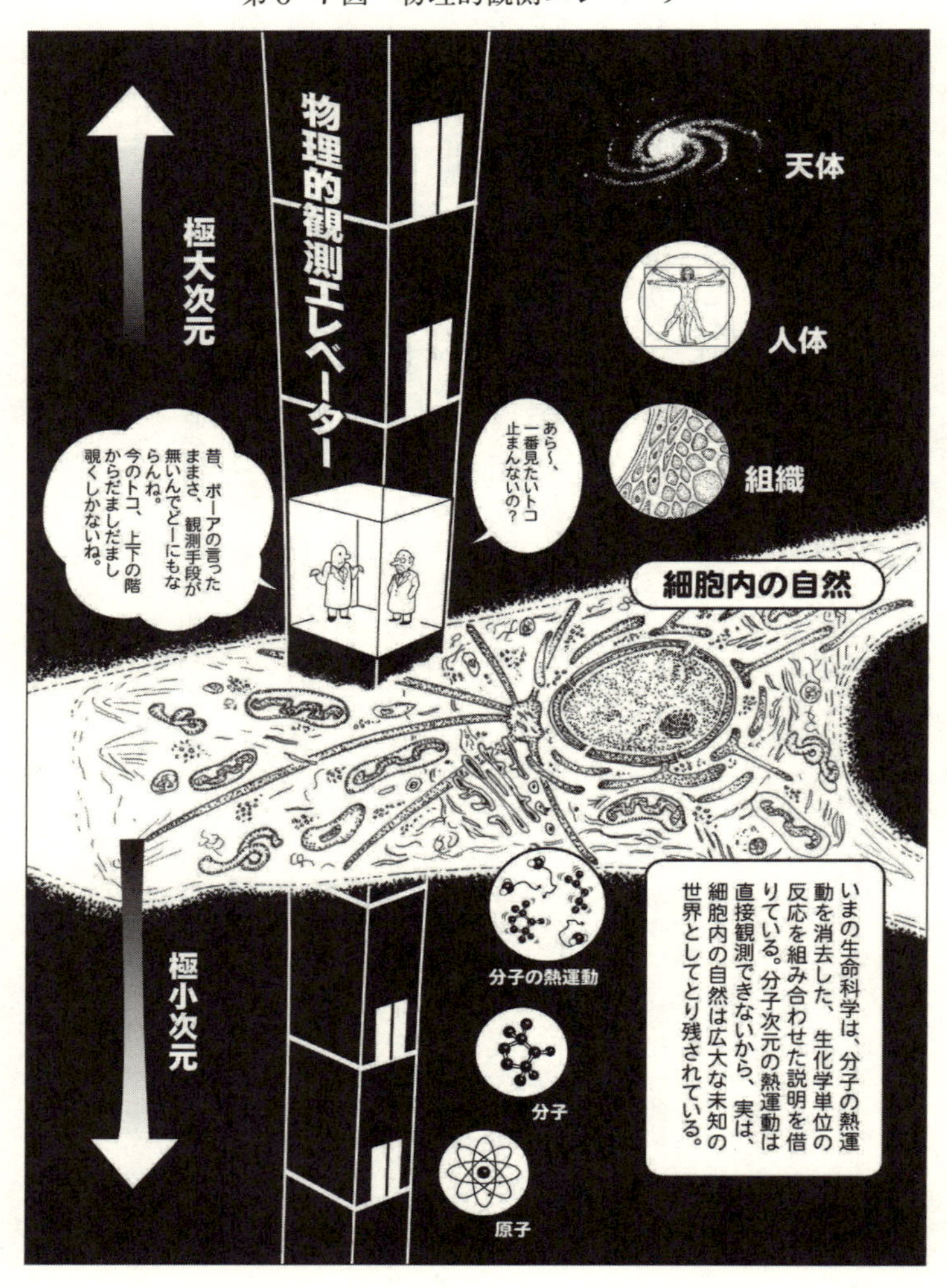

が生化学に包含されてしまういまの道をたどるのではない可能性も、わずかではあるがあった。たとえば、先ほど引用した、ブレンナーの生命に対する感覚である。

むしろ初期の分子生物学は、「分子&エネルギー」という二項概念で世界を解釈する生化学からは大きく逸脱した、異端的学問として登場したのである。L・ウォルパートとA・リチャーズ(Lewis Wolpert & Alison Richards)が、時代の代表的な科学者にインタビューした『科学への情念 *A Passion for Science*』(Oxford UP、1988)という本がある。その中のS・ブレンナー(Sydney Brenner: 1927〜)のインタビューはたいへん興味深い。ブレンナーは、分子生物学の形成期にF・クリックらとともに、核酸の塩基配列とたんぱく質のアミノ酸残基との対応関係を解明する過程で、重要な役割を果たした一人である。その後彼は、研究対象をセンチュウに変更し、器官発生とプログラムされた細胞死の研究で、二〇〇二年に晴れてノーベル医学・生理学賞を受賞した。

ブレンナー　あなたは、われわれ[分子生物学の開拓者]はなぜそんなにうまくやれたのか、と質問されました。結局は個人的な見解ですが、分子生物学の初期は、いわば使徒的運動(evangelical movement)でした。大半の人間は、われわれの考え方に反対で、生化学者のほとんどは、われわれが興味を抱いて重要だと考える問題を、本質的に理解しませんでした。彼らは、全く異なった思想的態度であり、こちら側もそれをひっくり返すことはできないと感じました。実際、われわれのグループは世界中で、健全にも既存の権威を無視する行動に出ました。DNAの構造が解明され、その意味を評価することにあり、私の考えでは、既存の化学と遺伝の研究が、複製と遺伝子発現の問題へと変貌して融合し、これこそが取り組むべき真の研究課題になりました。しかし他の集団は、この問題について完全に異質の見解にあり、彼らへの説明は不可能でした。たとえば、われわれは化学に深く関与している。F・クリックは物理学の出身だが、新しい物理学があるかという問いは、むろんナンセンスです。われわれは単純に、生物学はその一分枝であることを理解したのです。もっと言えば、非常に低いエネルギーの物理学であり、宇宙のこの小さな一隅で展開されている特殊な化学であり、それは見つけ出して確かめてみるべき対象なのです。われわれの課題はそれを発見することでした。

ウォルパート　知りたいのは、なぜあなたたちがその点を認識したのか、という点です。言ってみればあなたたちは生化学者でいてもよかった。それでもまったく同じ方向に進みえたはずです。それはT・クーンが言ったパラダイム・チェンジではなかったのですか。

ブレンナー　非常に印象的な研究集会を思い出しました。その場において、たんぱく質の合成で最も重要なのは、アミノ酸の配列はどのように確実なものになるのかという観点であることを、集まった人たちに受け入れさせることは、まったく不可能でした。彼らはこういうのです、「それは重要ではない。重要な問題はアミノ酸の結合のためのエネルギーはどこから来るのか、ということだ」。これに対してわれわれは、多くの機会をとらえて、配列こそが重要であり、エネルギーではない、それは後で問題にすればよい、と繰り返し主張しました。これがこの時代の分子生物学が実際に行なったことです。情報の流れが化学の次元で研究できるのだと言ったのです。私は、生化学者がこの次元の情報の重要性を、本当に理解したとは思いません。それは情報理論（information theory）という話ではありません。それはメッセージの流れであり、われわれはそれを分子の言葉で説明することを試みたのです。（p.101-102）

このブレンナーの証言は二つの点で重要である。第一は、分子生物学が明らかにした自然が、個々の分子配列そのものが意味をもつという、古典力学の範疇では絶対に発想しえない、物理科学としては異端の体系であったことである。

古典力学においては、隣りあう分子は無意味で完全に等質・等価な存在でしかない。ところが分子生物学が明らかにしたのは、分子が情報の担体であるという、それまでとは本質的に異なる自然、もしくは自然のドメインであった。しかし、分子生物学の成果自体は生化学的手法を駆使したものであり、加えて生化学の学問的蓄積が圧倒的であったことがその根幹にあり、生命についての説明の形は、現在、非古典力学的性格を強く帯びた塩基配列＝アミノ酸残基の対応表と、圧倒的な生化学的成果の融合という、キメラ構造になっている。

ブレンナーの証言でもうひとつ重要なことは、早い時点で分子生物学の成果に情報理論を持ち込むことは誤りであることを、見とおしていたことである。もともと初期の分子生物学者は、生物的自然を語る場に「情報」という言葉を持ち込むことに、たいへん禁欲的であった。クリックの論文から例を二つあげておこう。最初は、ＤＮＡ二重らせんモデル発見の論文に続く第二論文と言われるもので、ＤＮＡが遺伝物質である可能性を論じたものである。ここで情報という言葉は一度だけ使われている。

J・D・ワトソン&F・H・C・クリック「デオキシリボ核酸の構造の遺伝的含意 Genetical implications of the structure of deoxyribonucleic acid」(*Nature*,Vol.171, p.964-967, May 30, 1953) の最後に、こういう一文がある。「われわれのモデルにおける燐酸=糖の骨格は、完全に規則的である。しかし、塩基のペアは、いかなる配列もこの構造に適合する。このことは、長大な分子において、多くの異なった置換が可能であることを意味する。それゆえ、この塩基の厳格な配列が遺伝的情報(genetical information)を運ぶコードである可能性があるように思われる。」(p.965)

もうひとつは、クリックが、セントラルドグマについて初めて体系的に論じた「たんぱく質合成について On protein synthesis」(*Symp.Sco.Exp.Biolo.* Vol.12, 1958, p.138-163) という長い論文からの一節である。

問題のエッセンス

たんぱく質合成に関する現在の知見について体系的に議論するのには、それぞれを流れと見なす、三つの話題の下に整理して行なうのが効果的であろう。すなわち、エネルギーの流れ、物質の流れ、情報の流れである。ここでは第一の問題は論じない。第二の問題についていくばくかは論じるであろうが、とくにここでは第三の情報の流れについて強調しておきたい。私は、情報(imformation)という言葉で、たんぱく質におけるアミノ酸配列の特殊性を意味するものとして使用する。

(p.143-144)

つまりクリックは、セントラルドグマという分子間の情報の受け渡しの仕組みについて語る局面においてすら、情報という言葉を、たんぱく質のアミノ酸配列の個別性という、化学の側から見た意味に限定して用いている。それほどまでにクリックは、化学以外の概念に頼ることを慎重に避けることに撤した。これはこれで自然に向きあうひとつの確固とした哲学的姿勢である。

ところが、分子生物学の骨格が完成した一九六〇年代後半以降になると、工学分野で発達してきた情報理論を、この過程に当てはめようとする試みが繰り返されるようになる。その典型が、H・ヨッケイ（Hubert P. Yockey）の『情報理論と分子生物学 *Information Theory and Molecular Biology*』（1992）である。だが、これらはことごとく壁にぶつかってしまう。その理由ははっきりしている。工学的な通信理論を生命にあてはめること自体が、見立て違いだったからである。

最後に論じておくべき課題が、ボーアが生物学的相補性を指摘した後、生命を物理・化学的に追究していった先には生産的なパラドックスに出会うと想定した、その顛末である。ボーアの講演「光と生命」を聞いて、物理学から生物学に転向したM・デルブリュック（Max Ludwig Henning Delbrück: 1906~1981）は、自身の自然観についてはほとんど述べなかった。だが、この問題に一度だけ触れたことがある。それが「ある物理学者の生物学観 A physicist looks at biology」（*Transactions of the Connecticut Academy of Arts and Sciences*, Vol.38, p.173-190, 1949）という講演であった。デルブリュックはその結語でこう述べている。

この考え方はボーアによるものだが、物理学と生物学とを新しい関係に置き換えることになるものである。分子を対象とする物理学が、生きた細胞が提示する現象全体へと視野を拡大することで、われわれはこの方法論の本質的限界を見つめることになり、逆にそれによって物理学にとって手つかずの新しい辺境をめざすことになる。そこでは、原子物理学の用語による一貫した説明が求められるような観察ではない現象に向かうのであるから、物理学の概念とはゆるく関係するだけの、新しい概念を含む法則が展開する可能性がある。（中略）

このボーアの示唆は、少なくとも私が、一介の物理学徒として生物学に関心を向けるようになった第一の動機であったし、恐らくは生物学の領域に移ってきた他の物理学者にとっても同様な動機づけとなったのだと思う。生物学は、そこに参入してくるあらゆる研究者にとって、非常に興味深い領域である。幅広い構造をもち、全体として不思議な事実に驚くほど満ちあふれている。しかし、物理学者にとってはまたそれは、不満がつのる対象でもある。表面的には物理学的である現象、たとえば興奮、染色体の運動、再生についての説明を分析してみると、基本的な物理学的説明に向けてはっきりとした方向性が示されるのではなく、純記述的な説明の周辺を周回しているようにみえるからである。

あるいは物理学者は、原子を扱う物理学からの、生物学への唯一の現実的な接近方法は、生化学を介することだと忠告されるかも知れない。現代の生化学による解明のあらすじに耳を傾けると、物理学者は、細胞とは酵素が詰まった一種の袋であり、酵素は基質をさまざまな中間物を経て細胞内の物質や代謝物へと変換するもの、と説き伏せられるかもしれない。酵素は、秩序だった様式でその役割を果たすために、戦略的に適切な位置に配置されなければならない。

また一方で、それらは合成される必要があり、少なくとも一見、既知の生化学と本質的には違わない、だが未解明の作戦行動によって、しかるべき位置に置かれなくてはならない。実際、生化学が立脚するこのような展望は、無限のひとつの地平をさし示す。だがそれでも、複雑な力学モデルを用いる原子論の説明プログラムが、そこで有効であるかは疑わしい。複雑な様態のものを介して単純なものを説明するプログラムであるからである。それは、パラドックスが生じ、そこに強く焦点が当てられるようになるまでは妥当なものとされるだろう。生物学において、われわれはまだ、明確なパラドックスがたち現われる地点にまでには、まだ至っていない。この事態は、生きた細胞の振る舞いをより詳細に分析するまでは、起きないだろう。そのような分析は、生きた細胞をそれ自身の概念で分析し、分子を扱う物理学との矛盾を無視したまま理論化を行なうべきである。この方向性こそ、物理学者はもっとも情熱を燃やすであろう。そして、生物学に対して新しい知的なアプローチを創出し、これまで誤用されてきている生物理学（biophysics）に息吹を吹き込むであろう。

だが、生命の物理科学的探究を深めてみても、その先にパラドックスは現われなかった。デルブリュックの還暦を記念した論文集『ファージと分子生物学の起源 *Phage and the Origins of Molecular Biology*』（1966）がある。その序文（パラドックスを待ちながら Introduction : Waiting for the Paradox）を、分子生物学の成立期に立ち会った、G・ステント（Gunther Stent: 1924〜2008）が書いているが、これがすべてを物語っている。

第二次世界大戦が終る直前、ナチスの圧迫を逃れてアイルランドに移り住んでいた、オーストリアの偉大な物理学者、エルウィン・シュレーディンガーは、『生命とは何か』（1944）という小さな本を著した。この本は、広く注目を集め、生物学に新しい時代をもたらすことになった。ただし、この本がなぜかくも大きな影響力をもったのかは、いまもってはっきりとはしない。そもそも、シュレーディンガーがそこで言っていることは、とくに目新しいことでも、独創的なことでもなかった。それ以前に、ひどく読みづらい本であった。文章はいたって平明なのだが、逆に、その平明さのために読んだ人間の側はごまかされたような気持ちになった。というのも、大多数の読者は、シュレーディンガーが表現しようと思ったものを本当に理解することは、ほとんどできなかったため、時間がたつにつれて次第に不安になっていった。専門の生物学者に対しては、ほとんど、もしくは、まったく影響を与えなかった。生物学者が『生命とは何か』を読むのを煩わしく思ったのは、そのタイトルがひどく神経に触るものだったからであろう。それより心の広い連中は、ちょっとした気晴らしとしてなら、読めたであろう。だが、シュレーディンガーのプロパガンダは、物理学者に対しては絶大であった。彼らの生物学に対する知識は、概して植物学や動物学の断片に限られたものであったから、新しい物理学を基礎づけた大先駆者の一人が、「生命とは何か」という問題を提示したことは、この問題こそ、物理学者が気概をもって立ち向かうのに値する基本的な課題であることを権威づけてくれた。第二次世界大戦後、物理学者の多くは職業的に不安定な状態に置かれており、自分たちが進むべき新しいフロンティアを誰かが指し示してくれることを待ち望んでいた。そしていま、シュレーディンガーによって、心躍る方向が提示されたのである。シュレーディンガーの本は、読者の情熱を刺激し、生物学における革命の『アンクル・トムの小屋』のような機能を担う本になった。そして喧騒がおさまってみると、分子生物学という遺産が遺されたのである。……

（この本の中の）遺伝子の突然変異について考察する箇所で、シュレーディンガーは、彼が「デルブリュックのモデル」と呼んだ考え方について論を展開している。このモデルでは、異なった量子力学のエネルギーレベルに対応した遺伝子が、これに応じた異なった状態にあり、その状態間の遷移は高い活性エネルギーを必要とするため、遷移の確率は非常に低い。シュレーディンガーは、「遺伝物質は分子論的に説明する以外に方法はない、と自信を持って断言してよい。物理学的見地からすれば、遺伝の永続性を説明するのに他の方法は見当たらない。もし、デルブリュックの図式が失敗したら、またその次のものを試みるより他はない」と考えた。その上でシュレーディンガーは、後にデルブリュックが講演「ある物理学者の生物学に対する見解」の中でも引用することになる、重要な教義を宣言した。実際、おそらくこの教義こそは、初めて、物理学者が生物学へと転向する重要な精神的な動機になったものである。「遺伝物質に関するデルブリュックの一般的な図式に従うと、生きているものは、今日までに確立された〈物理学の諸法則〉を免れることはできないが、いままでに知られていない〈物理学の別の法則〉を含んでいるらしい。しかし、それがひとたび明らかにされてしまえば、既存のものと並んで科学の重要な一要素として統合されていくことになるだろう」（p.68）。遺伝子を研究することで〈別の物理学の法則〉が見つかるかもしれないという、このロマンティックな教義こそ、物理学者の心を魅了したものであった。物理学的パラドックスを求めての研究、すなわち、遺伝学は伝統的物理学の知的枠組みの内側で相補性を示すことになるかもしれない、というこの空想的な希望は、分子生物学の創設者たちの心理的な基本構造の中で、なお重要な要素であり続けた。……

（一九四五年以来、デルブリュックが始めた）、コールド・スプリング・ハーバーの訓練コースを通して、非常にたくさんの研究者がファージ・グループに結集した。そこでは、放射性同位元素トレーサーや超遠心分離機のような、新しい実験装置を容易に利用できたため、以後七年の間に研究は急速に進んだ。一九五二年にパリ近郊のアッバイ・デ・ロヨウモンで開かれた第一回国際ファージ・シンポジウムに、五〇名の猛者が集まったが、すでにこの時までに、ファージＤＮＡが少なくともウイルスにおける遺伝の連続性をもたらす唯一の担体であること、そして、ファージ増殖に関する生理学と遺伝学の細部は、ＤＮＡの構造と機能によって理解されると考えられるまでになっていた。そのまさに翌年の五三年に、ワトソンとクリックによってＤＮＡの構造が発見され、これが、それまで想定されていた増殖のメカニズムを理解することの基盤を提供することになった。これを機に、研究は急拡大の時代に突入し、知的なブレークスルーが可能になっただけではなく、突然、生物学に対する政府の研究助成も増加した。さらにその九年後の一九六一年までには、ひとつのゴールに到達した。ファージＤＮＡが増幅するメカニズムとウイルスのたんぱく質が構成される過程の概略は解明され、後に残ったのは細部の仕上げであった。パラドックスは、ひとつも現われず、〈物理学の別の法則〉も発見されなかった。水素結合が起こり、それが外れること、これがそこで起こっていることのすべてであり、これが遺伝物質の機能を理解することのすべてであった。（p.4-6）

これが、生命を物理・化学的手法で追究していった果てに現われた光景であった。しかし、『ニールス・ボーア著作集 第十巻 *Niels Bohr Collected Works*, Vol.10』（Elsevier, 1999）を編集したD・ファフロホルト（David Favrholdt）は、その序文でこう解釈している。

一九五三年にDNA二重らせん構造が発見され、これに続いて遺伝暗号が解明されたことで、ボーアははっきりと、それまでの持論を修正したり撤回したりした。この発見は、一部は、染色体の本質的な成分であるDNAの分離に、一部は、既知の化学分析に、一部は、X線微細解析の写真に、そして、その他の実験結果や理論的成果の基礎のうえに、達成されたものであった。複製のしくみは、生体内の原子の次元で何が起こっているかを知らないでも、実際、それは発見され、説明された。認識論の視点からすると、二重らせんモデルの発見はつまらないものに映った。それは、まったくパラドックスをもたらさなかった。新しい法則をいっさい必要としなかった。物理化学的な説明が、生命の根本的な秘密のひとつを、完全に満足いくかたちで説明できることを明らかにした。

だがボーアは、二重らせんモデルの発見が話の終わりだとは信じていなかったことを、ヴォルフガング・パウリへの手紙から読みとることができる。彼はそれでもなお、生命の基本的な単位は細胞であるはずで、染色体ではないこと、そして、細胞の機能はその生命全体からの情報で規制される、と考えていた。(p.13)

ボーアほどの大学者が繰り返した洞察が、無意味であったはずがない。問題の所在は、物理学者であった彼が、十九世紀的な「物質&エネルギー」という二項概念の枠組みにとらわれ過ぎたことにある。その延長線上に、生命の不思議さに見合う現象法則が発見されると予想したのだが、生命の不思議さは、新しい準物理的法則ではなく、分子の未知の深遠な組合わせにあった。近代科学はデカルト(1596~1650)の『方法序説』(1637)の影響を受け、物事を単純なものから積み上げていく習慣に、あまりにも慣れ過ぎている。この精神的な慣性が、生体分子の構造とその組合わせの複雑性を、つねに過小評価に導いた一因でもある。だがそれ以前に、これまでの物理科学は、熱運動をあまりに毛嫌いし過ぎてきた。ボーアが想定したパラドックスが表われるはずの位置には、はるか以前、生命の誕生時から「C象限の自然」が存在していたのだ。いまはただ、これを再発見すれば良いだけなのである。「薄い機械論」は、まったくの見立て違いであった。そしてわれわれは、これが見立て違いであったことに気づき、恐ろしく耐久力をもったこの自然哲学を追い詰めるところにまでやってきたのである。

第七章　彼岸としての抽象生物学
――バイオエピステモロジーから対岸に向けて

バイオエピステモロジーは何をめざすか

冒頭で示したように、バイオエピステモロジーの出発点は、現行の生命科学の細胞内の自然に対する認識が、眼前に展開するその巨大な研究体制に比べて、実はたいへんに不安定なものであること、にもかかわらず、そのような問題意識が存在せず、これを研究する者は皆無に近いことがわかったからである。バイオエピステモロジーを粗く定義すると、「それぞれの時代の生物学／生命科学の研究者が、自覚的であれ無自覚であれ、生命をどのようなものと見立てて研究している（研究していた）のか、を研究する立場」である。つまり、生物学／生命科学が拠ってたつ自然哲学(Naturphilosophie)についての研究である。ところが、生命科学の現状は「生化学の圧勝」状態にあり、加えて、生命科学の自然哲学を扱う位置にいるはずの科学史や科学哲学は、現状を跪拝するばかりで、これを批判的に検証しようとする意欲を欠いているように見える。だとすれば、歴史をさかのぼって、歴史時間という軸から現在を相対化して、これを分析し論評するしかない。こうして、現在の自然哲学が可視化されるまで、力いっぱいそれを揺さぶってみるのである。そういう戦術を穏便な言葉に移したのが「冥界対話」である。

こうして百年前の生物学の側に立って、激しく揺すってみて現在の基底から見えてきたのは、「薄い機械論」という自然哲学であった。ここまで突きとめれば、次にすべきことは、この「薄い機械論」が帯びる強い啓蒙主義に起因する〝言い過ぎ〟の部分を見つけ出して、修正することである。ここで重要なのは、現在の「薄い機械論」がだめとわかったから他に乗り換える、という話ではないことである。いわば生命科学が前提としているさまざまな概念の〝総棚卸〟をするのである。

これまでも機械論批判は繰り返しされてはきたが、生命科学本体には、まったく届いていない。生命科学の公式見解の下から漏れてくる「勝者の嘆き」を、批判する側が真摯に受けとめてこなかったのだ。「生化学の圧勝」状態にある現在の公式見解は、「生命の謎は分子の次元で解明された」とする、一九六〇年代以来のあいも変わらぬ分子生物学的生命観である。それはいま世界中で使用されている生命科学の教科書を開いてみれば一目瞭然である。その一方で、測定技術は飛躍的に発達したのに、それに見合った、分子次元での生命の認識を再編集する努力を、生命科学は行なって来てはいない。

そもそもなぜ、現在の生命科学は自然哲学を欠落させたのか。それは、第四章で述べたように、T・モーガンが、思弁過多のドイツ語生物学から、実験データにのみ関心を払うアメリカ生物学へ、二〇世紀の生物学研究の形を大きく転換させたからである。

ヨーロッパから帰ったモーガンは、一九一〇年初めにコロンビア大学で、ショウジョウバエをモデル生物に定めて大規模な遺伝実験を開始し、今日の遺伝研究の形態を確立した。さらに一九二八年にカリフォルニア工科大学（略称はCaltech）に生物学科が新設され、その主任教授に就任すると、ここに、遺伝現象を物理・化学の面から研究する若手研究者を集め、現代遺伝学の一大中心地を築き上げた。

このような蓄積の延長線上に、一九六〇年代半ばに、「生命の謎は分子次元で解明された」とする分子生物学的生命観が高らかに宣言された。これは今日の生命科学の公式見解でもある。ただし、生命を物理・化学的に解明するという構想は、十九世紀ドイツの機械論（Mechanismus）がその先駆であり、当時それは、有力ではあるが並び立つ自然哲学のうちのひとつであった。十九世紀においては、生命とは何であるかを語る自然哲学と研究方法とは、一体のものであった。それが二〇世紀中期にドミノ倒しのように起こった、生物学の〝アメリカ化〟によって、生物学と自然哲学とを結ぶ糊しろ部分はすっかり切除された。同時に、研究対象となる試料を生化学的に調整する工程全体が体制内化され、現在の壮大な研究体制が出現した。いま建ち並ぶ生命科学の研究棟の群れは、「薄い機械論」という自然哲学が〝物象化〟したものである。強すぎる存在となった現在の生命科学に向けて、〝分子還元主義〟などと少々憎まれ口をたたいたところで、それは何も言わなかったも同然なのである。

十九世紀的偏見の脱構築を

生命科学はいま、天井を這うような飽和感と閉塞感の混交のなかにある。それは一面で、現代の科学一般が直面している〝収穫逓減の法則〟――画期的な発見の時代は過ぎ、研究投資に対する見返りはどんどん小さくなる――の結果であるのは事実である。だが、バイオエピステモロジーの視点からすると、生命科学の事情は他の自然科学とはかなり異なっている。その要因は二つに集約されるように見える。ひとつは、これまで最新技術を動員して生命を分子の次元で探究してきたのだが、その試みは熱運動という自然構造の大障壁によってはね返されている、という実感が、明確になってきたことである。もうひとつは、「薄い機械論」という浸透度の強い自然哲学によって、科学者の発想の自由度が著しく抑え込まれているのではないか、と疑われることである。しかもこの二つは深いところで連動しており、これがいまの知的停滞を招き、かつその自己正当化につながっているのではないか、ということである。

振り返ると、分子生物学の成功体験はあまりに鮮烈であった。なかでもDNAモデルが示したその意外性と単純性と美しさは、破格の知的吸引力をもつものであった。DNA二重らせんモデルの発見直後に、自然哲学の次元で、分子生物学が獲得した帝国主義的地位がどれほど高いものであったか、いまはもう想像不可能になっている。アリ社会の研究が専門で第一級の生態学者であるE・ウイルソン（Edward O. Wilson: 1929～）は、その自伝『ナチュラリスト *Naturalist*』(Island Press, 1994) のなかで、二〇歳台のワトソンがどれほど傲慢であったかを証言している。

第十二章　分子生物学戦争（The molecular wars）

皮肉ではなく、私はすばらしい敵に出会ったことに感謝している。彼らは私に災難をもたらした（実際、完全な敵であった）が、私は彼らに多くのものを負っている。なぜなら、彼らは私の闘志をかりたて、新しい方向に進むのを促したからである。かつて、ジョン・デウィ・ミルが言ったように、脅かす敵のいない領域では教師も生徒も眠りこけてしまう。

ＤＮＡの構造の発見者の一人、Ｊ・Ｄ・ワトソンは、私にとってこのような天敵の典型的な一人であった。一九五〇〜六〇年代の若き日の彼は、私が会った中ではもっとも不愉快な人間の一人であった。彼は、一九五六年にハーバード大学に助教授として赴任してきた。最初の一年は私も同じ地位にあった。彼は二八歳で、私よりたった一歳年長であった。彼は、生物学は分子と細胞で表現される科学に変貌すべきであり、物理と化学の用語で書き換えられるべきだという信念をもって乗り込んできた。これまでの〝伝統的な〟生物学――私の生物学はその典型だが――は、自分たちの研究対象を現代科学に翻訳できないまま、〝切手収集〟に耽っている。彼は、生物学科の他の二四人のメンバー全員を、革命に対する頑迷な反動家として扱った。

学科会議では、すべての方針に対して侮辱する態度をとった。ワトソンは、常識的な礼儀や上品な会話を嫌ったが、それらは現状維持を望む伝統主義者を鼓舞するものと信じたからであった。彼の下品さは、彼がなしえた発見が偉大で、以後も注目を集め続けていることで許容された。一九五〇〜六〇年代に始まった分子生物学革命は、生物学全体に怒涛のように押し寄せた。ワトソンは若くして英雄的地位に登りつめ、生物学におけるカリグラ［残虐で有名なローマ皇帝」となった。彼は思いつくままに何を発言してもよく、それが重視される地位とライセンスを手に入れた。不幸なことに彼は、それを日常的に、手に負えない荒々しさで行使した。ワトソン本人にすれば、暴君になる以前の大発見の過程を描いた手記、『二重らせん』の中で自身をそう呼んだように、自分はただ「正直ジム Honest Jim」であっただけなのだ。ただし、誰も彼のことをそうは呼ばなかったが…。

ワトソンの態度はとくに私を苦しめた。ある日の学科会議で私は素朴な気持から、この学科はバランスから考えて若い進化生物学者が必要である、という議題を選んだ。少なくとも一人(私のこと)から倍の二人にする必要があると思った。私は、候補リストにフレデリック・スミス教授が入っていることを告げた。彼は革新的で将来のある集団生態学者であり、最近、ミシガン大学からハーバード大学デザイン学部に移ってきていた。私はスミスの業績を概説し、環境生物学の授業を行なうことの重要性を力説した。私は、学科の採用手続きに従って、スミスを生物学科の客員教員にすることを提案した。

ワトソンが柔らかに言った、「君は気が確かか?」

「どういう意味か?」、私はすっかり混乱してしまった。

「ここに生態学者として採用される者はみな頭がおかしい。」これが分子生物学の化身の反応だった。

数分間、会議室は沈黙に包まれた。だれもこの候補者を応援する発言をしなかった。しかし、ワトソンに同調する者も一人もいなかった。すると学科長のポール・レビンは、突然この議題を打ち切った。この提案はここで討議するには準備ができていない……、将来、文書で候補者を審議することになるだろう、と言った。むろん、そんなことにはならなかった。スミスがわれわれのメンバーに選ばれたのは、この分子生物学者が自身の学部を作って出て行った後のことだった。

(p.218～220)

これが一九五〇～六〇年代、分子生物学が全能幻想の頂点にあったとき繰り広げられた光景である。そして現在、ワトソン＝クリックに体現された自然哲学をエンジンにして邁進してきた生命科学は反省期にある。だとすれば、そこに織り込まれている十九世紀型の啓蒙主義的な〝粗さ〟についても、修正されるべきである。もともと機械論は、拡張主義的で、言い過ぎる傾向があり、そのような十九世紀的偏見は脱構築されるべきなのだ。

〝十九世紀的偏見〟については後で述べるとして、〝脱構築〟について少し補足しておこう。むろん、脱構築（ディコンストラクション déconstruction）とは、フランスの哲学者、J・デリダ（Jacques Derrida: 1930～2004）が編みだした哲学用語である。それは、言葉に込められる意味を確定することは不可能である、という認識に立って、言葉相互の差異に着目し、それらの実際の意味を分析していく、哲学や文学における研究の手法である。ここでわざわざ〝脱構築〟と表現する理由は、「薄い機械論」として継承されている強過ぎる十九世紀型啓蒙主義の浸透力を解体し、生命についての科学的認識のあり方を洗い直し、再編集すべきだと考えるからである。

過去一世紀の間、機械論は生気論（Vitalismus）を論敵として一大モンスターに描きあげる一方で、力学的説明を過大評価してきた。こうして「機械論vs生気論」という対立構図が生み出されたが、二十世紀の機械論はとくに、生気論的要素について敏感過ぎる摘発を行なってきた。ここで、〝十九世紀的偏見〟に入るものを少し幅広にとって、繰り返しを恐れず列挙してみよう。

まずは、若き日のワトソンに体現された〝分子生物学的傲慢〟である。一見これは、分子生物学帝国主義の単純な表出のように見えるが、その底には、自然はすべて「分子&エネルギー」の二概念の上に把握されるという確信がある。ニュートン主義に起源をもつこの信念は、十九世紀的偏見の筆頭と言ってよい。この型の自然哲学に立つ者はいちおう、「生命は複雑な組合わせの分子機械」とは言うのだが、そこで想定されている複雑さの程度は、実際の生命的自然とは架橋不可能なほど〝疎〟なものでしかない。この立場は、「C象限の自然」のように、未解明の要素を一括して別項目とたてる解釈図式に出会うと反射的に、「分子（もしくは物質）&エネルギー」以外の要素の仮説＝〝生命力〟を導入するもの、と受け取ってしまい、これを拒否し非難してきた。ここには「分子&エネルギー」の二概念の上に問題をたてることが、正統な科学であるという信念があり、それは古典物理学由来のものである。

第二に、生化学（もしくは化学）は、研究試料の抽出・精製・調整に関して確固としたマニュアル体系を固め、この上に構築されてきた学問である。その生化学によって得られた結論を、「C象限の自然」内部で進行する反応系と同一であると断じること（ワトソンの『遺伝子の分子生物学』の言葉）は、他でもない、十九世紀機械論の主張——生命は物理・化学で説明可能であり説明されるべきもの——を継承するものである。

第三に、これに別の角度から光をあてるとこうなる。現在の生命科学の教科書は、細胞内（C象限の自然）の生理学的機能の説明をするのに、これまでの生化学の成果である複雑な代謝回路地図（たとえば、D. Voet & J. G. Voet, *Biochemistry*, p.550）を相互了解の大前提に置き、このなかの一部として、問題とする生理学的反応を、分子次元の反応メカニズムとして説明する。この説明を科学的真理として受け容れる立場（普通はそうする）は、結果的に、試験課内（in vitro）で得られた生化学的結論と、細胞内で進行している反応とは同一である（少なくとも同一と見なしうる）、とする上述の第二の偏見に加え、生化学が研究対象とする分子間の諸結合よりは一桁以上エネルギーの水準が低い、熱運動や分子振動は、生命の理解においては消去可能であるという認識論的かつ方法論上の価値判断を、自動承認していることになる。

これ以上、細部には踏み込まないが、現行の生命科学は、少なくともこの二つの立場について正当化論を省略する構造になっている。だからこそ第六章で、この点を〝ホワイトボードの真理〟、あるいは〝便宜的絶対0度の世界〟と表現して、注意喚起をしたのである。これが暗黙のものであったことは、それが現行の生命科学の自然哲学そのものであることを意味し、この「構造的黙殺」は十九世紀的偏見の直系の思想と見てよいのである。

第四に、さらにこれを別角度から眺めると、十九世紀的偏見の一つに〝熱運動嫌悪症〟を挙げておいた方がよいだろう。生化学（もしくは化学）の方法論とその思考回路を受容することは、実は、熱運動が捨象された〝便宜的絶対0度の世界〟という、奇妙で不自然な了解の様式を共有する集団の一員になることでもある。本当は、生命科学の諸論文や教科書類の説明図からは、読む側に向けて、これらの分子は水分子の衝突の嵐のなかにあり、激しく振動をしていることも伝えられるべきなのだ。ここでの脱構築とは、「生化学の体系＝静止した真理」を解体しようとする立場である。

振り返ってみると、十九世紀の物理学は理想気体を統計学的に扱って熱現象の説明に成功した。どうも十九世紀の精神は、この美しい理論的説明に魅了されすぎ、逆にここに熱運動の本質的な扱いにくさを丸ごと押し込んでしまったようである。

第五に、挙げられるものとして、熱力学第二法則の無原則な適用拡大がある。機械論は、生命を含めて未知の自然には無機的原理を適用しようとする拡張主義であった。ただし、熱力学第二法則が形づくられた十九世紀において、それは〝慎ましい原理論〟であった。考えてみれば、理論の美しさ自体が普遍的に妥当する理由になるはずはないのだ。さらに、生命に対して、熱力学第二法則不破原則が神経質に語られるようになるのは、実は一九三〇年代以降である。すでに述べたことだが、機械論という自然哲学的企ては、熱力学第二法則が内包する現象論的事実とは矛盾する。このことを突きとめたのは、ドリーシュの『自然概念と判断概念』(1904)であった。この機械論の弱点の指摘は、正面から受け取られることがほとんどないまま、科学理論によくあるひとつの〝困難〟として残り続けた。

ところが第二次大戦後になると、ドリーシュの業績はすべて破産財として破棄され、新生気論は歴史的誤説の山のなかに打ち捨てられた。それでもなお、熱力学第二法則不破原則は、出自不明の問いとして、現在もなお取り上げられ続けている。生命現象からはひどく遊離したこの問いは、結局、生気論に対する過剰な怯えの残滓と考えてよい。それは心理的なものであり、居もしない審判者に対して、自分は生気論者ではないことを証明するために、熱力学第二法則不破原則という無内容な問いを解いてみせているのである。

第六に、ほんらい、十九世紀的偏見の筆頭にあげるべきは、因果論的説明への広範な傾斜である。だがこれについては、Ｅ・ヘッケルの進化論的・一元論的な世界像をその典型として挙げ、『時間と生命』で詳しく述べておいたので、ここでは繰り返さない。そのなかで、因果論的説明と遺伝子概念と進化論の三者関係については別途、論じたいと思う。

こうして生物学／生命科学にとって十九世紀的偏見と言えるものを列挙してみると、ほんとうに〝古典的 classic〟なものばかりである。二〇世紀初めに量子力学革命の波をかぶった物理学は、認識論の次元で、古典力学とはまったく異質の水準のものに移行した。この過程で強いられた自然哲学の解体・再編は〝科学の危機〟と呼ばれた。ところが、二〇世紀中葉に登場した分子生物学は、自らその自然哲学は十九世紀機械論の直系である、と宣言したのである。もういまは、ワトソン＝クリックによる自然哲学的宣言が正しかったか否かを問題視する時ではない。半世紀前のこれらの発言はすべて、ドリーシュなどと同じ、歴史的考察の対象である。むろん、「薄い機械論」の上にたつ現在の生命科学の教科書も、バイオエピステモロジーの研究対象である。

だからこそ、それらはいったん〝脱構築〟されるべきなのだ。世紀単位で愛用してきた方法論の道具箱の中身を、すべて陽の光の下に並べ、その使い方ひとつひとつについて検証してみる。ちょうど「薄い機械論」という台本を元に組み立てられた舞台装置や舞台技術を、舞台がはねた後、役者でもなく熱い余韻のなかにいる観客でもない立場から、台本を手に確かめてみるのである。その先で確実に起こることのひとつが、生気論の脱神秘化である。過去百年来、生物学／生命科学の間に木霊していた生気論に対する無根拠で度外れの怯えは、この作業の間に消えてしまうだろう。

「C象限の自然」——熱運動という豊饒

さてもう一度、生命科学の代表的な教科書を開いてみよう。読者はまず、研究試料の抽出・精製・調整のためのマニュアル体系をたたき込まれるが、それは生化学が過去一世紀以上にわたって開発し蓄積してきた技法の要約であり、学の真髄である。その上で教科書は順に、細胞と細胞内部の説明へと移り、細胞内器官（オルガネラ）の生理的機能の各論に入り、それに関する分子的説明がえんえんと続く。そして話はぷつりと終わる。つまり現在の教科書は、「生命はどのような分子からできているか」という問いを前提に、生命を分解し、目的の分子を抽出して、同じ分子であれば生体の内と外も同じ化学理論が該当する、という十九世紀機械論の了解の上に組み立てられている。そして一九六〇年代に、ワトソン＝クリックたちは、大腸菌に感染するウイルスをモデル生物に見たて、その成果の上に、改めて、生命は十九世紀的機械論の上に説明される、と明言したのである。

それから半世紀が経ったいま、ヒトを含む高等生物の細胞についての生化学的な成果は膨大なものになり、教科書はものすごく厚くなった。分子次元での説明はきわめて詳しくなり、遺伝子発現の調節メカニズムは、大腸菌などとはまったく異なって、非常に複雑であることが明確になった。そして、生命が利用しているエネルギー水準は、初期の生化学が対象としてきた次元から一段下方にズレた微弱なものであることが明らかになっている。それを本書は「C象限の自然」と呼ぶのであり、これを図示したのが第7−1図である。だがこの原図である、現在の生命科学の教科書の、エネルギー順位の説明図に、細胞膜という仕切りは書き込まれていない。それはむろん、この細胞膜という境界を無化する「薄い機械論」に、現行の生命科学は立っているからである。

研究上の重要な転換点はしばしば、基本概念の歴史的概括によってもたらされる。逆に言えば、自然哲学は、このように、研究者が見る光景を決定する。この現在の光景の心理を分析すると、細胞の内と外の反応は違うと主張するのは生気論であるという、「機械論vs生気論」という十九世紀型の二分法の一方の側に留まったままにあり、実験や観測の結果の上に、予断なくかつ誠実に考察をめぐらすという、科学ほんらいの知的作業からはずれていたことになる。この思考停止の一因は、半世紀前、クリックが大音声で「生気論者！」と周囲を恫喝した残響が、いまも木霊しているからである。枯れ尾花なのだ。

ここで「汎ブラウン・ラチェット仮説」（第六章を参照）に戻り、「C象限の自然」がどのような性質のものと想定できるのか、もう一度、整理をしておこう。生命はよくロウソクの炎に例えられる。しかし、そのような無機的な燃焼とは、エネルギーの流れの様相はまったく違う。たとえば、メタンの燃焼で解放される自由エネルギーは212.8kcal/molである。一方、生命においては、エネルギー供給を担う分子の代表例はＡＴＰ（adenosine triphosphate）である。ＡＴＰは、加水分解してＡＤＰ（adenosine diphosphate）と燐（phosphorus）になる（ATP＋H2O→ADP＋P）が、このとき放出されるエネルギーが多くの生体内反応に対するエネルギーの供給源となり、生体反応系の全

第7-1図　C象限の自然とそのエネルギー水準

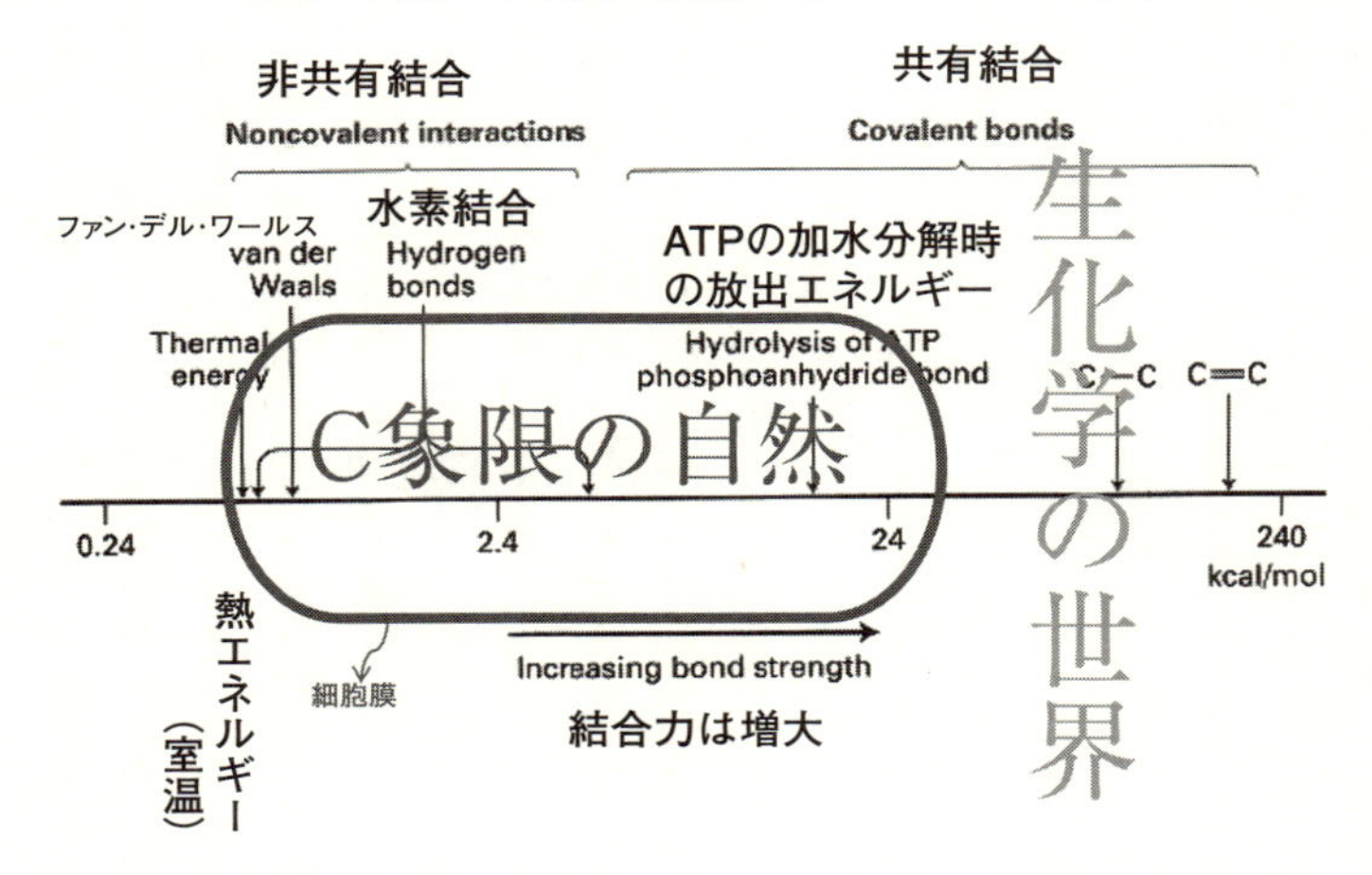

出典）H. Lodish, 他, *Molecular Cell Biology*. Macmillan, 2013, p.28.を改作。（口絵参照）

体が一方向に進む駆動力となる。そのとき受け渡される自由エネルギーは7.3kcal/moleであり、メタンの燃焼のほぼ三〇分の一である。

そして、アルベルツらの教科書の説明（第7－2図）にあるように、生命はATPを典型とするわずかなエネルギー落差を効率的に活用している。S・ブレンナーが、生体内の反応を「非常に低いエネルギーの物理学であり、宇宙のこの小さな一隅で展開されている特殊な化学」と言った（第六章参照）のは、まさにこのことである。人間が最終的に環境に捨てている熱は、白熱電球（120W）一個分であったことを思い出してほしい。「C象限の自然」内部のエネルギー効率の良さは、無機的自然とはまったく異質なのだ。

また第7－1図で、熱エネルギーを「C象限の自然」の内側に入れているのは、熱運動こそが生体内の基底エネルギーであり、生命はこの熱運動を巧妙に利用しているに違いないからである。熱エネルギーは、室温（25℃）で約0.6kcal/molである。

つまり生命は、これまで生化学という人間が築いた知の体系が扱ってきたエネルギー水準からは、一桁以上微弱な領域のさまざまな反応が、複雑かつ有意味に組み合わさって機能する自然だと考えられる。それは細胞膜で区切られた、分子群の特殊な組合せ（本書の表現ではL条件）を満たして機能する自然の領域（domain）である。前章ではこれを「C象限の自然」と呼ぶことを〝解釈仮説〟という言葉でとりあえず正当化した。だが歴史的にみると、生物的自然に関する考察が、これほどまで極端に抑え込まれた時代はめずらしい。この点は、物質論や宇宙論では、幅広い考察や思弁に知的情熱が割かれている現状とは大違いである。二〇世紀後半の生物学／生命科学にとって、「薄

第７－２図　「Ｃ象限の自然」内部の、丁寧なエネルギー消費

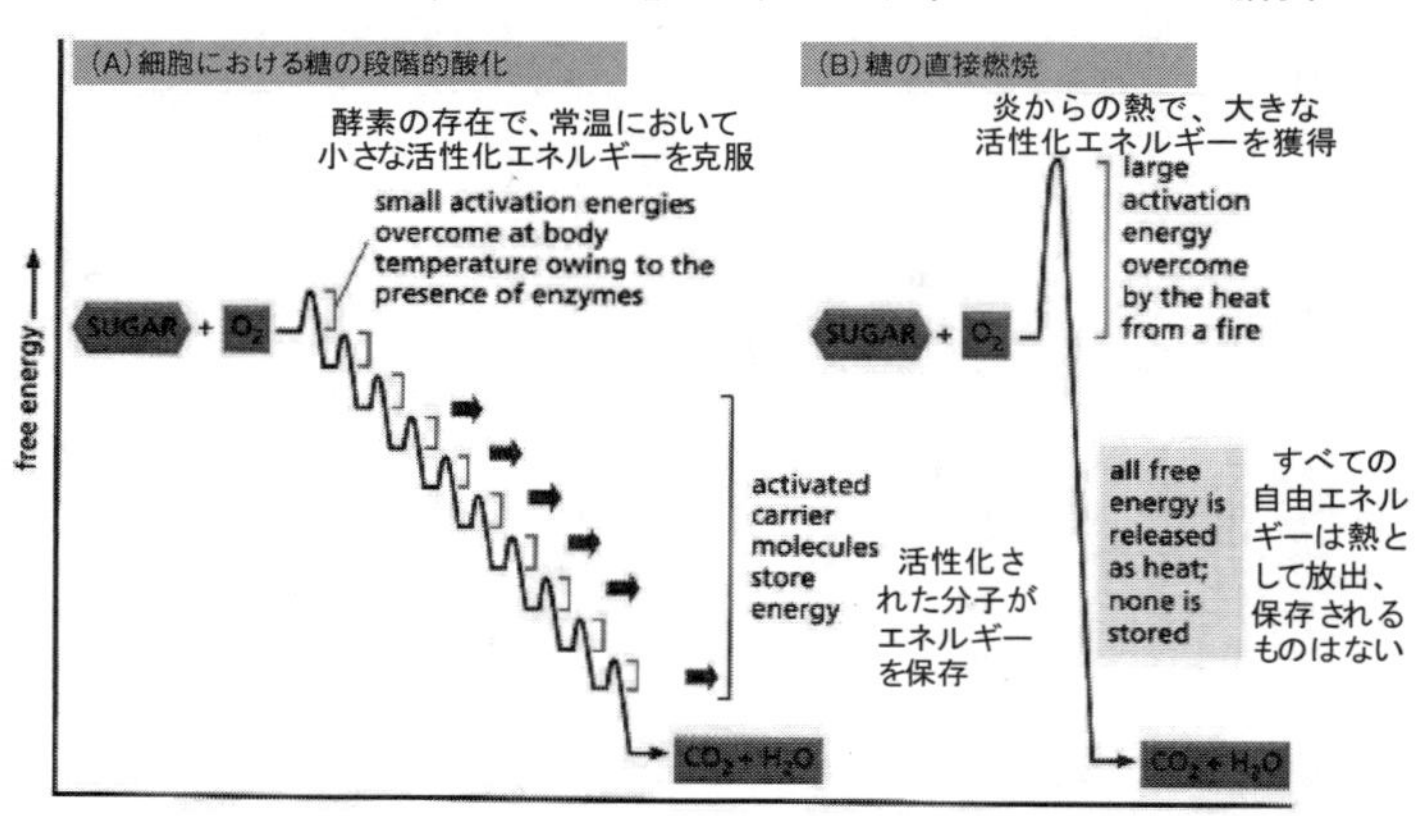

B. Alberts, 他, *Molecular Biology of the Cell*, 2008, p.88.を改作。

い機械論」のブリンカー作用はかくも強力なのである。この「薄い機械論」という自然哲学の住人は、知的な活動の幅が実験データの総括とその近隣だけに縛りつけられている。そしてそれ以外の次元の考察はスペキュレーション（思弁）だとする相互検閲の環のなかに、自らを閉じ込めている。

その「Ｃ象限の自然」の内側は、常温の熱運動を基底エネルギーとした、水溶液中を浮遊した形で機能するブラウン・ラチェットの連鎖系を形成している、というのが「汎ブラウン・ラチェット仮説」である。たんぱく質が必ず一定の順序で折れ曲がって特定の構造を形成することが、生体内の反応を一方向に進める、重要な仕組みのひとつなのだが、そもそも、生体分子がなぜこれほど複雑な立体構造をしているのか、いまもってまったく説明できていない。

第７－３図は、ヒトのさまざまな体組織の細胞内で、サイクリン族（cyclin family）という一群

のたんぱく質が、どのような割合で発現しているかを示すデータである。動物細胞では一万種くらいのたんぱく質が作られており、それらうちのすべての細胞で発現される遺伝子は、「ハウスキーピング遺伝子 housekeeping gene」と呼ばれ、細胞の基本的な生理活動を維持しているものと考えられている。と同時に、その発現比率を変えることで「C象限の自然」内部の個々の分子が置かれる状況はさらに多様になり、これによってさまざまに分化した細胞の生理学的な特性が実現される、と現在は考えられている。生化学の教科書では、一方向に分子が拡散していくことを「偏向拡散 biased diffusion」と表現する。しかし、汎ブラウン・ラチェット仮説は、これとは逆に、「C象限の自然」はそれがその本性であるとする考えである。古典力学的にみれば、偏向拡散という概念は本質的に矛盾をはらむものである。このような苦しい概念化は、古典力学の立場で「C象限の自然」内部を語ろうとすれば必然的に生じる無理である。

『時間と生命』でも引用したのだが、「C象限の自然」が、古典力学の想定とはまったく異なるものであることを述べた、前世紀末の一文をもう一度引用しておく。生命科学の研究の最前線にいるJ・ハートウエルら（J. H.Hartwell、J. J.Hopfield、S. Leibler & A. W. Murray）は、「分子からモジュール細胞生物学へ From molecular to modular cell biology」（*Nature*, Vol.402, p.C47-C52, 1999）という評論をこういう言葉で語り始める。

生命のシステムは、物理・化学の法則に従うが、機能や目的という概念使用が、生物学に他の自然科学との違いをもたらしている。宗教的な信仰などとは別個に、岩や星はいっさい目的

第7-3図　細胞分化と遺伝子発現の対応関係
ハウスキーピング遺伝子の一種
Cyclinファミリーの組織別発現量

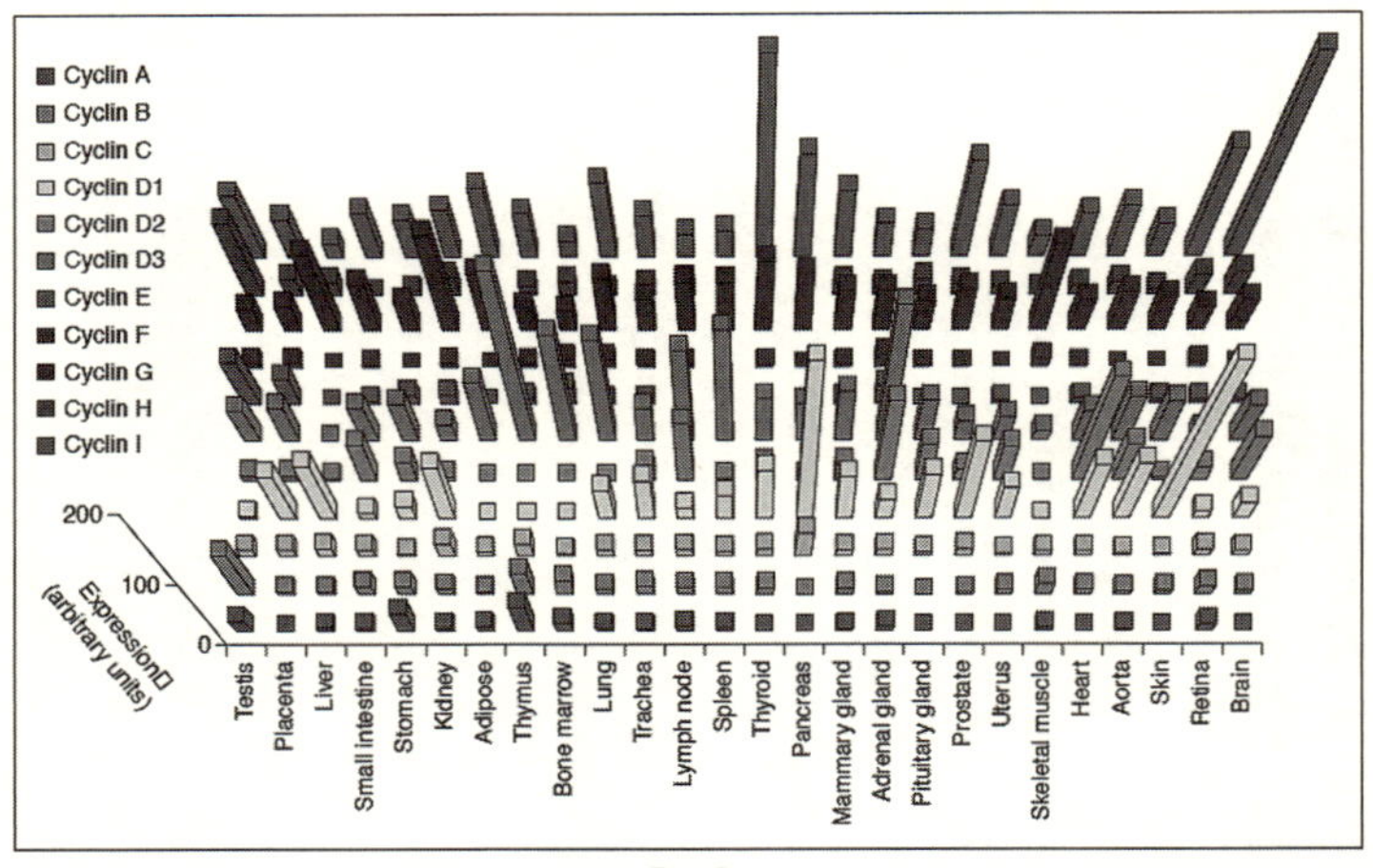

Figure 3
Variations in expression of genes that encode cyclins in human tissues. Samples were hybridized to Merck-Affymetrix-1 DNA chips. Expression levels were normalized by equating levels of expression of a set of housekeeping genes for each tissue.

出典）D. Gerhold, T. Rushmor & T.Caskey; DNA chips:promising toys have become powerful tools, *Trends in Biochemical Science*,Vol.24, 1990, p.168-173, (172).

をもたないが、生物は生殖のために存在する。機能をもとめての選択によって、非生物系の分子相互作用とは異なった独特の性質を有する、細胞が生み出されてきた。細胞は環境からエネルギーを調達することで、熱力学的平衡からは、はるかかけ離れた状態で存在する。それは、数千種の異なった型の分子から構成されている。……

生物システムは、統計力学や水ダイナミクスによって分析される物理・化学システムとは非常に異なっている。統計力学が扱うシステムの典型は、相互作用を行なういくつかの同種の構成要素を大量に含むシステムであるが、一方、細胞はそれぞれ自身が数千の異なった構成分子からなる何百万種の構成要素をそれぞれ数コピーずつしか含んでおらず、このそれぞれが非常に特殊な相互作用を行なう。さらに、物理学的システムの構成要素は、多くの場合、単純な性質のものであるが、生物では多くの場合、それぞれの構成要素自身が極小のデバイスであり、エネルギーを転換して平衡状態からかけ離れた状態で作用しつづけることができる。その結果、生物学的システムの顕微鏡レベルでの記載は、不可避的に、物理学的システムの記載と比べ、たいへんに長いものになる。この事態は、より高い次元の分析へと移行しないかぎり変わることはない。

(p.C47-C49)

「C象限の自然」という概念を認めるまでに、あとほんの一歩である。

そして、汎ブラウン・ラチェット系が滑らかに動く要因が、他ならぬブラウン運動の正体、熱運動と考えられる。常温熱運動については、第六章でホフマンの文章を長めに引用しておいた。ここでは、彼も引用しているR・アツミアンとP・ヘンギ（R. Dean Astumian & Peter Hänggi）の評論「ブラウン・モーター Brownian Motors」（*Physics Today*, November 2002, p.33-39）から、生体の分子機械と熱運動とのエネルギー水準の差を確認しておこう。

……熱雑音［註―ブラウン運動のこと］を視野に入れて考えるために、分子モーターが利用可能な化学エネルギーを考えてみる。典型的な分子モーターは、一秒間にＡＴＰを一〇〇～一〇〇〇分子消費するが、これは10^{-16}から10^{-17}ワットになる。これに比べて、水中を移動する分子モーターは、平均10^{-13}秒に一回の熱解放［註―水分子との衝突のこと］という環境のなかにあり、これで1.028×10^{-21}カロリーを交換する。つまり、熱雑音は常に10^{-8}ワットの力で分子機械を前後に揺さぶっている。熱力学第二法則によってこの力は仕事に利用できないのであるが、それは、一定方向の運動が利用できる力の8～9乗の力になる。分子機械にとってまっすぐに動くことは、われわれがハリケーンの中を歩くのと同じくらい困難なことである。にもかかわらず、分子モーターは厳密に近い正確さで進むことができるのである。……（p.33）

この評論は、ナノテクノロジーの開発には熱運動という圧倒的な壁が横たわっていることをこう解説して各論に入っていく。もともと物理学や通信工学では、熱運動を「熱雑音 thermal noise」と表現してきた。物理学や工学にとっては、熱運動は理論的に扱いにくい厄介もので、極力、消去したい項目である。生化学もこの学問的伝統に準拠している。生化学は、自ら築き上げてきた手順の体系の上に立つことで、熱運動の項目が消去された図式の解釈理論を結果的に構築して、安定した説明を提示してきた。長い間、観測感度は低く、微弱な分子反応を精密に測ることができなかった。加えて、十九世紀以来の機械論は、科学的に観測されないものは存在しないものと考えた。そして、その時点の物理・化学の観測にはかからない要因を認める立場を、一括して生気論と呼んできた。ワトソン=クリックの分子生物学的生命観はこの伝統を継承し、細胞膜を無化する方向に進路をとる自然哲学を採用した。これが一九六〇年代における「機械論vs生気論」の位置づけであった。それから半世紀たってみると、分子生物学は必然的に、生化学に併呑されたことが明白になった。

これまでの議論をまとめると「C象限の自然」とは、分子として存在する以上不可避である熱運動、すなわち常温という〝励起状態〟の水のなかで展開する、豊饒でかつ穏やかな分子の反応系である。そして「C象限の自然」の仮説をもう一段大胆に表現すれば、この常温励起状態の上に浮いている汎ブラウン・ラチェット系は、その構成分子の立体構造と、加えて未解明であるがそれぞれがもつ固有振動によって、わずかな駆動力で反応サイクルを一方向へ穏やかに駆動させる、分子の組合わせ体系なのであろう。だからこそ、短時間の反応である化学実験とは異なって、細胞実験では操作を加えた後、結果が出るのに一昼夜培養というのはごく普通のことになる。

唐突だが、氷の上のダンプカーを想像してほしい。ダンプカーはその重力でタイヤの下の氷が溶け、その水分子で摩擦が極端に小さくなり、土の上とはまったく違う動きになる。「C象限の自然」では、この水の位置にあたるのが熱運動と思えばよい。氷上のダンプカーと、土の上にいるわれわれとは、まるで別の力学系に属すように見えるのだが、これに似た段差が、熱運動とその上下の次元の自然との間に断層を形成している。しかも、個々の分子の熱運動を直接観測する手段は、今のところ皆無に近く、物理的観測にとっての空白領域である。生命は、選りにも選って、物理・化学が扱ってきたエネルギーの水準からはやや下方にあるため、死角に位置する分子反応が、これまた現行の物理・化学が考えてこなかったほど複雑かつ巧妙に組み合わさって機能している自然らしい。しかも未解明である、それぞれの分子構造に固有の分子振動などもその機能を担っている、と考えておいた方が安全である。この未知の組合わせ条件を、前章では「L条件」と名づけたのだが、どうもこれが細胞の大きさを決めている可能性がある。結局、生化学の教科書に書いてある内容は「静止した真理」であり、試験管内（in vitro）の研究成果を統合した近似解と考えるのが妥当である。生体内の反応を、近似した条件下の反応から推測している現行の生命科学は、やはり法医学的証拠の山を積みあげてきていることになる。C象限内の自然に対する証言者としての、生化学の資格認定を誤っていた、と言ってよい。

つまり、現代の自然科学にとって生命とは、熱運動という自然の構造上の大障壁の向こう側に、手持ちの物理・化学とは直角に交わる向きに展開する、巨大な自然と考えるのがよいだろう。古典力学最大の弱点をつく、意表を突く位置にいるのだ。ブラウン運動は熱運動である水分子の不規則な衝突によるとするアインシュタインの論文（1905）に刺激され、艱難辛苦の末にこれを実験的に証明したのはJ・ペランとその学生たちであり、ペランは一九二六年にブラウン運動の研究で、ノーベル物理学賞を受賞した（Mark Haw: *Middle World*, 2007、邦訳『ミドルワールド』は二〇〇九年、邦訳　p.180-181）。熱運動の直接的な観測は、かくも大きな方法論上の困難を抱えている。だがこ

第7-1表

	非常に小さい	中程度	非常に大きい
物体の数	ニュートン力学	C象限の自然 ほか	統計力学、化学
物体の大きさ	量子力学、化学	ニュートン力学	古典天文学
物体の速度	統計学	ニュートン力学	相対論

H. A. Bent; *The Second Law*, Oxford, UP, 1965, p.136を改作.

れまで科学者は、一般の人間に向かっては、大した障害などない風をよそおってきた。科学にはそういう性（さが）がある。だが、熱運動の観測上の困難は、量子力学における相補性原理のように理論的に回避不能であることが確定している矛盾とは別種である。なにか巧妙な観測方法が考案され、大障壁の向こう側を覗きみうる可能性はゼロではない。

「C象限の自然」と現行の物理学との関係をはっきりさせるには、第五章で示したベントの表の空欄χにこれを入れてみるとよい。安定的に抗・熱力学第二法則性を実現させた特殊解としての「C象限の自然」の位置づけは、第7-1表のようになる。ほか、としたのは、宇宙探査の結果、地球型ではないC象限相当の自然が、見つかるかも知れないからである。

半世紀前であれば、L条件という特別な項目を立てる主張は紛れもない生気論であり、打倒すべき妄説であった。だがいまは生気論という言葉自体が死語である。もうかなり以前にポスト反生気論の時代に入っていたのだ。ドリーシュが構築しようとした体系は見立て違いであったが、この程度の失敗は哲学の歴史上よくあることである。むしろ問題は、二〇世紀の知的正統派による〝ドリーシュの批判の失敗〟の方であろう。その後遺症は重篤で、被害の範囲は広く深い。

とりあえず修正が必要なのは、科学哲学における物理主義（physicalism）という原則である。論理実証主義は一九二九年から活動を本格化させたが、この学派とドリーシュとの関係は『時間と生命』「第八章　論理実証主義からの攻撃」を読んでもらいたい。その論理実証主義のテーゼに、「個別科学は物理学に還元可能である」というのがある。これが物理主義なのだが、私は、これはエンテレヒーのような概念を自動的に排除することを意図したものではなかったか、と疑っている。それは別としても、ここで言う物理学が既存の物理学を意味するのなら、「C象限の自然」仮説は一般に理解されている物理主義と矛盾する。もし矛盾しないというのなら、これまでの物理・化学が、熱運動が意味ある機能を担う可能性について、研究を行なってこなかったことになる。そうだとすると、物理主義という科学哲学の要請そのものが意味をもたなくなる。

結局、ボーアが期待したパラドックスの位置にあったのは、新しい自然法則ではなく、分子次元での未解明の組合わせから成る自然であった。それはある意味で拍子抜けするほど常識的な結論ではある。が他方で、現行の物理・化学は、生物的自然が内包する分子や分子振動の組合わせの程度を、傲慢にも著しく過小評価してきたのである。「C象限の自然」は生命の誕生以来、ずっとそこに存在していたのだ。

自然哲学のなかの分子像と時間の起源

ここで、「C象限の自然」を提案した第6-1図（二二六頁）にもう一度戻ってみよう。左側の下に向かう大きな自然が、熱力学第二法則が貫徹する世界である。しかし、微視的にはこれに反する事態はいくらでも起きる。それが右に向かう微視的世界である。ここでは生命の誕生以降を問題にすることとし、最初から図のなかに細胞膜を書き込んでおいた。教養のある人、とくに自然科学を勉強した人間であればあるほど、この図に不安をもつはずである。その理由は、熱力学第二法則に反する世界が微視的とはいえ存在すること、しかも細胞の数だけの天文学的な数の反・熱力学第二法則的な微視的自然の存在を認めることになり、それ自体、大問題と映るからである。言うまでもなくその不安は「薄い機械論」という自然哲学に立っているゆえであり、生気論に対する過度の警戒に由来するものでしかない。

問題を二つに分けると考えやすい。ひとつはマクロの視点である。対象とする物体すべてを球形粒子に代替できるほど大きく視野をとれば、熱力学第二法則はつねに成立する。原理論というものは、そういう粗さで妥当するものである。一方——ここでは分子の次元を念頭に置くが——、ミクロの次元では、熱力学第二法則に反する事象はいくらでも生じる。結局、分子が理想気体である球形微粒子から離れれば離れるほど、つまり分子の非対称性が増せば増すほど、熱力学が前提とする理論モデルからは離れてゆき、ますます、熱力学を適用する対象ではなくなっていく（ベントの表を参照）。そして機械論はつねに、生体分子の複雑性を極度に過小評価してきた。一九五八年にJ・ケンドリューがX線解析を駆使して初めて、クジラのミオグロビンというたんぱく質の立体構造を明らかにしたとき、ケンドリュー自身が「誰も予想もしなかったほど複雑である」と言ったことを思い出してほしい。

何度も言うが、熱力学第二法則を「C象限の自然」に向けて適用することが無意味である理由は、

第7-4図

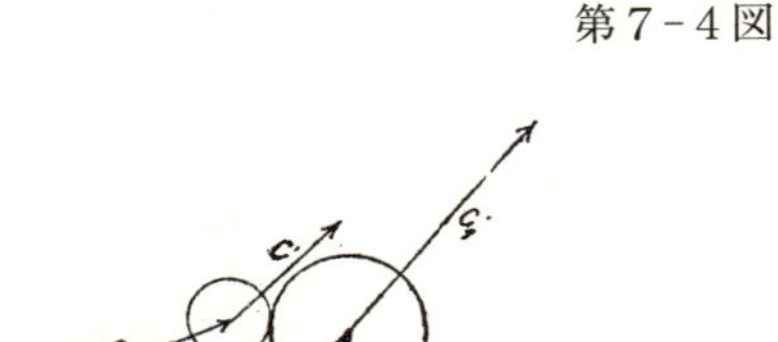

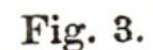

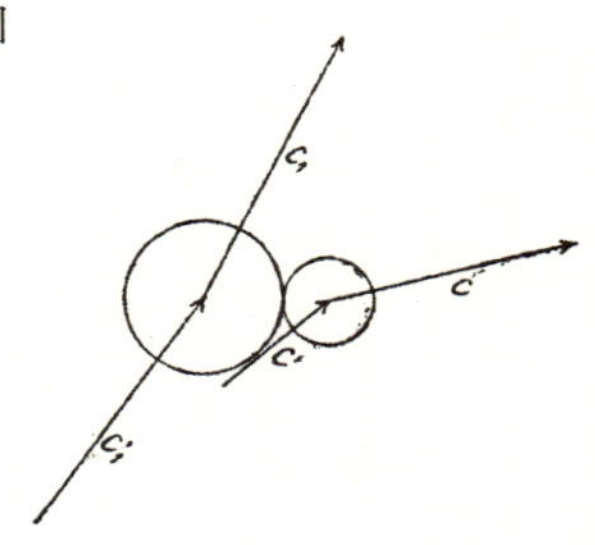

ボルツマン著『気体理論講義』における異なった気体分子の衝突。異なった大きさの剛体の球形粒子で近似させている。

出典） Ludwig Boltmann: *Vorlesungen über Gastheorie,* 1896, p.28.

一にも二にも、この理論が理想気体を基本モデルにして築かれた体系だからである。たとえば、気体運動論を完成させた、L・ボルツマン（Ludwig Boltmann: 1844～1906）著『気体理論講義 *Vorlesungen über Gastheorie*』（1896/1898）の気体分子の近似のし方をみてみると、異なった気体分子の衝突を計算するのに、大きさの異なった球形の剛体の衝突でそれを代用している。当時はまだ、原子論はひとつの仮説であり、原子論者ボルツマンが、気体分子を、ニュートン力学で計算可能な球形剛体と仮定することに誰も異議をさしはさまなかった。これが十九世紀末の分子像なのである。

ここで問題にすべきは、気体として、もしくは溶液中を飛び回る分子を、剛体の球形微粒子として描く態度が、二〇世紀半ばまで継承されていることである。第7-5図は、H・レフとA・レクス（Harvey S. Leff & Andrew F. Rex）編著『マクスウェルの悪魔 *Maxwell's Demon*』（Princeton UP、1990）の解説文にある多数の説明図である。レフとレクスのこの本は、熱力学・

情報理論・コンピュータに関する重要論文を編纂したものである。その解説において二人は、「マクスウェルの悪魔」を説明した図を集め、悪魔の記述のし方・熱平衡との関係・悪魔の理性・熱力学第一法則と第二法則との関係、を分析している。彼らの議論は横に置いて、空中を飛び回る気体分子の記載のし方を見ると、すべてが球形微粒子で表わされている。これらの図は一九五五年〜七五年に書かれたものである。この時代においても熱力学の原理的問題を考える際には、十九世紀末と同様、分子をみな球形剛体とみなしていることがわかる。

熱力学の基本哲学を語るという意味では、これはこれで良しとしよう。だが現在の生命科学者は、生命と熱力学第二法則との関係を考えるとき、分子についての前提がまったく異質なのは明らかだから、熱力学第二法則をここに持ち込む意味はないとは、不思議なことに、微塵も考えない。つまり、自然解釈の場面ごとに分子の描き方には定まった形式があり、それが無言のうちに継承されてきているのである。その固定性や伝承性という点は、教義や作法に近いものである。くどいようだが、それは「薄い機械論」という自然哲学に立っているからである。グッドセルの、大腸菌内の分子の状況を視角化した図を思い出してほしい（口絵）。生命科学者たちは、自分の研究対象が驚くほど複雑で多様な分子が頻繁に衝突している自然であることを百も承知していながら、他方ではなお、それを十九世紀末の分子像の上に構築された熱力学で説明しなくてはならない、という強迫観念にとらわれている。ガレノスの教科書を片手に解剖を行ないながら、眼前の自然を認めないで、教科書の権威を受け容れていた、中世の医学教育と大差はない。自分の頭を使っていないのだ。マクスウェルやボルツマンが現在の細胞生物学の教科書を手にしたら、これに自分の理論を当てはめ

第7-5図　20世紀の“マクスウェルの悪魔”たち

すべて、球形微粒子の理想気体であることが前提

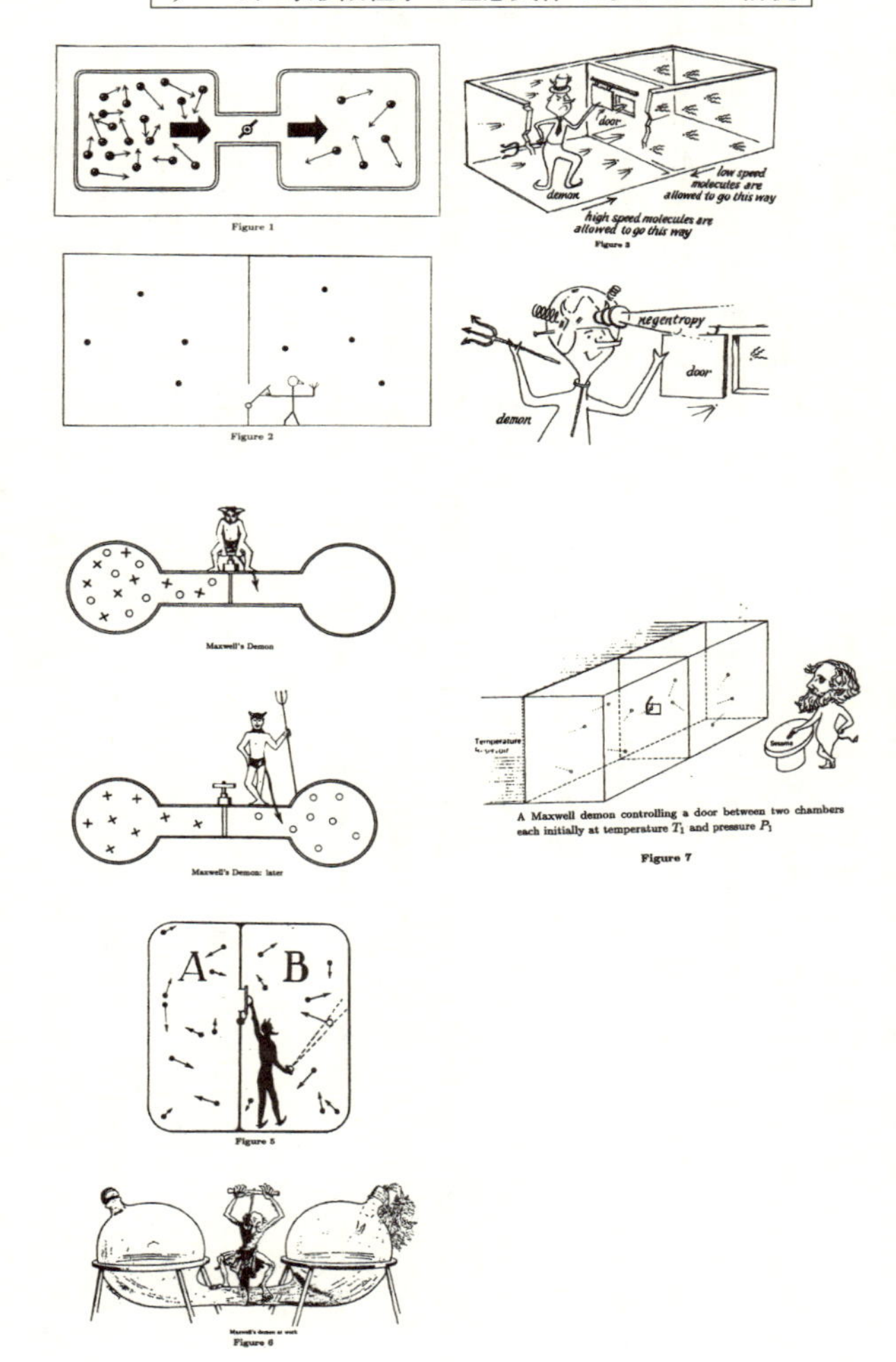

ようなどとは絶対に思わないはずである。

ドリーシュが『自然概念と自然判断』で生命と熱力学第二法則との矛盾を指摘して以来、二〇世紀の自然科学はどこでどう道を間違えたのか検討する必要がある。二〇世紀知性が犯した〝ドリーシュ批判の失敗〟という罪は、かくも根が深いのである。

すでに触れたが、一九三三年の時点で、天文学者であるジェームス・ジーンズ卿（Sir James Hopwood Jeans: 1877〜1946）は、『科学の新しい基盤 *The New Background of Science*』（1933）という科学的世界像に関する啓蒙書を書き、その末尾でこう述べた。

熱力学第二法則に対する激烈な攻撃は、われわれが文明の中心と呼んだまさにその場所を統計学的に調べることである。そうすれば、そこ［人間が活動する都市などのこと］がこの法則侵犯の犯罪の温床であることが明らかになる。無機物質がこの法則に従うことははっきりしているが、われわれが生命の過程と呼んだものは、さまざまな程度これを侵犯している。実際、生命を、この法則を侵犯する能力があるものと特徴づけることは、妥当のように思われる。恐らくそれは、レンガの原子と同じ様に脳の原子にも適用されると考えられる原子物理学の法則は破ることはできないが、確率の統計法則は破ることができるのであろう。高度な生物になればなるほど、その侵犯能力は大きくなる。観察される侵犯は、一群のマクスウェルの悪魔が生み出すであろう結果と非常によく似ているのだから、生命は何かこれと似た方法で作用しているのだろう、と推測することは許されるのだと思う。

(p.280)

一九三〇年代の初めは、まだこのような問題の認識のし方があった。これに対しては、物理化学者のF・ドンナン（Frederick G. Donnan: 1870~1956）が批判し、「それでもジーンズ卿は、全体としてのエントロピーは増大しているという見解に同意されるはずだ」（Nature, 一九三四年一月二〇日号、p.99）と丁寧な言葉で釘をさした。

物理学者の間でこのような微妙なやりとりがある中で、一九四四年にE・シュレーディンガーは、『生命とは何か』で、この長年のいわくつきの難問を、あえて取り上げたのである。彼は細胞内の反応を「分子&エネルギー」としてではなく、エントロピーの排出問題として解釈してみせた。有名な一節を引用しておこう。

生命は負のエントロピーを食べている

生命がひどく不思議に見えるのは、平衡という不活性な状態へ急速に崩壊していくことを免れているからである。これは非常に不思議なので、人間が考えるようになった非常に早い時代から、何か特別な非物理な、もしくは超自然的な力（vis viva、エンテレヒー）が生物の中で作動していると主張してきた。そしてある学派はまだそれを主張している。

生物はいかにして崩壊を免れているのか？　明確な答えはこうである。ものを食べ、飲み、呼吸をし、そして（植物の場合は）同化しているからである。専門用語で言えば代謝（metabolism）である。……

われわれを死から守る食物のなかに含まれているものは正確には何であるか？　それに答え

るのは簡単である。すべての過程、事象、出来事、何といってもかまわないが、自然の中で進行しているあらゆることは、進行している世界のその部分のエントロピーが増大していることを意味している。つまり、生物は常にそのエントロピーを増大させている。もしくは正のエントロピーを生産している、と言ってもよい。そして、死を意味するエントロピー最大という危険な状態に到達する傾向がある。そうならないように維持し、生きていくための唯一の方法は、環境から負エントロピーを常に取り入れることによってである。それはこれから述べるように、非常に積極的なことである。生命が食べているものは負エントロピーである。これをすこし直裁に言えば、代謝の本質は、生命が、生きている以上作りださせざるを得ないエントロピーのすべてから、自由になるのに成功しているのである。（シュレーディンガー、1944、p.70-71）

以上を踏まえた上で、本題である「C象限の自然」を提案した図に、もう一度戻ってみよう。ここまで「C象限の自然」を、解釈仮説と控えめに言ってきたが、積極的な意味を込めて以後、「自然哲学」と表現する。つまりこれを単なる図から、そのような能動的な自然観を主張するものへと変換させる。図示されている、細胞膜から内側の小世界は、それ全体が、熱力学第二法則に抗する機能を分子の組合わせとして実現した自然の領域（domain）である。

このように問題を整理し直すと、生命は熱力学第二法則を破っている、もしくは破る能力をもっているという表現は、熱力学第二法則の至高性を要請する「薄い機械論」側から見れば、それは定義上、生気論であることになる。

だが「C象限の自然」はそういう論理をとるものではない。「C象限の自然」は、四六億年の地球の歴史の中で、最初の数億年の化学進化の後、時間の進行にともなって必然的に生じる無数の逆流現象のなかで、約三八億年前に、分子次元でこの逆流現象を安定的に実現させる組合わせの特殊解が獲得され、それが進化してきた自然の領域であるとみなすのである。だが、なぜ逆流が起こるのか。それには熱力学がモデルに置く理想気体にまでさかのぼって考えることである。要するに逆流現象は分子の非対称性に起因するのであり、またそのことは、時間の進行と深く関わっているのである。

時間とは、何かものの関係の変化によって認知される。そこで、時間は熱力学第二法則のエントロピー拡大則で表わされる、というのもひとつの時間の見かたである。くどいようだが、熱力学は理想気体をモデルにしており、一様な球体微粒子が拡散していくのがその原イメージである。ところで、D・レイザー（David Layzer）の「時間の矢 The Arrow of Time」（*Scientific American*、Vol.233, December 1975, p.56-69）に、香水の分子が時間とともに拡散していく確率を図示したものがある（同p.60）。空間の中心にあった香水の分子が存在する確率の範囲は次第に大きな球形となっていく。ただし、細部を見ると香水の分子は形が複雑であるため、その相互作用によって、ひも状の確率の流れを形づくり、これが分枝していく。ただし大きくみると、時間はかかるが理想気体の場合と同様な均一な球形で代用できる分布を示し、少し遅れてひろがっていく。

これを言い換えると、理想気体から外れれば外れるほど、球形微粒子という形態から逸れれば逸れるほど、つまり、分子の非対称性が増せば増すほど、分子の衝突の形を変形させ、ほんのわずか

第7-6図

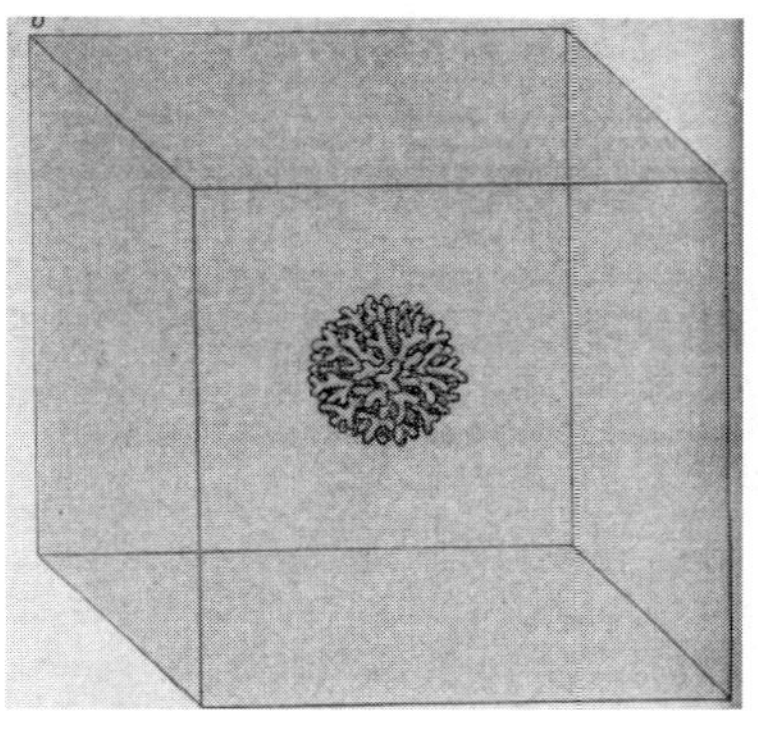

香水は、理想気体のようには拡散しない。実験を行なうと、香水の分子はその相互作用によって、細い帯状の確率の流れを形成し、これが分岐してゆく。ただし巨視的には理想気体と同様の拡散となる。

出典） David Layzer: The Arrow of Time, *Scientific American*, Vol.233, December 1975, p.56-69, (p.60).

だが時間の進行を歪める契機をもっていることになる。むろん視野を大きくとっていれば、つねに熱力学的時間は一方向に進行する。

「C象限の自然」の論理構造

さてここで、ちょうど地球科学が現在の地球を詳しく調べて地球誕生の様子を推測するように、グッドセルの大腸菌内部のイメージ図と、分子の非対称性が時間をわずかに歪める性質を念頭に、「C象限の自然」の論理構造を考えてみよう。

地球誕生の後、化学進化が進んで多様な分子が生み出され、その種類と濃度が増し、抗・熱力学第二法則性を帯びる〝淀み〟が生じた。複雑な構造の分子の種類と分子数が増えれば増えるほど、この〝淀み〟はよりはっきりした形のものが生じた。ただしそれはすぐ消え、さらに別の形のものが生じては消えた。ここでもっとも重要なことは、多様な構造の分子が一定以上の濃度で存在するかぎり、時間の進行とともに微視的には、そのような〝淀み〟は必ず生じるという点である。

そして数億年が経ち、いまから三八億年ほど前にその〝淀み〟のひとつが、抗・熱力学第二法則性を安定的に実現する特殊解に到達した。「C象限の自然」の出現、Lビッグバン（Lはlifeの頭文字）である。「C象限の自然」は定義上、抗・熱力学第二法則性という論理構造を有するから、この本質と、われわれが生命の特徴と考えている個体維持と自己増殖とが、どのような論理的関係にあるのか、その概略を見通しておくべきときにある。このような課題の設定は、本書が依拠する自然哲学そのものである。かりに、熱力学第二法則が普遍的に妥当すると主張する「薄い機械論」から、生気論だと非難されたとしても、これはもう自然哲学の違いと突っぱねるよりない。

いまかりに、生命の特徴とされている個体維持と自己増殖は、抗・熱力学第二法則性を安定的に実現させる特殊解（もしくは特殊解群）の一般的な形態である、と仮定したとする。直感的には正しいようにみえるこの言明が、論理的にも正しいとされるまでには、どのような抽象概念の創出と体系化が必要であるかは、不明である（抽象生物学については後述）。

もう少しこの言明に含まれることの概略について考察を進めておく。ここでは、熱力学第二法則を時間の進行の指標にしており、他方で、分子の構造が複雑になればなるほど時間を歪める潜在可能性をもつのだとすると、現在の生命が想像を絶するほど複雑な分子の構造とその多様性を備えている事実は、分子次元で、時間を「滞留させること」と、時間を「還流させること」というかたちで、抗・熱力学第二法則性を実現させているのではないか、と推論することが可能である。前者が個体維持に対応しているらしいことはわかるが、後者が自己増殖に論理的につながることになるのか、それは不明である。

現在の細胞分子生物学は、全細胞の全段階でつねに安定的に発現している一群の遺伝子を、前にも触れたように「ハウスキーピング遺伝子 housekeeping genes」と呼び、細胞を細胞と成らしめている基本的な機能を担う遺伝子群だと考えている。この細胞分子生物学の概念と、「C象限の自然」の定義上の特性である抗・熱力学第二法則性、そしてこれが実際に成立するための条件（L条件）、との対応関係を明らかにする試みは、一つの作業仮説として立ててもよいものであろう。

物理学者――たとえばシュレーディンガー――は、「物質としてみる生命は、熱力学的平衡に転落することを逃れている」ことを生命の特徴にあげ、また熱力学的な見地からは謎であると考えてきた。「C象限の自然」の再発見に立つ立場は、至高の原理とされた熱力学第二法則の適用のし方を、まず、自然界全般と細胞膜の内側との二層に分け、「C象限の自然」の内部については、ちょうど脱いだ手袋を裏返すように、「薄い機械論」によって提供されてきた説明を裏面から点検するような作業に着手してみることになる。そこでこれを〝脱構築〟と表現したのである。だがそれ以前に、長年、生物学／生命科学にかかっていた反生気論の呪縛＝熱力学第二法則不破原則から自由になり、細胞膜の上に自信をもって一種の境界線を自信をもって引けるようにならなくてはならない。

分子担保主義と還元主義

現行の科学哲学が生物学を扱った場合、主題のひとつは還元主義（reductionism）である。一九六〇年代末以来、分子生物学による説明が還元主義に当るのか、という問いは、繰り返し議論されてきた。ヘンペル（Carl G. Hempel: 1905〜1997）は『自然科学の哲学 *Philosophy of Natural Sceince*』（1966）のなかで、こういう主旨のことを言っている。「特定の理論や分野が下位の理論に還元できるという意味での厳格な還元論は、物理・化学と生物学の間で成り立っていないし、遠い将来も無理であろうが、機械論を採るのは生気論に陥らず発見的な指針とするかぎり有効である」。

これなどが均衡のとれた見解であろう。詳細には触れないが、その後、還元主義に立つのが有効であることを示そうとする試みが幾度かなされてきているが、説得力ある成果が出ているとは言えない。その一方で、本書が論じてきたように、ワトソンやクリックは、細胞内の反応も生化学の教科書に書いてあることと同一である、とする〝分子生物学的生命観〟を展開してきた。これに対して本書は、細胞膜内の分子次元の反応は生化学の教科書に書いてある内容とは別種の様態のものであることを、想定するものである。

分子生物学的生命観とは生化学の専制的解釈を強いるものであり、分子生物学の外部の人間も、これをもって科学的説明だと受けとってきた。この光景が科学哲学者に対して、分子的な還元主義が正当であり、論証可能であるかような印象を与えてきた。しかしそれは、眼前に展開する常温の分子次元の自然の本質的振る舞いを正視しないで、逆に、生体内分子の熱運動を体系的に無視する向き合い方が当面は〝科学的〟である、とする信念集団の一員となることを強制する。

生化学的な手法は、昆虫を補虫網で捕え、殺して虫ピンで壁に刺し、それらの間に捕食関係の線を引くのに、どこか似ている。むろんこの場合、昆虫が生体分子、捕食関係図が反応回路図である。恐ろしく複雑な分子構造と、これまた恐ろしく多様な分子種から成るゆえに、恐ろしく複雑な分子振動とブラウン運動が少なくない意味を持っているという思想を反映させたのが「C象限の自然」という考え方である。これに対して現行の生命科学は、生命現象を分子に還元して説明しているのではなく、現状では直接接近できない「C象限の自然」を前にして、これまでの成果である生化学の反応回路図の空隙には、それに見合った生体分子が存在するはずだという前提に立ち、実際にそれに該当する分子を首尾よく抽出できれば、科学的に解明されたと確信する態勢にある。それは、想定した機能を担う生体分子を確保できたことをもって、C象限内の真理を把握したと信じることであり、それは「分子担保主義」と呼ぶべき立場である。

古典物理学にとって熱運動は無意味化の同義語であった。しかしC象限内部は、全体として意味ある反応回路を形成する、もう一つの豊かな分子次元の自然なのだ。そして古典力学的な自然解釈をC象限内部にも貫徹させようとしたのが機械論（Mechanismus）であり、この立場からは「C象限の自然」を認知することは、定義上、生気論にならざるをえなかったのだ。

古典力学からみると、熱運動の豊饒の上に展開する「C象限の自然」は、観測手段がまるで無いように見える。そのおそれもあるが、ともかくこれまでは、それを見ようとしてこなかったきらいがある。そしてここからは、ふたつの可能性が残されている。第一には、C象限の自然を観測するという明確な目的意識にたって、手持ちの武器庫を総点検し、これを刷新するような観測手段の開発にむかうことである。もうひとつは、「C象限の自然」を扱うための論理を創出することである。ともかく、十九世紀的構想の延長線上にある手法の上に、安住し過ぎてきたのだ。

理論生物学という思想

生命現象に特有の抽象論理が存在すると考え、それを概念化しようとする試みを「理論生物学」と呼ぶ態度もまた、二〇世紀初頭に起源がある。ドリーシュは『有機体の哲学』の冒頭でこう断りを入れている。

「本書は、理論生物学の本ではない。意味（Bedeutung）に関する真の自然哲学のためのものであり、その生物学の部分を体系的に扱った本である。」(p.III)

ドリーシュは自然世界に「意味」を供給する世界の構造を論証することに生涯をささげたが、他にも、この問題提示を生物学の基本的課題として受けとめ、生命現象から独自に概念を抽出してくることの必要性を思いめぐらせた一人が、一世代若い発生学者、J・シャクセル（Julius Christoph Ehregott Schaxel: 1887~1943）である。彼は、「理論生物学に向けての論集 Abhandlungen zur theoretischen Biologie」を編集し、一九一九~一九三一年の間に三一冊の研究書を出版した。その初期の一冊の中には、ドリーシュ著『有機体の形態の概念 *Der Begriff der organischen Form*』(1919) が含まれていた。またこれを批判する若手のL・ベルタランフィによる『形態形成の批判的理論』(1928) が、同じ論集として出版された（第三章を参照）。

この出版に合わせて、シャクセルは『生物学における理論形成の基礎 *Grundzüge der Theorienbildung in der Biologie*』(1919) を書いて、生物学研究における理論構築の基盤を整えようとした。この本の序文には、理論生物学を出発させようとした彼の考え方と、その時代状況が濃縮されている。少し長いが全文を訳出する。

序

動物や植物が大好きでその本質や世界を知りたいと思っても、現在の生物学は、それに向けたまっすぐな道をぜんぜん用意してくれてはいない。解釈や考察に関する重厚な伝統が占める生物学の現状は、素朴な経験に立つ者にとって手助けとなるどころか邪魔ものである。そこで、入り乱れる見解を前にすると、何らかの基礎となりうる理論の糸口を求める方向に向かうことになる。

素人に対して、学問はみな同じようなものとうそぶくことは誤解を招く。明らかに物理学や化学には、生物学より格段に確実さがある。ここでは意図的に無機的自然科学と呼ぶが、この確実さへの信頼は、わずかな例を除いて、生物学にとっては不可欠の前提や方針や目的を明確にすることの、障害になっている。生命の研究がいま、自然科学一般と同様の最新のデータの上に立ち、事実の蓄積という揺るぎない基盤を形成する状況には達していない、と言っても反論はないだろう。事実が学問を作るのではないし、自然科学はそこから生まれてきたのではない。しかも生物学は若い学問ではなく、近代物理学と同様に古い。ガリレオ、ベーコン、デカルト、ニュートンが、厳格なデータの上に量的な分析的思考を自然に対して確立させる以前は、アリストテレスの機能的な形の有機的な世界観が共有されていた。この意味において、無機的世界はあとから発見されたものであり、その豊かな研究成果を有機体に対して機械論(Mechanismus)の立場から十全に適用する時がくるだろう。物理学と化学は、進歩的で充実した理論と方法を持っており、まずはその方法を学ぶことである。物理学と化学は活気に満ちているが、生物学は独自の思考方法を失い、あてもなく個別の知識を集めるだけである。仮説はさまざま出されるのだが、独自の方法がともなっていない。

いま生物学は危機にある。生命に関する学である一般生物学は、単なる名前だけのものになってしまった。いくら自律性を求めても、最先端の問題定立を放棄し、基礎をもたない学問が、いったい一般的成果をどうして獲得できるのか。もちろん、生命論的宇宙論の終焉以降、機械論的な思考形態に対抗する生気論者（Vitalist）と言うべき立場をとる者が出てきてはいる。現在、基本的なものにH・ドリーシュの方法論的な研究がある。しかし、新生気論は生物学における唯物論に対抗して、急ごしらえで登場した研究であり、この学問により広い理論をもたらされたわけではないし、今日の危機を解消するものでもない。

生物学内部の考え方は不安定なままにある。理論の多義性は見とおし可能の限度を超え、比較も不可能である。調べられた知識と一般仮説の境界は、明確で議論の余地がない状態からは程遠い。理論・仮説・信念・要請は、明らかに、引き返し不可能になってしまっている。高尚な学説の原理は、下品な世俗の中に埋もれている。その擁護者は、科学の説明の聴衆に対して、偉大ではあるが受け流されてしまう理解を求めている。彼らは結論に至ることを躊躇し、妥協で満足する。ただし、経験論者は、さまざまに主張されている諸見解の間を強靭な自制心で乗りきっていく。彼らは臆することなくイデーを受け入れ、それに依拠することもあるが、せいぜい間接的に薄めたものを認めるだけである。あるいはそれは、思慮を欠いているのではなく、誤った道に入り込むのを恐れるあまり、厳格な技術にしがみつき、方法論を放棄しているのである。

意欲的な生物学者であれば、危機の明確な兆候をすべて列挙できるはずで、それは今日の生物学の多様性を描くことでもある。この事態を理解するには、歴史的な連関を明らかにする必要がある。そしてそれを見つめることは、危機の原因を見とおし、事態を和らげる道を拓くことである。それを導くイデーがいったんわかれば、その結論は形を変えないまま維持されるだろう。いま何が起こっており、なぜそうであるのかがわかれば、研究構想の評価についての見通しが効くようになる。方法論へ意識をもって踏み込むことができ、歴史的考察は方法論へ向かうことになる。

生物学における理論構築について包括的に述べるためには、膨大な準備作業が必要である。その必要性が広く認識され、必要な力が生まれてくれれば、まずその細部が明らかにされるだろう。ここで再度強調しておくが、現在の生物学的思考の歴史的要素についての、私のささやかな研究成果も随時示そうと思う。

すべて自然科学の方法では、計画的な研究をとおして客観的な認識が集められ、ひとつの概念構造の下に統合されている。その知的領域の素材のすべては一般学説の形をなし、下位概念は全体概念から派生し、自然法則の必然性の関係下にあることが示されている。生物学はこの要請を満たしていない。対象は一定の関係にあるとは言え、暫定的で不十分な認識に依拠する、実に不満足な関係でしかない。ただし、個別経験だから論理的な筋の通った把握を断念する、というわけではない。生命の研究が苦悩する理由は、内的論理の構築がなされず、統一した課題設定を欠落させていることにある。

この欠落は、学問の規模が拡大し分業が進んだからなどという、外的理由によるものではない。たとえばドイツ単科大学では解剖学と比べて生理学や動物学は、専門の研究者を置くのが遅れたのだが、これで学問の一貫性は保てるのであろうか。植物学が隣接領域における思弁的性格の強い理論から影響を受けないのは、近接領域がその成果をさかんに強調したところで、その領域が明確な独自の目標をもっているからである。

理論物理学に対応するような内的基盤が、理論生物学にあるわけではない。確実な可能性の上に何かを展開できる位置に、われわれはいるわけではない。互いの刺激と競争という厳しい試練を経ずして、課題や理論が豊かに実るわけはない。議論の分かれる問題は、他の課題についての最終的応答に至る前に、それは別の文脈で新しい場所に頭をもたげることを、たいていの場合忘れてしまう。素材が豊富であることが必ずしも、その方法を正当化するものではない。理論生物学が、科学的な基礎概念を有効性の基準とするのではなく、無秩序で不均質な理論の集積である生物学全体に相当するのなら、それはその名前にまったく値しない。

今日われわれが感じている危機の概容を描けば、以上のようなものになる。短く言うとなるとこれに恣意的に限界を引くことになる。ここでは主として動物学をとりあげ、そこで生じているか、関係する作用に焦点を合わせる。実際、動物学に発する流れが今日の状況をもたらしたのであるから、この基準は有効である。

生物学における理論形成の起源をたどると、アリストテレスにまでさかのぼる。アリストテレス生物学は、無機科学に基盤を置かない有機体についての学問である。近代においては表向き忘れられていたが、最近になって、まだ完全にではないが、積極的に再評価されるようになった。ではまずダーウィンから論じていこう。（p.1-5）

これが第一次大戦後に、十九世紀的な諸概念が解体されたドイツの知的社会の中で、シャクセルが考えた理論生物学の意義であった。翌一九二〇年にユクスキュルが『理論生物学 *Theoretische Biologie*』を著した。これはユクスキュルの視点で、動物の行動についての解釈枠組みを体系的に述べたものであり、独立性の高い著作である。一九三二年にベルタランフィは『理論生物学 *Theoretische Biologie*』を表わし、生化学の成果を主軸において「動的平衡」の概念を力説した。第二次世界大戦中に学生であった柴谷篤弘（本名横田篤弘、1920~2011）は、ベルタランフィのこの書を独力で読みこなし、戦争直後に理学士の肩書で『理論生物学――動的平衡論』（一九四六年、新版一九四七年、日本科学社）を出版した。

以上のような理論生物学を求める試みとは、まったく異なった方向に進路をとったのが、J・ウッジャー（Joseph Henry Woodger: 1894~1981）である。ウッジャーは、生物学で用いられている諸概念がたいへん不正確なものであることを痛感し、この状況を整理する目的で『生物学原理 *Biological Principles*』（1929）をまとめた。この著作は、生物学者の間では高い評価を得たが、勃興しつつあった論理実証主義の友人（カルナップと推測される）からは、単なる総括に留まるもの、と酷評された。ウッジャーはこれに強い衝撃を受け、『生物学における公理的方法 *The Axiomatic Method in Biology*』（1937）を書きあげた。この本は、A・N・ホワイトヘッド（Alfred North

Whitehead: 1861~1947）とB・ラッセル（Bertrand Arthur William Russell: 1872~1970）による大著『プリンキピア・マテマティカ *Principia Mathematica*』（1910~1913）を独力で読み込んで、形式論理を生物学の分野に適用してみせたものである。だが、真偽関数という論理学の道具を生物学の領域に適用してみせることが、実際に有効な科学的言明を生産することと同じではないのは、明らかであった。生物学にはまったく影響を及ぼさなかったのである。しかし、「精密科学の方法を生物学分野に応用する試み」のうち、形式論理を適用する選択肢は〝行き止まり〟であることを示してみせた点は認めるべきであろう。公理主義と生物学の関係についての、ウッジャーの考え方が濃縮されているその序文を訳出してみる。

本書は、精密科学［exact science ―数学化された科学のこと］の方法を生物学へ適用したひとつの試みである。近年、これらの方法の視程が拡大されたことで、この種の形式的な取り扱いはありえないと思われていた領域にも、いまや適用が可能になった。成長する科学はすべてにおいて、比較的に安定し、整序された明確な部分と、成長しつつある、未整頓の、混乱した部分が存在する。私は、理論科学の使命は、精密科学もしくは形式的科学の方法を、つまり純粋数学と論理学を適用して、整序された体系的な領域を拡大することにあると考えている。同時に、その安定性と整序は、必ずしもそれ自体が自然科学の目的ではない。科学において理論と実践が両方ともがうまく展開される過程は、ちょうど、二人のランナーが抜きつ抜かれつしながら、たがいに先導する競争のようなものである。もし、理論がある実験を示唆し、それが試みられ、その結果が予想と矛盾したとすると、今度は、理論が再調整されるまで実践の側が先導するようになる。しかしもし、理論と実践が互いにまったく矛盾しないとすると、十九世紀中期に物理学が体験したような、一種の停滞（stagnation）に到達する。生物学は、理論がこれまでに一度も実践を凌駕したことがない実際の例であり、生物学ではこれまで、理論体系が実験をデザインする際の指標としてほとんど機能したことはない。これに対して物理学実験のように高度に体系化された領域では、つねに理論からの演繹による示唆を受けている。このように実験対象の完全なコントロールは、精密科学の方法を意図的かつ体系的に適用した場合にのみ、手にすることができる。

この本の目的を別のかたちで言い表わすと、生物学的知識を**指名**（order）しうる手段としての、厳密で完全にコントロール可能な**言語**（language）を、生物学に提供することである。私は、生物学における伝統的な長びく論争を扱った以前の本において、これらの論争の根源が、生物学の問題から形而上学的要素を取り除くのに失敗したか、もしくは現行の生物学用語の欠陥による混乱の、どちらかに起因している事実を示してきた。もしわれわれが、完全な言語をもっていれば、ただ計算と実験を行なえば良いだけである。精密科学の本性に関する最近の研究成果に立つと、この方法を生物学や自然科学の他の領域に適用するのに必要なのは——何もその内に隠されておらず、ただ科学的な目的にのみ寄与するものであり、決してわれわれに思い違いをさせることなどあり得ない——、計算を可能にする科学的に完全な言語を作りあげることである。自然な諸力の自由な振る舞いに委ねられたゆえの、現在の経済不況から脱出するには、人為的に計画された経済システムで代替することは避けられない、と多くの人が信じているように、いま使っている自然言語を、計画的な人工言語で代替する方向の改革に希望を託すことに、それだけの理由はある。その言語は、感覚的なものにも科学の目的にも寄与し、計算目的には不適であったものを変える文法を保持している。一方、人工言語の導入は、自然言語を引き続き使用するのを妨げるものでは、絶対にない。たんに、われわれの手にひとつ道具が加わるのであり、双方に益となるよう使いきるかは、われわれの側の自由である。

前書を書きあげた後、私は、生物学において計算を可能にする言語にとって必要な枠組みを提供すると思われる、ホワイトヘッドとラッセルの『プリンキピア・マテマティカ』の勉強を始めた。したがって、生物学的計算を組み立てるためのこの本は、彼らの成果を活用している。この計算をどうやってするかは、最初の二章で説明してある。ここでは、この本はホワイトヘッドとラッセルの著作についての知識を前提としてはいない、とだけ言っておく。用いられている特殊な記号とその操作は、第二章で説明している。この本の構想に興味をもった人すべてが用意しなければならないのは、時間と忍耐、紙と鉛筆である。私は読者に対して、一見なじみのない記号に対して拒絶反応を示さないことを願うばかりである。『プリンキピア・マテマティカ』での記号にとくに倣ったわけでもなく、これを嫌ったわけでもない。そのほとんどは、完全になじみがあり、通常の言語では長くて曖昧になってしまう思想を、簡潔かつ正確に表わすのを可能にしてくれるものである。その適用範囲は極端に広く、その理由ゆえに伝統的な数学以上に尊重されるべきものである。なじみの無さは使っていれば消えてしまうし、実際に使えばその操作は早くかつ容易になる。すべての精密な研究において、不可欠の道具と認識されるときも来るだろう。一般的に言っても、『プリンキピア・マテマティカ』の要旨は、伝統的な代数や幾何と同様に、学校で教えることも悪くないと思う。

この本は、生物学に精密科学の方法を適用するひとつの実験であり、暫定的性格のものであることを強調しておく。科学は進歩する以上、理論への要請に終わりはない。ただしこの本は、また別の理由でも未完である。第一に、意図的かつ必然的に対象を特定の分野に限定したこと、第二に、この限定にもかかわらず、まだ研究は完了していないからである。ここに展開したのはまったくの概要であり、これを完成し細部を詰めるには多くの協力者の助けが必要である。著者の見解では、この本に書かれた価値ある見解はすべて、体系的な生物学的理論体（a body of systematic biological theory）を創出しようとする組織化された社会的努力に向けて、第一歩が踏み出されるか否かにかかっている。……

(p.vii-ix)

ウッジャーは、生物学における言語表現の問題に、もっとも誠実に取り組んだ人間の一人であり、将来獲得されるべきものとして彼が想定する、生物学における設計された人工言語（a planned artificial language）という考え方は、本書にとってもたいへんに重要である。

以上のような理論生物学への試みは、第二次大戦直後は、生命の抽象化の試みはすべて生気論への入り口だとする警戒心が異様に強くなったため、途絶する。そんななか、この課題に取り組み続けた例外的な生物学者が、C・H・ウォディントン（Conrad Hal Waddington: 1905~1975）である。

たとえば彼は、『遺伝子の戦略——理論生物学の諸側面についての論考 *The Strategy of the Genes : A Discussion of Some Aspects of Theoretical Biology*』(Arrowsmith, 1957) を書き下ろした。この本は「後成的光景 epigenetic landscape」を提案したことで、いまも引用されることがある。ウォディントンはここでまず、生命を進化論的視点・発生学的時間・化学反応の時間という、三つの時間から同時に見ることの重要性を力説する。その上で、発生における変化の幅と遺伝子の対応、自然選択説では説明困難な進化の側面、これらと生命現象の物理・化学的な応答、について考察を深めていく。結局、ウォディントンが示唆する理論生物学とは、広義の分子還元論の批判に立って、生命現象をつねに三つの時間軸から俯瞰的に理解していくことを意味している。晩年にウォディントンは、国際生物学連合 (International Union of Biological Science) 主催の形で、理論生物学のシンポジウムを組織し、その成果を『理論生物学を求めて *Towards a Theoretical Biology*』(全四巻、Edinburgh UP、1968〜1972) としてまとめた。彼の視程ははるか遠くにまで及ぶものである。少なくとも彼の言動をみるかぎり、短期的な努力に見合う成果は見えなくても、落胆する様子はまったくない。そして、科学研究とはそういうものである。

これ以外に理論生物学と称する試みは、多々なされてきているが、数学的表現に意匠を凝らす傾向のものが多く、なぜその数学を用いるのか、その先にどのような展望があるのか、見えないものが少なくない。

未開拓の抽象領域、第一種ニウラディック空間

では現在、生命現象からの直接の抽象化を試みて、実りある可能性をはらむ領域はあるのか。研究には賭けの要素がある。そして、この程度の見通しさえあれば、たとえ〝この道行き止まり〟を確認することになるかも知れないとしても、あえてそれに賭ける研究者は必ず現われるに違いない、広大な未開拓の領域が横たわっている。「C現象の自然」内部を貫徹しているであろう、固有の論理を探究する道である。だが、そんな領域がなぜ、未開拓のままあるのか。その理由は、現行の生命科学が「薄い機械論」という自然哲学の下にあったし、いまもあるからである。

さて、「C現象の自然」内部は未解明の論理が貫いている、と想定する。だが、まだ見ぬ論理にどう迫っていくのか、何らかの見通しと戦略がなくては進めない。まずなにを置いてもすべきことは、想定される「C象限の自然」と生化学的説明との落差を総点検すること、そして「C現象の自然」内部を観測するという明確な意思と目的をもって、新たな観測手法を開発することである。十九世紀末以来、生物学／生命科学は、新しい生体分子の発見が続くものとばかり考え、現行の物理・化学の観測体系とは〝直交〟する、想定外に複雑な分子とその組合わせによって展開する自然世界はつねに、無神経かつ無残に解体されて、物理・化学で説明される対象でしかなかったのである。

ところで過去半世紀だけを振り返ってみても、われわれは、明確な目的をもった観測手段の開発によって、新しい自然をつぎつぎと視野の内に繰りこんできた。月は自転と公転が同調しており、地球から裏側は見えない。月の裏側がわれわれの視野に入ったのは、一九五九年にソ連のルナ3号

が初めて観察して以降である。一九九〇年に打ち上げられたハッブル宇宙望遠鏡は、それまでの宇宙像を一新させた。「C現象の自然」内部を観測するという明確な目標を立てれば、それに適合した観測方法は必ず考え出されるだろう。ただし、生命は、熱運動とその上で機能する複雑な分子の組合わせという、観測手段の基本原理に背馳するような自然である以上、考えぬかれた巧妙な方法の開発が必要である。

そして、「C現象の自然」への接近が手持ちの手段ではきわめて困難であることを認めた以上、これらの技術開発に並行して、生命の認識のあり方そのものを考え直す必要があるだろう。八〇年前、ウッジャーが『生物学における公理的方法』を書き下ろしたとき、彼は、生命現象を厳密に表記し、概念操作を可能する人工言語を組み立てるのに必要な道具立ては、数学の側に用意されていると信じていた。だがわれわれは、いま想定している抽象表現の様式を、現行の数学は用意できてはいないのではないのか。なぜなら、科学の歴史を振り返ってみても、現在に至る数学の成果は、天文学や力学との相互の考察のなかで形成されてきたものという性格を、色濃く残しているように見えるからである。

ここで、生物現象に対して複雑性の理論を精力的に適用してきたS・カウフマン（Stuart A. Kauffman）の仕事をみてみよう。彼の『自己組織化と進化の論理』（原題は、*At Home in the Universe: the Search for Laws of Self-Organization and Complexity*, 1995）を読んでも、サンタフェ研究所という第一級の研究所が、これだけ能力のある人間に、コンピュータをはじめとする研究資源を自由に使わせながら、生命に対してこの程度のことしか言えないのか、という想いにとらわれる。そしてこのことは、この研究の方向性がなにか重大な欠陥をかかえているのではないかと思わせるのにじゅうぶんな理由である。カウフマンは、生命の進化がダーウィンの自然選択説ひとつで説明されていることの異常さと、それを異常な事態とは考えない科学的感性の鈍さに反発し、大規模なコンピュータ・シミュレーションを敢行してモデル解釈を試みてきた。その情熱は確かに本物なのだが、にもかかわらず、その論理の組立ては広い意味での「薄い機械論」に立つものである。実際、自己触媒や生命の結晶化という表現は、伝統的な生化学のイメージそのものである。そのため、複雑性の研究成果を生命の解釈にあてはめる局面で、その無理が露呈してきているように見える。加えて、生命の合目的性の扱いについては腰が引けており、せいぜい複雑な分子による自己触媒が集積する程度の拡張でしかない。それに、全体の論旨とは直接関係はないのだが、生気論に関する史実が間違っている。カウフマンは、ドリーシュによるウニの初期胚の分割実験と表記すべき個所をすべて、H・シュペーマン（Hans Spemann: 1869~1941）が行なった、乳児の髪の毛を用いた、両生類の初期胚の結索実験をあげている。多数の読者の眼にさらされながら、この重大な誤りが指摘されなかったらしい事実は、生気論に関する認識がいかにあやふやなまま論じられてきているかの、ひとつの指標であろう。

ところで本書は冒頭で、冥界対話という枠組みを、やや強引に導入して、百年前のドイツ生物学と現行の生命科学とを対峙させた。そして十九世紀機械論がモデルに置いたのも結局は、ニュートン（Issac Newton: 1642~1727）の成功であったことから論を起こした。最後に生命現象から直接の抽象化を試みる可能性を展望するに当たって、過去三百年をさかのぼり、ニュートンと現在の生命科学を並べてみよう。そうする理由は、『時間と生命』でも触れたのだが、近代科学は片肺飛行をしてきているのではないのか、という疑いが、どうしても拭えないからである。ニュートン力学を科学の究極モデルとあこがれる人は、現在のニュートン力学の微分方程式を思い描くかもしれない。しかし、ニュートンはその主著『自然哲学の数学的諸原理 *Philosophiae Naturalis Principia Mathematica*』（1687）を、幾何学的な表現法だけで書いている。現在のような数式表現になっているのは、ライプニッツなどと競争しながら、ニュートン自身が微積分学を作ってしまったからである。

考えてみると、微分係数を求めるには、無限小を無限小で割り算する、つまり事実上のゼロをゼロで割り算するような、禁じ手に近い〝いかがわしい〟論法が用いられる。事実、山口昌哉・監修『現代科学の術語集』（駸々堂、1986）にはこんな一文がある。

> 実はこの細分化［微分法の考え方のこと］は〝極限操作〟と呼ばれるもので、〝無限〟の概念と深く関わるものである。ニュートン時代のある数学者は、この微積分法のことを「巧妙な誤りの寄せ集め」の演算と言った。……このような中傷にもかかわらず、微積分は数学の〝言語〟として強大な威力を発揮した。（p.64）

生命現象からの直接抽象化に挑む

以上のような科学思想史上の状況証拠と考察に立って、生命現象からの直接抽象化という観念的冒険に読者を誘（いざな）うことを本書の結びとし、まとめに入りたい。

生命現象からの直接抽象化を試みる場合、ここで念頭に置くのは、繰り返し指摘したように、細胞内の分子的世界は無機的な外部とはまったく異なるという認識に立つ「C象限の自然」である。これは、「薄い機械論」が異端として排除してきた自然哲学であり、生気論の正体は見届けたと確信する者だけが向かうことができる、知的な賭けである。だがそうは言っても、いまのところ「C象限の自然」とは、抗・熱力学第二法則性を安定的に実現した分子次元での組合わせ、としか仮定されていない。この地点から、分子細胞生物学などの研究に伴走しながら、そこから抽象化思考を導き出されるかも知れないとする知的枠組みのひとつが、「C象限の自然」内部を、「第一種ニウラディック空間」と仮定することである。

ニウラディック空間については『時間と生命』で述べたので、それを参照してほしい。改めて簡略に述べると、ニウラディック（niwradic）とは、ダーウィン（Darwin）の逆さつづりに、形容詞を意味する「ic」をつけたものである。確立された自然法則の逆解釈を行なって、その法則の原理的な意味を確認する研究手法は、物理学ではごく一般的である。物理学と同様に、ダーウィンの自然選択説が、生命の合目的性に関する唯一の説明原理であるのなら、生命が帯びる任意の合目的性は自然選択説によって説明される、と反射的に応える立場に徹するのが、ニウラディズムである。するとここを起点に、理論上は、生命が進化の結果として保持しているはずの、さまざまな水準の合目的的な特性を抽出し、考察することが可能になる。狭義のダーウィニズムは世代間の遺伝を前提としているが、これに対して、ダーウィンの原理を逆転させることで、生命のあらゆる合目的性が一気に考察の対象にくり込まれ、同時に、世代間の遺伝という仕組みはその対象から消去される。

それは、進化に要した膨大な時間を圧縮し、進化によって〝縮約〟された自然の論理構造を考える立場に抜け出ることである。こうして生命の合目的性、すなわちニウラディック性の全体を概観してみると、甚だしく合目的性を帯びているのは、伝統的な狭義のダーウィニズムが念頭に置く生物個体ではなく、これらを構成する細胞内の分子反応系であることが見えてくる。

そこでこれを「第一種ニウラディック空間」と仮称したのである。「C象限の自然」が再発見され、さらにその内側に展開しているであろう第一種ニウラディック空間は、いまのところは仮想的な存在であり、比喩的に語り始めるよりない、初源的な段階のものである。「薄い機械論」とは、合目的性を帯びる生命を、球体微粒子の振る舞いとしての分子として扱うことで、無機的な説明の集積とする企てであったと見なすことができる。第一種ニウラディック空間という仮定は、その真逆である。分子次元での生命（すなわち「C象限の自然」）が、もっとも奥深い合目的性を蓄積させている自然であるという自然哲学に立つものである。その合目的性すなわちニウラディック性の程度は、これまでわれわれが想定していたものよりは、格段に深いものである。その根拠を羅列すると、分子進化の過程は生命の出現よりは数億年長く、これだけでもニウラディック性は、生物の個体よりはるかに深く蓄積されているはず、と想定することが可能である。そしてなによりも、分子次元の生命は、水という化学的に極度に安定な溶媒による、熱運動を介した〝完全攪拌〟という見えざる手によって、想像を超えた多様な分子の組合わせがことごとく試され、その結果が蓄積されているのであり、底知れぬニウラディック性を内包させているはずである。つまり、分子次元の生命こそ、もっとも合目的性を内包させた自然であるという認識に立ち、これに沿った究極の思考実験を体系的に試行してみる、これが、第一種ニウラディック空間というものの想定である。

むろん、こんな抽象化の試みは、短期的にはまったく意味は無いし、そもそも何か具体的な成果があがるようにも見えない。いまのところ唯一、次のような比喩で、直感的にかすかな可能性を示唆するよりない。かつてニュートンは、自分は巨人の肩の上に乗っているからここまでの業績を積みあげることができた、と珍しく謙虚な言葉をはいたことがある。だが考えてみると、巨人には肩が二つある。天体や球形剛体を抽象化してきた物理学には、ギリシャ時代以来、幾何学という抽象表現のための手段が用意されていた。われわれが、巨人のもうひとつの肩によじ登ろうとしても、生命からの直接の抽象化に関して、その肩に到達するだけの知的試みを、ほとんど行なってきてはいないように見えるのである。

「C象限の自然」が、抗・熱力学第二法則性を安定的に実現した分子次元での組合わせであるとすると、生体分子およびその組合わせの徹底した合目的性＝ニウラディック性と、抗・熱力学第二法則性とがどのような対応関係にあるのかは、はるか先の概念的な整備に託されることになる。これに重ねて、生命から直接に抽象系を構築しようとする出発点にいまあると仮定して、いくばくか形を成し始めている諸課題を列記しておく。

1　第一種ニウラディック空間とは、分子次元で実現されている、特有な機能を有する空間である。そこで展開している論理を探究するのであり、個別分子のニウラディック性を対象とするものではない。このような論理的研究から、たとえば逆に、特定の機能分子があるという推定が可能になるかもしれない。ただしそれ以前に、かりに分子を捨象して、機能にのみ焦点を合せる抽象化が思考不可能で、〝空間〟と表記するのは不適切であることが明らかになるかもしれない。その場合、これ全体が撤回される恐れのある仮定である。

2　第一種ニウラディック空間は、熱運動を基底エネルギーとして、それに準ずる微弱なエネルギーの上に構成される仮想上の自然であり、これを駆動させるのに必要なエネルギーは穏やかなものである。抽象的にニウラディックな機能を考える場合、これに必要なエネルギーは議論しない、もしくは議論をする必要はないものとする。ちょうどトポロジーで、形の変形のためのエネルギーには関知しないのに似ている。

3　ここでは、時間の指標を熱力学第二法則にとっているが、同時に、世界を構成する物質が非対称性をはらんでいる以上、時間の進行とともに抗・熱力学第二法則性の自然の形成が何らかの形で進行する、という双極的な仮定のうえに立っている。この場合の、ある部分での時間の進行のイメージが「落ち葉を運ぶ」である。部分的に構造をもつものの集積が生じ、時間とともにその結果合目的性（ニウラディック性もしくは、抗・熱力学第二法則性）が深化していくありさまがこれである。視点を変えると、このモデルによる理解では、因果論的決定論からの離脱を意図している。と同時に、対応関係を適当に設定すれば、ある場合には疑似的に因果論モデルも成立し、十九世紀的解釈も生き延びることも示している。「落ち葉を運ぶ」は、時間の経過とともに「C象限の自然」内部の合目的性の深度が増し、たとえば反応回路におけるエネルギー落差が小さくなる方向に、より多くの分子反応が介在してエネルギー効率が良くなる過程を示唆している（図を参照）。

4　古典力学が理想気体を想定したのに似て、第一種ニウラディック空間では構成分子の「理想攪拌」を前提とし、「完全ブリコラージュ原理」が貫いていると仮定する。「完全ブリコラージュ原理」とは、「C象限の自然」内部では、進化の結果として利用可能な機能はすでにすべて試みられているとする仮説である。

5　上記4のコラリーとして、シャノンが定義した工学的な情報概念を生体分子に適用することは非常に限られた意義にとどまることが暗示される。

6　ボーアとデルブリュックは物理学上のパラドックスを想定した。しかし、パラドックスは人間の心証の表明である。むしろ観測手段を含めて眼前に展開するものが自然である、とするのが、ボーア自身がまとめた「コペンハーゲン解釈」であったはずである。その精神に立脚すれば、生命は、古典力学の弱点である熱運動の豊饒の上に浮かぶ、ニウラディックな自然の展開である。

7　ダーウィニズムを逆に読むニウラディズムは、生命という自然を貫く合目的性を中立的に語る目的から、アリストテレス、キリスト教教義、カント哲学など、西欧的な目的論に関わる議論の文脈から、離脱することを意図した概念でもある。

以上は、天文学や力学がイメージした〝剛体の運動〟とは違う抽象化の世界への入り口はどこにあるかを念頭に探索した結果を、立論可能性という一点に立って言葉に移してみたものである。碩

参考図　落ち葉を運ぶ

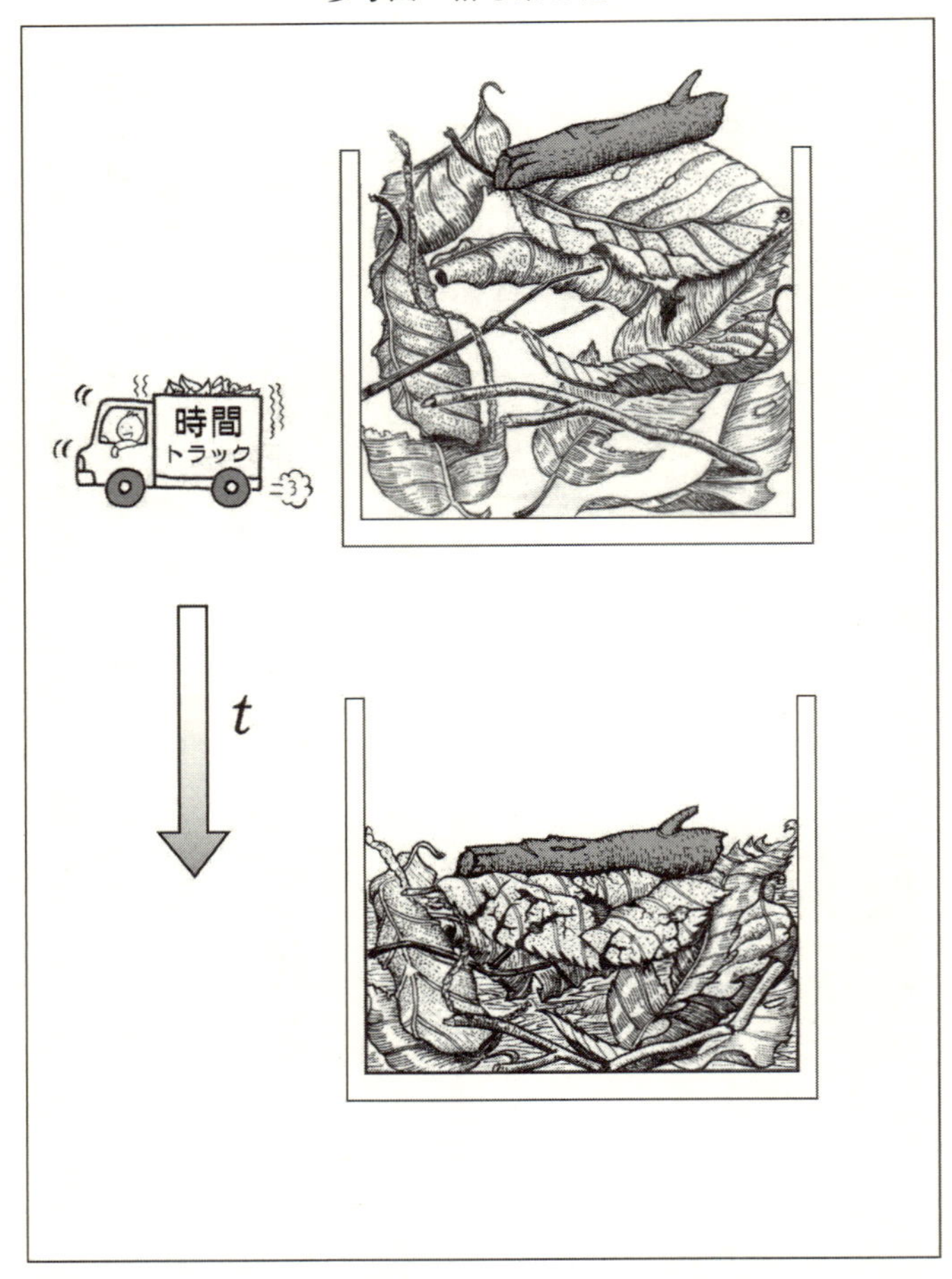

生物的自然が、進化論的時間の進行とともに合目的性の密度を増大させていく過程のイメージ。さまざまな反応回路や構造（これらは束縛と表現されることがある）が、ある程度変形しながら、より安定した生物的自然をつくりあげていく。これらを下方から見ると、部分的に因果関係が逆転したように見える場合も出てくる。

学・下村寅太郎（1902～1995）の『科学史の哲学』（弘文堂、一九四一年）のなかにつぎのような言葉がある。

数学は生成するものである。しかし、われわれがとくに注意したいことは、それがたんなる生成でなく、その生成には哲学が関与していることである。逆に、哲学自身、この数学の形成に関与することに**おいて**、また関与することに**よって**、それ自身も**また生成**しつつあり、数学が数学として成立することがやがて同時に、哲学が哲学として成立することでもある。かかる哲学と関与することにおいて生成する数学、逆に数学の形成において生成する哲学——これはいずれも西洋に独自な学問的事件である。西洋の学問そのものの性格であり、むしろ西洋の学問の性格そのものを形成するものである——。（一部、現代かなづかいに修正）（p.96-97）

＊　＊　＊

一九七一年の夏の終わりに、まだ京都大学の学部学生であった私は、意を決して着任早々の白上謙一（1913～1974）教授の部屋の扉をたたいた。そして、発生学における純粋理論の可能性について議論を向けた。そのとき教授が、「あなたの言いたいことはこういうことですか」とぽんと机の上に置かれたのが、先ほど触れた、ウッジャーの『生物学における公理的方法』であった。その白上教授は『生物学と方法』（河出書房新社、一九七二年）のなかでこうつぶやいている。

どのような方向であれ、しゃにむに突進んで行けば、行きつく先は皆おなじである、というような安易な業績主義は、人間一匹のかけがえのない研究生活を支える方法としては、あまりにもお粗末なものではなかろうか、と私は思う。(p.5-6)

専門の分野では、不必要なほど先人や同時代人の文献にこだわる人が、理論的な説明や方法論の方面では、まったく無邪気に自分のおもいつきを語って事足れりとするのは、困った傾向である。

シャクセルが『生物学における理論構築の基礎』を書いたのが一九二二年、ウッジャーの『生物学原理』が一九二九年、ベルタランフィの『形態形成の批判的理論』(1928)をウッジャーが訳した『発生の現代的理論』が出たのが一九三三年、これは日本でいえば昭和のはじめ頃のことである。これらに対応する日本における業績としては、昭和六年(一九三一年)の丘英通先生の『生物学概論(岩波講座生物学)』と『機械論と生気論(岩波講座哲学)』の二書がある。どちらもズバぬけた教養的背景から生まれた著述であるが短すぎ、研究方法論の指針にはなりえなかったように思われる。(p.25)

はるか地平を見渡してみても、生命現象からの直接に抽象化する試みを阻む要因は何もない。これまでこれを阻止してきた論理に対しては、すべて論駁が可能である。ただし、いまからとる進路は、便宜的絶対0度の個別分子の組合わせで生命を説明しようとしてきた知的選択肢を捨て去り、個別の分子に説明を求めない、熱運動のうえに展開する分子次元の自然を概念化する方向である。恐らく半世紀ほどは、具体的成果など出ないであろう。にもかかわらずわれわれは、なぜ人間の頭のなかで考えられた数学が物理現象をかくもみごとに表現しうるのか、という謎を横目で睨みながら、無謀にも、抽象生物学の開かずの扉をおし開けてしまうのだと思う。

本書も『時間と生命』と同じく、この言葉で筆を置きたい。

連帯を求めて孤立を恐れず。

白上謙一（1913-1974）

バイオエピステモロジー

著　者　米本昌平（よねもと しょうへい）

1946年　愛知県に生まれる。
1972年　京都大学理学部（生物科学専攻）卒業。証券会社入社。
1976年　三菱化成生命科学研究所入所。
2002年　㈱科学技術文明研究所長。
2007年　同所定年退職。
2007年7月　東京大学先端科学技術研究センター・特任教授。
2012年　東京大学教養学部客員教授。

専　攻　科学史・科学論

主要著作
『遺伝管理社会』（弘文堂　1989年度毎日出版文化賞受賞）
『知政学のすすめ』（中公叢書　1999年度吉野作造賞受賞）
『バイオポリティクス』（中公新書　2007年度科学ジャーナリスト賞受賞）
『独学の時代』（NTT出版）
ハンス・ドリーシュ『生気論の歴史と理論』［訳・解説］（書籍工房早山）
『時間と生命』（書籍工房早山）他。

2015年8月8日初版第1刷発行

著　　者　米本昌平
発 行 者　早山隆邦
発 行 所　有限会社 書籍工房早山
〒101-0025　東京都千代田区神田佐久間町2の3
秋葉原井上ビル602号
Tel 03（5835）0255
Fax 03（5835）0256

印刷・製本　精文堂印刷株式会社

ISBN 978-4-904701-43-0 C 0010